Explore
Emotional Pain

探索情绪痛苦

以EFT为基础的
整合心理疗法

陈玉英◎著

人民邮电出版社
北 京

图书在版编目（CIP）数据

探索情绪痛苦：以EFT为基础的整合心理疗法 / 陈玉英著. -- 北京：人民邮电出版社，2021.11
ISBN 978-7-115-57499-2

Ⅰ．①探… Ⅱ．①陈… Ⅲ．①情绪－心理学 Ⅳ．①B842.6

中国版本图书馆CIP数据核字(2021)第200350号

内容提要

"情绪"几乎已经成为"不成熟"的代名词，在人与人之间的沟通中，一句"不要有情绪"瞬间让沟通双方拉开了距离。但是，情绪是人的本能，它能告诉我们需要所在、危险所在、痛苦所在……那么，如何让情绪成为引领行动的指南针，而非阻碍行动的绊脚石？

《探索情绪痛苦：以EFT为基础的整合心理疗法》一书，让心理学工作者学会如何与来访者的情绪工作，转化来访者的痛苦情绪。本书分为三个部分，第一部分为概念与框架，介绍了EFT的发展历史，EFT的主要概念与工作的理论框架；第二部分为基本操作技巧与案例，介绍EFT工作的基本态度、评估方法、干预技术及概念化，其中结合了正念、辩证行为疗法和聚焦疗法的内容，让治疗师开展共情和深化来访者情绪时有抓手；第三部分为进阶技能与应用，是前面各章内容的深化与点睛，并告诉有意深耕EFT的专业人员可以深入探索的方向，特别指出了EFT针对抑郁障碍、焦虑障碍、进食障碍、复杂性创伤等如何展开工作。此外，第三部分还整合了动机式访谈、叙事疗法的相关技术。全书结构清晰，内容丰富，案例贴切。

本书适合心理咨询师、心理治疗师、社会工作师、疏导师及安宁疗护师等专业工作者阅读。

◆ 著 陈玉英
　　责任编辑 柳小红
　　责任印制 胡 南

◆人民邮电出版社出版发行　　北京市丰台区成寿寺路11号
邮编 100164　　电子邮件 315@ptpress.com.cn
网址 https://www.ptpress.com.cn
北京天宇星印刷厂印刷

◆开本：720×960　1/16
　　印张：19.75　　　　　　　　　　2021年11月第1版
　　字数：260千字　　　　　　　　2025年1月北京第14次印刷

定　价：89.00元
读者服务热线：（010）81055656　印装质量热线：（010）81055316
反盗版热线：（010）81055315
广告经营许可证：京东市监广登字20170147号

推荐序一

莱斯利·S. 格林伯格（Leslie S. Greenberg）博士
加拿大约克大学心理学系杰出荣誉特聘教授

这是第一部基于中国的教学实践而诞生的情绪聚焦疗法（EFT）的作品，能为它作序我感到十分欣喜。

EFT 是一种过程导向的、体验式的心理治疗[①]。该疗法认为，情绪是一种根本上具有适应性的资源，能够帮助人类适应性地生存。在运用该疗法时，治疗师对来访者情绪的感知如同中医把脉，治疗师情绪感知的"手指"始终感应着来访者的情绪脉搏，来访者当下每时每刻变动的感受被视为理解其经验的信息来源；这本书就是对情绪聚焦疗法的理论和方法的概览和介绍。

陈玉英博士对 EFT 的理论和实践都有深入、独到的理解，这些都融会贯通于本书的写作中。自 2015 年起，在陈博士的率领下，情绪聚焦疗法国际机构在上海授权成立了正式的培训中心。自此，我与其他几位 EFT 导师每年都安排时间，轮流赴沪进行教学培训。上海的 EFT 培训中心成了一个重要平台，

[①] 根据 CPS 临床心理注册系统《中国心理学会临床与咨询心理学工作伦理守则》（第二版）所附的专业咨询定义，心理治疗指基于良好的治疗关系，经训练的临床与咨询专业人员运用临床心理学的有关理论和技术，矫治、消除或缓解患者的心理障碍和问题，促进其人格向健康、协调的方向发展。心理治疗侧重心理疾患的治疗和心理评估。心理咨询指基于良好的咨询关系，经训练的临床与咨询专业人员运用咨询心理学理论和技术，消除或缓解求助者的心理困扰，促进其心理健康与自我发展。心理咨询侧重一般人群的发展性咨询。本书内容既适合在心理治疗中由心理治疗师运用，也适合在心理咨询中由心理咨询师运用。所以，本书可能视情况交替使用咨询师和治疗师，本书所说咨访关系，既可以指代咨询师与来访者的关系，也可以指代治疗师与来访者的关系。——编者注

为中国的治疗师提供训练课程。迄今为止，我们已经成功举办了七轮培训，结出了美好的果实：许多学员完成了两年的课程项目，他们当中有一部分人持续接受深入的督导，不断精进以获得对 EFT 疗法的深度理解，成为技艺精湛的临床工作者。

通过这本书，读者可以初步了解我们在培训项目和督导中所教授的内容。此外，陈博士也是对情绪聚焦疗法国际学会（ISEFT）贡献良多的一名活跃的成员。她对 EFT 疗法拥有丰富的知识和经验，这使她成为目前在中国引领情绪聚焦疗法培训的不二人选。她将自己的心得体会都写入了本书中，这将极大地有助于该领域治疗师的成长。

经过多年的发展，情绪聚焦疗法已经逐渐超越了其渊源，成为新人本主义治疗流派中的一个分支。一方面，EFT 继续深深植根于对共情性的咨访关系的重视；另一方面，EFT 也强调兼顾跟随来访者的当下体验并做引导干预。治疗师不仅要做出共情性的理解（包括向来访者传递信息，帮助他们确实感到被治疗师了解），还要积极地进行共情性的"调弦"——治疗师的"手指"要始终搭在来访者的情绪脉搏上，主动与来访者的情绪脉搏保持同步；此外，治疗师还要用共情性猜测（为来访者提供一些探测性、尝试性的情绪、情感词汇，帮助来访者识别自己可能感受到的情绪）引导来访者不断靠近自己的情绪。以上这些都是情绪聚焦疗法格外注重的。

EFT 使用特定的标记引导治疗任务，在此基础上，我们发展出了一套以过程为基础的临床手法，同时配合相应的个案概念化流程——其中包括跟随来访者的痛苦体验（因为痛苦在 EFT 治疗中发挥着罗盘的作用）——给治疗师指明方向，让治疗可以聚焦于来访者核心的、痛苦的深层感受。

在 EFT 框架内，我们探究并阐明了改变的关键原则：用情绪改变情绪。在治疗过程中，来访者必须先"到达"某种体验，才能够离开它，这意味着一种情绪必须先被允许进入感受，这种感受要被接纳，然后才能得以转化。当来访者"到达"了痛苦的情绪体验，此时伴随着这些情绪会有行动倾向（通常是放弃），痛苦也就释放出信号，指向未被满足的核心真实需求。治疗师如果能在此时帮助来访者感受自己是值得被满足的，就能使来访者产生更具有适应性的情绪。这时，过去的障碍性（或称适应不良的）情绪仍然是被激活状态，而治疗师帮助来访者将新的情绪体验植入旧的、适应不良的情绪体验中——这个过程能够改变一个人的情绪状态。例如，健康的、出于自我肯定的愤怒，抑或出于哀悼和失去的悲伤能够转变障碍性的核心恐惧或羞耻感，带来真实的、平静或自信的感觉。所以，要疗愈来访者的某种情绪，就必须使其感受到另一种情绪——当然，仅仅感受到也是不够的，来访者需要在治疗会谈中获得全新的体验，才能使旧的体验被彻底替代。

作为总结，我想说，想要学会如何有效地"到达"和"离开"情绪，最好的（可能也是唯一的）方式就是体验和接受个人治疗。治疗师的训练需要与其个人的治疗体验相结合。纸上得来终觉浅，绝知此事要躬行。临床工作者自身一定要先体验到情绪转化的巨大力量。

我怀着万分欣喜的心情看到陈博士这本书为读者打开了进入情绪聚焦疗法世界的崭新大门。我相信本书会对受训中的心理咨询师和心理治疗师大有裨益。看到它，我仿佛看到 EFT 在中国撒下的种子已经长成一棵大树，仿佛自己正背靠它坐于树荫下纳凉。也许我将不必再每年飞往中国，因为我看到我开辟的工作如今在中国上海已经有了如此美好的接力和传承。

译者：黄晓楠
2021 年 02 月 24 日

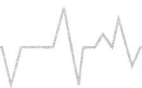

推荐序二

黄维仁博士
美国西北大学医学院临床心理学家

能为陈玉英博士这本具有重大历史意义的著作《探索情绪痛苦：以 EFT 为基础的整合心理疗法》写序，笔者觉得非常荣幸。

"原生家庭"对人一生的深远影响在对心理学有兴趣的人群中已经耳熟能详。然而，心理治疗界更加关切的很可能是心理创伤的治疗。

前人栽树后人乘凉，经过一百多年心理治疗先行者呕心沥血的努力，加上临床科研的检验，今日的助人者对心理治疗的要素才能有更深的理解。

心理动力学派、行为学派与罗杰斯的以人为中心的学派是心理治疗史上的三大主流学派。在此基础上，近 30 年来心理治疗界更是百花齐放，发展出许多新的治疗流派。

笔者非常感恩，在人生的旅途中有机会接受数十种心理治疗流派的训练，尤其是近 20 年来有幸在全美顶尖的学府中从事临床治疗、训练与教学工作，因而特别关注一些被实证研究证明其有效性的流派所提出的治疗要素。再加上近年来脑神经科学，特别是"人际神经生物学"的重要发现，"矫正性情绪体验"已被公认为治疗深度心理创伤的最关键的要素。

目前，全球心理治疗界与高等学府最推崇的是"认知行为疗法"。笔者发现，传统的认知行为治法对一般的焦虑障碍与抑郁障碍很有效，然而这种从理性开始，"自上而下"的治疗方法对于深度心理创伤的疗效与持久性却并不理想。幸而"他山之石，可以攻玉"，经过科学研究和临床实践，以及有效的流派的相互影响，最新的认知行为疗法也开始重视情绪，只有深入情绪才能矫治根深蒂固的"情绪基模"（书中会解释这个概念），带来持久性的改变。

"人际神经生物学"帮助我们看见，"情绪基模"是我们把小时候与主要抚养者或成长过程中的"重要他人"之间情绪互动的经验内化于脑中，形成神经网络。不断重复的经验会让我们的思想、情绪与行为反应慢慢地定型。因而一些基于左脑的、"自上而下"的劝导或说教很难触及脑海深处的这些已经定型的神经网络。然而，若能"自下而上"、有技巧地唤醒情绪，我们的大脑会分泌"神经传导递质"，增加神经网络的"可塑性"，让我们能够经过学习而产生"矫正性情绪体验"。

由于知道情绪在心理治疗过程中的重要性，也深受罗杰斯创立的人本主义、简德林创立的聚焦疗法、皮尔斯创立的格式塔疗法和萨提亚创立的家庭治疗学派之影响，所以当笔者接触到格林伯格所创之情绪聚焦疗法时感到非常兴奋。心理治疗是一门极为艰深复杂的学问，而格林伯格却能站在心理治疗历史巨人的肩膀上，整合各家所长。正如玉英博士所说："通过科学观察与实证研究方法，格林伯格将心理治疗流程分解为一个个可操作的任务，使心理治疗这门艺术成为可复制的技术。"

虽然美国心理协会已经把格林伯格的"情绪聚焦疗法"与"心理动力学疗法"和"认知行为疗法"并列为现代三大主流疗法，然而在百家争鸣的心理治疗流派中，最普及、影响力最大的仍旧是"认知行为疗法"和历久弥新的"心理动力学疗法"。格林伯格曾经向笔者表达过他在这方面所感受到的挫折。在笔者心目中，格林伯格的"情绪聚焦疗法"是心理治疗界非常需要、能提升治疗效果的极为重要的学派，因此笔者于 2013 年，在中方合作伙伴的大力支持下，邀请了格林伯格到中国，开启了"情绪聚焦疗法"培训，由学有专精的玉英博士担任翻译。接下来的历史，读者在书中就能了解。

笔者与玉英博士相识多年，深知她那份爱人、看到巨大需要、想帮助心理治疗师提升助人功力的初心，因此见到她把 2013 年以来学习格林伯格所创立的 EFT 的体验，佐以 EFT 治疗师的实践心得，呕心沥血地写成第一本中文 EFT 的教材，笔者非常感动。此书对整个中国心理治疗界都是一个重大的贡献。

探讨原生家庭方面的讲座与图书已经十分丰富，但是，高质量、具有临床实证研究基础、有关创伤治疗方面的著作并不多见。与市面上众多的"自助"图书不同，本书极有深度，是可以让中国专业心理咨询师的助人功力更上一层楼的心理治疗手册。虽然国内目前不乏从外文直接翻译成中文的 EFT 方面的图书，然而，由国内亲自跟随大师学习、经过多年训练、消化吸收、实践检验过后，用中文直接写作的专业图书，这应该是第一本。因此，笔者才说这是一本具有重大历史意义的著作。

深愿中国的所有心理咨询师都能借此成为更有效的助人者，造福千千万万需要被帮助的同胞。

2021 年 03 月 09 日

推荐序三

李孟潮

精神科医师，个人执业者

> 茅茹本居，与类相投。愿慕群旅，不离其巢。
>
> ——《易林·随之无妄》

1. 引言

接到陈玉英老师邀请为其大作写序时，正值春暖花开，人们走出疫情阴影之时，草长莺飞二月天，拂堤杨柳醉春烟。

但凡全职的咨询师，必然要针对夫妻关系开展工作，为此，必然要学习"亲密之旅"和情绪聚焦疗法（EFT）。在学习这两个课程的过程中，就必然结识玉英老师。

EFT 分为两种，一种是 EFT-C，主要是苏珊·约翰逊（Sue Johnson）创立的；另一种是针对个体的 EFT，主要是由莱斯利·S.格林伯格创立的。后者就是本书主要阐述的内容。

有一些婚姻治疗最后结局圆满，夫妻牵手双双把家还；有一些婚姻治疗则进展艰难，甚至最后以夫妻和治疗师三方的失望而告终。

这又是为什么呢？我们发现，结局圆满的夫妻双方往往都有较高的"情商"，即体验情绪、表达情绪、转化情绪的能力，尤其是男性具有高"情商"。而本书阐述的情绪聚焦技术采取的是内倾取向的视角，它帮助一个人首先在自已的内心对情绪具有足够的工作能力。然后这个人参加婚姻治疗就会事半功倍。否则，夫妻治疗就容易演变成夫妻治疗师在妻子面前演示如何对丈夫进行单人的 EFT 治疗。本书就是玉英老师多年来追随格林伯格，运用情绪聚焦疗法进行个别治疗和夫妻治疗的经验总结。

2. 本书内容简要总结与评述

本书第一章言简意赅地总结了 EFT 的历史和特征。此章理论上值得关注的是，本章总结了 EFT 的整合思想，史料则有独家的 EFT 中国发展史简介。

第二章介绍了 EFT 的核心概念，包括情绪基模、原发情绪、继发情绪、工具性情绪、六种基础情绪、辩证建构性自我。

第三章是 EFT 的改变过程动力学。玉英老师首先把希尔（Hill）的心理咨询三阶段模型与 EFT 的三阶段模型进行了整合，形成一个更加广阔的模型——以人为本、精神分析、认知行为三种取向都可以在情绪聚焦的炉鼎中一同炼金。该整合模型比格林伯格所著《情绪聚焦疗法》中论述的改变模型更清晰、更具有可操作性。这一章也介绍了"任务分析"这一格林伯格的独门绝技。我第一次听他的讲座时，也是我正在研究治疗改变动力学之时，当时对他的这个技术就印象深刻。任务分析既是一种治疗技术，也是一种研究技术。治疗师在治疗过程中容易慌神、混乱，用了这个整合模型，心中有谱了，治疗也就靠谱了。

开篇三章相当于 EFT 的简介和概述，是本书的第一部分。本书的第二部分为第四章到第十章，详细介绍了 EFT 的技术。

第四章介绍了 EFT 治疗师的两大基本态度——在场与共情。治疗师的"在场"可通过正念训练进行培养。"共情"分为七种状态，分别是共情性理解、共情性探索、共情性肯定、共情性认可、共情性唤起、共情性猜测、共情性再聚焦。在论述共情性认可时，玉英老师又整合了辩证行为疗法的技能训练小组中的六个等级的共情性认可技术。

第五章首先介绍了 EFT 预后评估的技术，该疗法从七个方面评估来访者与情绪工作的能力，分别是能否关注情绪、能否标明情绪、是否表里一致、能否接纳情绪、能否做情绪的主人、能否调节情绪、能否分辨情绪。然后介绍了EFT中这些技术的量化和预测指标——若来访者平均有25%的时间处于情绪唤起状态，就可以取得较好的疗效。而在每次会面中，来访者的情绪唤起程度最好保持在60%～70%，过犹不及。有三个技术可以评估来访者的情绪唤起，分别是来访者情绪量表、体验量表和声音质感评估，其中声音质感评估非常有启示作用。《庄子》里说："若一志，无听之以耳，而听之以心；无听之以心，而听之以气。听止于耳，心止于符。"荣格派心理咨询师经常引用这句话，而在EFT中，"听之以气"有了非常具体的操作，这令人赞叹。本章还介绍了应对情绪高唤起来访者的八个技术，以及应对情绪低唤起来访者的六个技术。

第六章介绍了EFT如何建立治疗同盟，同时也论述了在EFT框架下如何吸收简德林的聚焦技术。这一部分特别重要，因为治疗同盟是治疗有效的最大因素，无论EFT，还是关系精神分析，都坚持这一点。

第七章论述了EFT如何疗愈自体分裂、自体障碍。EFT运用空椅技术和双椅技术处理常见的自体分裂现象，如自我批评、焦虑分裂、自我打断等。

第八章介绍了EFT如何修通客体关系。尤其是与童年重要客体之间的未竟事宜。这一章的精彩之处在于以一个经典案例的句对句片断为例，详细讲解了处理未竟事宜的步骤。

创伤理论现在几乎成为心理治疗界的通用心理病理学理论，本书第九章就论述了EFT的创伤学说。EFT分别针对三种创伤现象工作：其一，创伤构成的情结在日常生活中被激活；其二，创伤者难以叙述创伤故事的压力；其三，创伤后来访者生命意义的丧失、断裂与重建。

第十章介绍了三种个案概念化模型。这三个模型由浅入深，由易至难，每个治疗师可以根据自己的需求做出选择。

本书最后两章为第三部分。本部分是为计划在EFT领域继续提升的读者准备的。第十一章是前面各章内容的深化与点睛。第十二章则告诉有意深耕EFT的专业人员可以深入探索的方向。

3. EFT 在中国的发展方向

本书的第十二章已经展示了 EFT 在西方国家的发展方向。总体而言，它顺应了西方国家心理学界和精神病学界的强势话语——西医实证主义——而产生，也就是说，它会以攻克 DSM-5 诊断实体为目标，以循证医学为评价尺度，以整合其他疗法为发展战略。例如，我们在第十二章就看到，在治疗进食障碍时，它整合了动机式访谈。

动机式访谈与 EFT 师出同门，都是后罗杰斯人本主义疗法中具有循证医学特征的重要疗法，它们强强联手也是理所当然的。

但是在中国，情况略有不同，在一线城市，主流疗法是精神分析，所以我们应该特别注意精神分析与 EFT 的整合。

笔者在写作此文时，特意检索了近年的研究，发现了一个正在发展的疗法——情绪聚焦动力疗法，它是专门用于治疗焦虑障碍的，总共 26 次为一个疗程。该疗法把心理动力学和情绪聚焦的各种技术打散重组，变成 11 个模块，再根据治疗同盟的相关研究，把这些模块按照治疗的三阶段模型运行。正如该疗法的作者们发现的，动力学技术虽然有效，但是在分析进展到触及来访者的核心冲突后，我们就应开始使用情绪聚焦的技术，如探索外显和内隐的情绪、体验各种情绪、重新拥有被解离的情绪等。

这种把各疗法进行辨证整合的尝试早在荣格时期就有，但是因为各种原因一直没有成为主流，直到近年来才再次浮出海面，在人格障碍的领域中，一个很好的范例是整合模块疗法，即使用共同要素和特异要素模型整合各种疗法。

最后，希望本书能受到中国同道的青睐，为其精进专业助人技术添砖加瓦。

前言

本书得以出版，首先要感谢曾经风尘仆仆从欧美各地亲赴中国带领培训项目的各位老师：加拿大的莱斯利·S.格林伯格教授、苏格兰的罗伯特·艾略特（Robert Elliott）教授、美国的朗达·高德曼（Rhonda Goldman）教授、爱尔兰的拉迪斯拉夫·提姆拉克（Ladislav Timulak）教授等，他们把自己多年研究EFT的精华倾囊相授。正是这些精华构成了本书内容的基础。对我来说，与其说我是本书的作者，不如说我是编者。我把自2013年以来从每一位老师那里学习EFT的心得整理成书，以便让中国的EFT爱好者能够更清晰地理解EFT的概念与操作实务。

在遇见格林伯格教授之前，除了获得心理学博士，我还学过萨提亚家庭治疗、中德班的动力学疗法，完成了中美精神分析联盟（CAPA）三年的学习。当时在接待来访者时，我已经能够大致理解并找到来访者问题的原因了，但是，"如何改变"才是来访者最需要的。遇见EFT后，我明白了，原来情绪是促进来访者改变最关键的因素！弗洛伊德也曾经这么说过，但他没有教我们如何做。格林伯格教授最大的贡献就是把来访者的情绪解析得很清楚。他先对来访者的情绪进行分类，让我们知道来访者的哪些情绪是重要的、要跟随的，哪些只是表象，是需要绕过的。分类之后，我们还要区分适应性情绪与非适应性情绪，之后唤起健康的情绪，转化不健康的情绪。我从来没有遇见一位把如何助人改变解析得如此清楚的老师。上过EFT初阶课程之后，我发现，它帮助我把过去的所学都整合了起来，我知道怎么做治疗了。这是EFT在专业上对我的帮助。

在个人成长方面，EFT 让我看见自己原来是一个经常"打断情绪"的人，并且教会我如何解决这个问题，让自己的大脑与自己的情绪和身体恢复连接，我终于明白"修通"是怎么回事了。在学习 EFT 的过程中，我知道如何将对情绪的理解应用在自己和来访者身上了。

EFT 最核心的两个技巧，一个是修复自我的内在冲突，另一个是修通与过去重要他人的未竟事宜。这些都是动力学的重要概念，而 EFT 用具体的流程图和两把椅子带领来访者进入体验中，把内在的冲突外在化，或者重现创伤事件中的重要他人，唤起来访者一直萦绕于心的长期痛苦，回到过去，重新经历当时情境中的重要时刻。但这一次，在治疗师与来访者成年自我的陪伴下，过去那个无力反抗的孩子重新表达内在健康的情绪与需求，获得一种矫正性的情感体验，从而让那个一直以来未完成的体验循环得以修通。

在学习 EFT 的过程中，理解理论框架和每一个任务如何开展比较容易，一年就可以完成。然而，修通自己、成为能够与来访者同在并能够与来访者调谐共情的咨询师可能需要很长一段时间。因此，格林伯格教授早就宣告，一般来说，需要 6～10 年才能培养一位成熟的 EFT 治疗师。这个成熟意味着修通自己，在情感上和身体上都能够觉察到自己与来访者的情绪，同时，治疗师的感知能力是最重要的：看得见来访者微微泛出的泪光、听得出来访者声音中细微的变化，这一切"功力"都让我们不仅成为一个更好的助人者，更让我们成长为一个慈悲又敏锐的人。

希望本书能够帮助更多的助人者一起学习探索情绪痛苦。

陈玉英

2021.3.3 于上海

目　录
CONTENTS

第一部分

概念与框架

第一章
格林伯格与 EFT 的诞生

心理学界有一部系列教学片叫作《格罗利娅治疗教学录像》（*The Gloria Films*），拍摄于 1965 年，由当时的三大心理治疗流派的大师对同一位来访者开展心理治疗，供心理学界人士一窥不同流派治疗方式的异同。这三位大师分别是人本流派的卡尔·罗杰斯（Carl Rogers）、格式塔疗法的创始人弗里兹·皮尔斯（Fritz Perls）、理性情绪行为疗法的创始人阿尔伯特·艾利斯（Albert Ellis）。这部系列教学片一直是临床工作者必看的学习材料。

半个多世纪之后，2011 年，美国心理学会又产生了同样的念头，邀请当代三大心理治疗流派的大师对一位男性来访者和一位女性来访者开展心理治疗，让人们一窥当代三大流派的不同风格。这三位大师分别是情绪聚焦疗法的创始人莱斯利·S.格林伯格、精神动力学当代大师南希·麦克威廉斯（Nancy McWilliams），认知行为疗法创始人之女朱迪斯·贝克（Judith Beck）。EFT 由此跻身当代心理治疗的三大流派之一。

随着神经生物学对情绪发展与对人的研究逐步深入，艾伦·肖尔（Allan Schore）在 2008 年提出了心理治疗界的范式转换，强调右脑连接杏仁核的神经网络是存储内隐记忆的地方。此后，心理治疗界开始关注情感和身体体验。2018 年 4 月，第一届"情绪革命"国际大会召开，当代心理治疗各主要流派的大师们齐聚挪威的卑尔根，确认了"处理情绪"在心理治疗过程中的重要地位。专门研究如何处理情绪的治疗方法 EFT 由此来到了舞台的中央。2018 年底在上海举行的第一批 EFT 咨询师督导班上，EFT 创始人格林伯格却表示，他推动 EFT 的个人目标是希望 EFT 有一天能成为历史名词，因为当大家都认为处理情绪是理所当然的治疗过程时，就不需要再强调聚焦于情绪了。

格林伯格由工程师转行进入心理学，用科学方法解析心理治疗这门"艺术"，通过清晰的模型将治疗过程中的不同任务逐一呈现，使之成为可以循序渐进学习和实践的步骤。这是心理学界的全新尝试，也正因为是全新的尝试，以致他的博士论文在 1975 年完成之后，花了 4 年时间才得以出版，大家才慢慢接受 EFT 是行之有效的治疗方法。

本书梳理了格林伯格与 EFT 国际培训师团队自 2013 年以来在中国培训以及督导教学的内容，配以中国 EFT 治疗师的实践心得，是用中文写作的第一本 EFT 教材。笔者尝试用浅显易懂的语言解释 EFT 培训中最核心的理论与技术，结合美国心理学会出版的 EFT 示范带逐字稿举例说明，帮助读者对 EFT 的理论与临床操作实务形成初步的认识，同时，EFT 的学习者使用原文录像带的时候可以参考本书。

格林伯格与 EFT 的发展史

心理学界对于如何开始治疗与如何结束治疗有着大体一致的观点，但在开始与结束之间的治疗过程却百家争鸣、众说纷纭。格林伯格通过科学的观察与实证的研究方法，将心理治疗流程分解为一个个可操作的任务，使心理治疗这门艺术成为可复制的技术。认识格林伯格其人其事，有助于我们理解 EFT 的来龙去脉。

中国学员对格林伯格的印象

2013 年来到中国推广 EFT 的时候，格林伯格已经 68 岁了。他长得很像圣诞老人，学员亲昵地称他为老爷爷，也有学员称他为"移动的海洋"，因为 EFT 的座右铭是"在共情的汪洋中寻找可工作的岛屿"，而格林伯格就像"共情的汪洋"，遇到他，就能感受到温暖的共情。

中国学员带他去逛上海的外滩，一个年轻的小伙子上前问他："我可以跟您拍张照片吗？"格林伯格随和地同意了。我们很好奇地问这个小伙子为什么要和他拍合照，因为看起来小伙子并不认识他！小伙子说："他看起来慈眉善目，我就很想和他拍照留念。"EFT 的理论基础是人本主义，每一位 EFT 治疗师终究要成为一个由内而外散发出温暖、真诚与慈悲的 EFT 人（EFTer）。这是格林伯格的追求，也是每一位国际级的 EFT 培训师的追求。我们上 EFT 的大师认证班，与其说是接受理论的传道授业，不如说是接受格林伯格的人格熏陶。

自信却略带忧虑的童年

格林伯格的成长经历与他创立 EFT 的过程是一个略带传奇色彩的故事。他于 1945 年出生在南非的约翰内斯堡，在那里成长，直到大学毕业。小时候，他是一个很有想法、坚持己见又略带忧虑的孩子。这一点可能更多是受环境的影响，而非先天气质。一方面，他的父亲经历过几次财务危机，甚至还曾破产；另一方面，他有一位非常重视饮食的犹太裔母亲，所以他经常自嘲说，自己从小到大都超重。虽然有一个比他大 3 岁的姐姐，但由于他是男孩，所以从小备受宠爱，但在成长过程中他曾经很叛逆。

格林伯格少年时期曾痴迷于天文学，青年时期曾热衷于橄榄球。这两项活动所需的想象力和所具有的竞争性塑造了他的内在特质。高中时代，他从一个叛逆的青少年转变成一名学生领袖，带头反对政府的种族隔离政策。1961 年高中毕业时，恰逢南非第一次抽签征兵，他抽中了签，投身反游击队的作战训练；接着又进入南非威特沃特斯兰德大学，主修机械工程。他原本渴望做一名核能工程师，不想日后竟转行心理学。他那叛逆、勇于挑战、忠于自己内心的人格特质让他对当时的心理治疗过程提出质疑并致力于探索答案。他不受主流观点的局限，最终成了心理治疗领域的一代宗师。

从工程学到心理学

1968 年，22 岁的格林伯格与妻子布兰达（Brenda）结婚。格林伯格学的是工程学，布兰达学的是心理学，为了继续深造，也为了离开南非，两人移民到了加拿大。

移民到加拿大以后，格林伯格起初继续攻读工程硕士。1970 年，他从工程学转向心理学，从研究外在空间转向研究内在世界。这是因为他发现，在解决问题的过程中，理性思考固然十分重要，但同时他也体验到直觉与情绪在其中发挥的作用不容小觑。虽然有时候情绪是令人痛苦的，却是生活中最真实且最具智慧的向导。

后来，他进入位于多伦多的约克大学，师从劳拉·赖斯（Laura Rice），开始用数学模型研究咨访互动关系。他们的师生之缘颇为传奇。格林伯格还在读工程硕士的时候，有个朋友想去约克大学参观大计算机。当时格林伯格已经不想继续读工程学了，而是想去印度（在那个嬉皮年代去印度是很"潮"的事情）。他又从学心理学的妻子那里得知，约克大学有一位学者是罗杰斯的嫡传弟子，这个人强调好奇心在心理治疗中的重要性，这个观点吸引了格林伯格。于是，当他和朋友来到约克大学时，朋友去参观大计算机，格林伯格则直接去赖斯的办公室进行拜访。至今他还记得那天是 8 月 10 日。十天之后，格林伯格成为赖斯的门下弟子。回忆那场面谈，赖斯说，格林伯格出现在她眼前时，穿着南非的服装（很像夏威夷衫的款式），留着一头长发，蓄着满脸大胡子，她必须判断此人是不是因为在工程学界混不下去了所以想逃到心理学界。但很快她就发现，事情并非如此，因为格林伯格的数学和物理成绩都很好，他是一个适合做科研的人，所以她接受他的博士申请，只需他补修一年心理学的学分。

罗杰斯的人本主义精神

赖斯的理论背景是以来访者为中心的人本学派。初入师门，她对格林伯格的要求很严格，让他花一年的时间认真地学习倾听与共情，分辨人们说话的弦外之音以及他们不同的表达方式。不干预、不诊断、不解释、不修改，尽量不提问题，就只是倾听与共情。很快，他就发现自己是天生的治疗师，共情、尊重、真诚对他而言都轻而易举。日后，他也严格训练他的研究生，读研第一年不允许使用椅子技术，就是苦练倾听与共情。他认为，共情是一切的基础，甚至是贯穿治疗始终的最重要的功夫。EFT 强调关系与干预，而关系的建立基本上完全依赖治疗师的共情能力。

格林伯格认真学习了罗杰斯、简德林、赖斯的学说，以及皮尔斯的格式塔疗法。他对学习抱有极大的热情。他学习人本主义学派的最大心得是：内在自我与人际的接纳是克服焦虑、建立自我价值的关键。既然人们对自我的观点是在关系中形成的，那就能在关系中被改变，所以关系可以带来改变。这个观点与后来学者对疗效因子的研究结果不谋而合。关于治疗同盟，研究结果显示，咨访之间的协同合作关系（治疗师与来访者都同意的工作方向与方法）比咨访之间的联结或治疗师的共情更可预测疗效。也就是说，最大的疗效因子是治疗师与来访者之间协同合作的关系。

关于恩师赖斯，格林伯格曾说："她对我的信心，让我能够自由地表达自己的想法和感受，她也让我相信，要带着好奇心和探索的态度去倾听来访者，去寻找他们成长的可能性。要知道，人都是有成长的可能性的。"除了是格林伯格的督导师之外，赖斯对格林伯格的信心和她的理论都帮助了格林伯格。赖斯是第一位从事过程研究的学者，这个研究方向吸引了格林伯格。从工程学的角度来看，他觉得一般的心理学研究做一些关于人的实验，这实在没什么意思，因为人是比那些实验更为复杂的生物。当时赖斯想研究心理治疗过程中到底发生了什么，怎么做才可以促进来访者的改变。她看中了格林伯格的数学能力，希望格林伯格能够研究心理治疗过程中每时每刻咨访关系的互动中到底发生了什么，并用马尔可夫链分析的研究方法对治疗过程中的互动进行分析。这个设想虽然失败了，却引发了格林伯格对于研究改变过程的兴趣。

接着，格林伯格遇到了胡安·帕斯奎尔－莱昂（Juan Pascual-Leone），他让格林伯格接触到了皮亚杰对人的建构观点。皮亚杰认为，人的心灵是由自动唤起的图式在注意力和理性思考相互作用的过程中建构的。格林伯格还学到了"任务分析"这一研究方法。从 1973 年开始，格林伯格与赖斯一起应用"任务分析"这一研究方法研究心理治疗。跟随赖斯学习期间，格林伯格学会了如何唤起情绪，但难点在于何时唤起，所以他接着发展出"问题标记"这一概念，用以指导任务的进行。

赖斯在实践中发现了"有问题的反应"这一标记。有一天，来访者告诉她，上一次治疗结束走出治疗室后，他行走在几栋大楼之间，突然有一种很奇怪的感觉。赖斯本能地引导来访者回到那个触发"奇怪的感觉"的场景，用回放电影的方式，一幕幕地回顾当时究竟发生了什么。在接近情绪触发点的时候，像回放电影一样，放慢速度、拉近镜头，近距离地聚焦当时的情景细节，直至找到情绪触发点。而来访者情境的触发原因通常与过去未解决的情结有关。赖斯成功地帮助来访者揭开了那个"奇怪的感觉"之谜，后来又有几个来访者出现不同的"有问题的反应"，赖斯都运用类似的方法成功地进行了干预。于是，她用任务分析的方法把解决此类问题的步骤进行了总结，构建了第一个有标记引导的任务模型，叫作"系统式唤起展开"。接着，格林伯格试图用格式塔的双椅技术对自我批评进行任务分析，这个研究结果就是他的博士论文。后来，这也成为 EFT 任务模型中核心的流程图之一。

格林伯格一面接受治疗师的训练，一面研究来访者是如何改变的。研究结果让他确信，情绪是心理治疗中促成改变的核心要素，而关注情绪就可以引导并推进核心痛苦情绪的唤起。

格式塔的体验式治疗

赖斯向格林伯格介绍了格式塔理论，格林伯格曾笑称自己大概是第一个先从理论入门的格式塔学员，因为他是先读了格式塔心理疗法的理论，然后才开始找培训师进行自我体验的。当时，精神科医生哈维·费里德曼（Harvey Freedman）在多伦多综合医院从事格式塔疗法的教学与实践，于是格林伯格持续三年参加了格式塔团体，学到了有效唤起体验的方法。在这三年里，他也处理了很多自己的议题，开始觉察自己的体验过程。格林伯格从费里德曼那里学到了如何聚焦于当下的体验并且用两把椅子开展工作。接着，他在博士论文中用工程学的方法构建了双椅工作的流程模型。

站在巨人肩膀上的 EFT

格林伯格曾多次表示，他不想成立新的学派，他的老师赖斯也反对成立新的学派，他们只是对研究"来访者是如何改变的"很感兴趣。但是后来因为认知行为学派的势力过于庞大，以至于当他和他的博士生苏珊·约翰逊一起发展EFT 伴侣治疗的时候，他们需要一个名称才能够做疗效研究，所以他们为这个新的伴侣治疗模式取名为 Emotionally Focused Therapy for Couples，这就是EFT 伴侣治疗的起源。在这之前，格林伯格的著作仅限于有关情绪的研究，他一直自认为是人本主义与格式塔疗法的传人，从未曾想过要自立门派。但是，他站在人本主义与格式塔疗法的肩膀上，改进了二者的不足之处，把来访者是如何改变的这个问题研究得很透彻，并无意间开创了 EFT。

罗杰斯人本取向的治疗是只跟随、不引导，格林伯格却看见了治疗师共情性回应与有意识的情绪引导可以大大增强治疗的有效性。研究发现，治疗师给予回应的时候，共情的内容落在某个情绪上，来访者跟随这个情绪的可能性与不跟随这个情绪的可能性之比是 8:1。如果治疗师的回应是认知性的，来访者就走向认知；治疗师的回应是关注情绪的，来访者就走向关注情绪。所以，跟随情绪并探索更深的情绪能够大大增强治疗的有效性。跟随情绪外加刻意引导，这是 EFT 与人本主义的不同之处。

格式塔疗法重视体验，却不设定目标，强调引导来访者在当下的体验过程中对自己的行为和身体进行觉察，引导来访者对自己被压抑的情绪和需求加以认识，整合自己人格中分裂的部分，改善自己的不良适应模式，完成自我整合。格林伯格虽然使用了格式塔的技术，但也为每一个任务设立了目标和具体步骤模型。这些模型都是通过科学方法的分析而建立并被实证研究所证实的，新手治疗师只要按照步骤练习，就可以针对来访者的不同问题开展工作并取得一定的治疗效果。这是格林伯格对心理治疗界的贡献。不为各种症状所迷惑，透过现象看本质，看到焦虑、抑郁、创伤反应等症状背后患者的核心冲突是自我与自我的冲突，或者自我与重要他人之间的未竟事宜。EFT 虽然像格式塔一样运用椅子开展工作，却是有目标、有地图的。这是格林伯格使用格式塔却又超越格式塔之处。

1986 年，赖斯退休，格林伯格回到约克大学接替她的职位，从事教学与研究工作，获得杰出研究教授的荣誉，并成为约克大学临床心理治疗研究所主任。在那些年间，格林伯格强调，必须关注情绪，并注意跟随与引导。引导来自在伴侣治疗中积累的经验。因为在罗杰斯以人为中心的人本主义疗法中，治疗师并不引导来访者，但是伴侣治疗的实践表明，引导是有效果的。所以格林伯格开始聚焦跟随与引导的辩证过程，同时，追踪来访者每时每刻的情绪变化，这是他跟随赖斯一直研究的方向。结合跟随与引导、结合每时每刻来访者情绪的变化，这就是情绪聚焦治疗的操作方式。

有一次格林伯格接受访问，当被问到在 EFT 中最美之处是什么时，他说："我在人们的痛苦中看到了人性的美丽。当人们愿意敞开痛苦并露出脆弱的一面、真诚与我分享时，在这样的过程中我看到了他们的勇气和真实之美。两个人在痛苦、脆弱处的真实相遇是一种非常值得珍惜的美好！特别是在探索未竟事宜的过程中，我们经常会看到来访者内心深处不轻易展现的'小男孩''小女孩'，能够与这些受苦的'小孩'相遇，陪伴他们重历痛苦之地，见证他们的痛苦，以恰当的方式回应他们的痛苦，让他们形成矫正性的情绪体验，理解并接纳自己的情绪，这是一种痛并美妙的体验。"格林伯格在人们的痛苦之处看见人性的美丽，他鼓励治疗师陪伴来访者接近痛苦、走近痛苦，因为"你只有先抵达痛处，然后才能从痛处离开"，这就是 EFT 的秘诀。在每次针对未竟事宜开展工作中，当我们带领来访者回到童年、回到自己七八岁时，当我们遇见那个脆弱的"小孩"时，我们的支持、看见、认可、惊叹和赞赏都会为那个"小孩"带来矫正性的情绪体验。

对于心理学流派，格林伯格一直持整合的观点。他认为，心理治疗是一个整合的专业，治疗师应尽可能多地学习助人的方法，博采众家之长，而不必分门别类，自创门派。格林伯格认为，心理治疗的基础性科学知识是每个治疗师都需要学习的。这些知识和技巧包含一套通用的原则，是可以传授的，学会该疗法就可以进行心理治疗了。这就是为什么他说"如果有一天所有治疗师都学会如何与情绪工作、学会通过情绪助人改变，那 EFT 就不需要作为一个学派存在了"的原因。

　　谈到整合，格林伯格认为目前有四种取向。第一种是理论上的整合。第二种是有机结合的整合，如系统理论与格式塔理论的整合、人本主义与格式塔理论的整合等。第三种是技术上的折中主义。整合与折中的不同在于，整合是系统性的，根据整合的理论，你知道你在做什么以及为何如此做，每一次遇到类似的情形你都会有一致的做法。所以，整合是系统性的综合，是基于实证研究结果的。例如，我们研究治疗惊恐障碍的最好方法是什么，然后我们就采用这个方法治疗惊恐障碍。技术上的折中主义则是当场判断什么技术最合适，就用什么技术，每次用的技术一不定相同。这是两种整合最大的差异。第四种是同化整合，即操作层面的整合，而非理论层面的整合。理论的整合是很困难的，因为每一个学派都有自己的理论宗旨，但是在操作层面，纳入其他学派的一些技巧，整合到自己所秉持的理论之中，进行整合与扩展的实践，是非常可行的。例如，我做系统脱敏，但我把它整合在格式塔理论之下。我们邀请来访者进行自我觉察，关注呼吸，与他们害怕的刺激源接触（不论刺激源是图像还是具体的物品），接着核对自己的感受，调节呼吸，然后再做一次，感受到自己的双脚稳稳地踏在地上。事实上这与系统脱敏大同小异，都运用了暴露原理，只是在格式塔理论中这不叫系统脱敏。

　　EFT 采取的是同化整合。具体来说，现在的事件与过去的连接是精神分析的技术；关注当下的体验过程是现象学派心理治疗的技术；布置家庭作业是行为学派的技术；共情则源自人本学派。在 EFT 治疗中布置家庭作业时，我们可以布置"增加自我觉察"的作业。例如，这个星期更多觉察自己内心批评者的声音，觉察自己被批评后的反应。在治疗中体验后，来访者还要在生活中继续觉察自己的内在运作。来访者在治疗室外所做的练习都被称为家庭作业。

EFT 在亚洲的发展

退休之后，格林伯格致力于在全球推广 EFT。他很喜欢教学，15 岁的时候，他在家里聚集了一些同学，帮助他们补习数学。他很喜欢把复杂的东西弄清楚以后，总结出简单的原理帮助大家理解。如今他把人类复杂的情绪弄清楚了，非常愿意并享受在 EFT 培训与督导中帮助治疗师理解自己和来访者的情绪，知道如何带来改变。

2004 年起，格林伯格在中国香港地区开展心理治疗师的 EFT 连续培训项目。10 年之后，中国香港地区认证了四位 EFT 培训师与督导师，格林伯格觉得他在中国香港地区的工作后继有人了，于是他开始其他地区的拓荒工作。新加坡是他在亚洲开展 EFT 认证培训的第二个地方。这两个地方的 EFT 治疗师后来成为助力亚洲开展 EFT 认证培训的"天使"。

2013 年 9 月，格林伯格应邀来到上海与北京，开始了 EFT 认证培训，笔者有幸成为他的翻译。五天的初阶课程下来，学员为 EFT 所折服，但格林伯格却意兴阑珊。原因很多，其一是格林伯格相伴 45 年的结发妻子在前一年因车祸意外去世，这对他是极大的打击。记得他第一次来上海授课的时候，虽然有从中国香港地区和新加坡来的两位助教陪他，但在课堂上举例的时候，他还是忍不住说了自己的心情，每天早上起来都非常抑郁、悲伤，想到自己一个人被困在遥远中国的酒店里，周边没有好吃的西餐，学员的专业经验不够（那一次上课的学员很多都不是专业的心理咨询师），他感到特别孤单和忧伤。他决定短时间内不再到中国授课。

笔者在 2013 年为 EFT 所折服之后，就决定继续跟随格林伯格学习。他既然不愿意来中国，笔者就跟着他到离中国最近的地方学习。当时他只在新加坡授课，于是在 2013 年到 2015 年间，笔者三次到新加坡学习，两次到多伦多参加督导班，完成了 EFT 的认证培训，也取得格林伯格的信任，并说服他继续到中国授课。

2015 年开始，EFT 认证系列培训在上海重新启动，格林伯格多次来到上海，并在 2018 年亲自认证了中国内地第一批 EFT 初级心理咨询师，为他们开设每月两次的团体督导，认真培养中国内地的 EFT 治疗师。同年，北京大学心理咨询中心邀请格林伯格为高校的心理咨询师开展 EFT 在北京的第一次认证培训，格林伯格特别希望中国高校从事科研的心理咨询师中有人愿意继承他的衣钵，所以他对这次北京大学心理咨询中心的培训寄予厚望，希望能够吸引愿意致力于 EFT 研究的学者和专家。之后，他又在日本东京、韩国首尔开展 EFT 培训，继续亚洲的拓荒之旅。

2015 年，格林伯格 70 岁的时候，与罗伯特·艾略特、珍妮·沃森（Jeanne Watson）和朗达·高德曼一起成立了 EFT 国际学会（ISEFT），并在荷兰举办了第一届 ISEFT 国际大会，期间恰逢格林伯格的生日，70 余位来自世界各地的 EFT 培训师与培训中心负责人齐聚一堂，共同为他庆生。格林伯格与世界各地的 EFT 培训师都私交甚笃，因为他们都是由他亲自督导训练出来的。他认为一名 EFT 治疗师要成长为一名培训师，至少需要 6 ~ 10 年，包含以下几个阶段：治疗师本人的议题被修通；对过程体验与情绪的觉察成为自然的能力；对来访者的关注与慈悲成为自然的流露；培训师的养成在于人格与性格的调整，而非技术的督导。

EFT 理论与脑神经科学研究结果不谋而合

格林伯格在 2012 年总结了情绪聚焦疗法临床实践的四项重要发现，其结果与脑神经科学的研究结果不谋而合。下面我用具体的案例说明这四项研究结果。

情绪影响了记忆、想法、决定和叙事结构

情绪是有持续性的，此刻的情绪会影响下一刻的心情，也影响我们的想法、决定和对自己生命故事的建构。举例来说，今天丈夫在工作方面非常不顺

利，还被老板批评了，他自信心受挫、心情郁闷，特别希望回家后可以得到妻子的安慰；没想到他回家时看见妻子正在追剧，丝毫没留意自己的神色有异。此时丈夫心里一沉，更觉得孤单悲伤，心中升起一个念头："妻子从来都不关心我！"这样，丈夫的负向情绪就被强化了。如果这位丈夫从小就经历过被忽略、被抛弃的孤单和忧伤，此时就会让自己坠入无助无望的深渊。他一个人回到卧室，躺在床上，告诉自己："在这个世界上，没有人会关心我的，这种情况永远不会改变，没有希望的。"这样的想法会让他更加绝望、抑郁。相反，如果丈夫今天在公司得到了升迁或表扬，回家时兴高采烈，即使看到妻子在追剧，也不会感到寂寞孤单。所以，此刻的情绪会影响我们对下一刻发生的事情的感受。正向情绪能带来抗挫能力，负向情绪则会雪上加霜。

觉察和象征化表达情绪

对身体感受到的情绪体验的觉察和象征化表达，会对情绪唤醒程度起到缓解作用，分辨情绪也能起到调节与安抚的作用。EFT 与其他各学派都同意，帮助来访者觉察情绪体验，并用文字、语言、音乐、绘画、舞蹈或者其他象征化的方式表达出来，可以调节来访者的情绪，达到安抚的效果。我们沿用前面的例子，如果这位心情不好的丈夫觉察到自己需要妻子的安慰并对妻子说："亲爱的，我心情不好，需要跟你聊聊。"然后妻子能够放下手边正在做的事情，听他讲讲今天不开心的前因后果，丈夫的不愉快就会得到缓解。如果妻子没空，他打个电话找朋友抱怨一番，也会有帮助。

在与情绪工作方面，EFT 更进一步，要求治疗师帮助来访者分辨情绪。当来访者觉得委屈的时候，委屈往往是既伤心又愤怒的复杂情绪，治疗师需要帮助来访者分别把伤心和愤怒表达出来。嫉妒是羞愧和愤怒的综合，治疗师要帮助来访者细化、区分并梳理其内在的感受。情绪有时像一团打了结的毛线球，混乱纠结，说不清楚，只是令人很难受。EFT 治疗师引导来访者分辨情绪的过程，就像先拉出最明显的红色毛线，把它卷起来放在一边，接下来再把黄色的毛线抽出来卷成一卷放在旁边，就这样每一个颜色卷成一卷，最终把这一团毛线分开，让它们不再纠缠。每一种情绪都在被觉察、区分并用语言表达之后存储在大脑里，这样情绪就被调节了，来访者清楚地知道自己到底怎么了、需要什么、该采取什么行动满足自己的需求。这就是从情绪到认知的过程。

情绪可以转化情绪

情绪可以转化情绪，这是 EFT 的核心要义。EFT 不仅研究情绪，更重要的是研究来访者的改变过程。我们发现，用情绪转化情绪是最持久有效的干预方式。斯宾诺莎说过，情绪是不能被改变的，除非遇到另一种比它更强烈的相反的情绪。举例来说，愤怒可以转化害怕。假设孩子在学校被同学欺凌，面对欺凌的一方，孩子感到害怕，想要躲开、逃走。被欺负的孩子通常是受到了一些限制，如家人教育他不许动手，所以虽然因被侵犯了很生气，也不能还手，只好一边承受一边感到委屈；又或者孩子的自信心比较低，不敢生气，觉得自己被欺负是因自己懦弱、无能，所以只能闪躲。两者的共同点都是不可以表达愤怒。在治疗中，我们让孩子体验到受欺凌时内心真实的感受和需求，在感受到需求（例如，我需要被尊重，我需要有空间、有选择，等等）的时候，孩子的自尊、自信就会呈现（我是值得被尊重的）。自尊被侵犯就会产生自我保护，这是一种有力量的"义怒"（又称"自信的愤怒""保护性愤怒""原发性愤怒""捍卫自己的愤怒""健康的愤怒"，下文会交替使用这几个术语）。如果孩子感到愤怒，便产生了一种向前冲的力量，该力量融入原来因为恐惧造成的向后缩的行动倾向中，结果便是他能够不卑不亢地面对欺凌者，如果对方继续欺凌，他会动手保护自己。被欺凌者原先的恐惧情绪在表达愤怒情绪的过程中被中和了，之后再想起或面对欺凌事件的时候，他感受到的是"我是值得被尊重的，我是有力量的，我要保护我自己"。

有人听到 EFT 用愤怒转化恐惧时，担心会不会把来访者教坏了，让他们从恐惧、退缩的受害者变成愤怒、攻击的加害者？我们用一个色彩的比喻解释这个问题。如果恐惧是蓝色的，愤怒是黄色的，在出现蓝色的时候，我们唤起愤怒，就好像在调色盘中加入了黄色，蓝色与黄色中和的结果会变成绿色，而非原来的任何一种颜色。绿色就是转化后的结果：来访者可以不卑不亢地面对欺凌自己的人，感觉自己是有价值的、不应该被欺负的，会站起来为自己说话，必要的时候也会想办法保护自己。所以，这种"情绪转化情绪"的方法是将新情绪融入旧情绪中，并转化形成另一种全新的情绪，而非用一种情绪代替另一种情绪。

从脑神经科学的观点来看，同时被唤起的神经元会连成一个网络。对被欺凌者而言，过去面对欺凌者的，只有其管理恐惧情绪的神经元被唤起，经过治疗中的体验，其管理愤怒情绪的神经元也被唤起，管理这两种情绪的神经元结合在一起形成神经元网络。下次再遇到欺凌者时，其两个神经元已构成网络，所以会同时被唤起，被欺凌者的感觉也就改变了——不是害怕，也不是愤怒，而是二者中和之后的自信与平静。在自信与平静的状态下，如果欺凌者的挑衅加剧，被欺凌者的健康的愤怒会被唤起，被欺凌者会开始还击，以保护自己。如果有了成功的经验，被欺凌者的这种创伤就会完全被扭转。

用相反的情绪可以转化不健康的情绪，这个理论在中国古代的医学理论里早就存在。《黄帝内经》里的情志相胜疗法指出，"怒伤肝，悲胜怒""喜伤心，恐胜喜""思伤脾，怒胜思""忧伤肺，喜胜忧""恐伤肾，思胜恐"。这是医生在有意识地运用一种或多种情志刺激消除患者的病态情志，从而达到治疗因情绪或想法而引起的某些心身疾病的目的，属于一种心理疗法。古代中国人发现的原理与今天西方人的实证研究结果互相印证，只是中国古人仅提出了情绪相生相克的理论，而格林伯格则对如何用情绪一步步转化情绪提出了具体、可操作的模型与步骤。

通过重新整合，情绪可以改变记忆

脑神经科学研究发现，记忆不是固定的，而是可以被改变的。当过去的记忆被唤起之后，如果来访者有一个新的体验，不论该体验是来自治疗师，还是来自其自我内在的新觉察，这些新元素都会改变其旧的记忆，再存储的时候，其旧的记忆就被更新了。举例来说，来访者有一个具有暴力倾向的父亲，所以每次回想起童年时与父亲相处的经历，他都感到恐惧、战栗。但是，在治疗室中重新回到这个记忆场景时，来访者在治疗师温暖的同在与共情性理解的陪伴下，其再存储的记忆便没有原先那么让人恐惧了。下次治疗中这个记忆再度被唤起时，来访者就比较能够承受或容纳当时的情绪了。随着治疗的深入，来访者的自尊、自信水平持续提高，对情绪的体验不断加深，最终有一天他就能够对父亲表达自己的需要、捍卫自己的权利了，这种有力量的感觉也会被加入这个场景记忆中。下一次这个记忆再度被唤起时，严厉的父亲、温暖共情的治疗师、有力量的自己会一起出现。每一次增加的新体验都在改变原有的记忆，让它变得更可控、更安全。

通过以上研究，我们可以总结出 EFT 的两个治疗目标。

1. 辩证地建构体验过程。

EFT 主要研究来访者是如何改变的，所以改变的理论很重要。研究发现，唤起来访者的情绪、让其在体验中进行反思是促成其改变的最主要的过程。所以 EFT 治疗的路径是唤起情绪、表达情绪、反思过程，最后改变生命叙事。其顺序是先唤起情绪体验，再进行对认知的反思、改变叙事，方法是让情绪体验与对认知的反思两部分开展对话，辩证地建构新的生命叙事（见第二章）。

人生是一种对自己的各种感受赋予意义的体验过程。所以在治疗中，治疗师要帮助来访者对他们自身的各种感受和体验赋予意义，这是 EFT 治疗的总目标。

格林伯格提出了与改变有关的六个基本体验过程：（1）觉察情绪；（2）表达情绪；（3）调节情绪；（4）反思情绪；（5）用情绪转化情绪；（6）与他人之间有矫正性的情绪体验。它们也是促成改变的六个基本原则。

2. 改变自动化的情绪基模。

人的痛苦来源是内心有一些僵化的情绪基模。针对环境中的刺激，我们经常做出快速的、自动化的情绪反应，明知道是不健康、不合时宜、有破坏性的，却无法改变。这种长久以来的"核心痛苦"在 EFT 中被称为"原发非适应性情绪"（见第二章）。

通过与来访者的情绪开展工作，来访者长久以来的痛苦记忆在治疗中被唤起，新的元素（不论是来自治疗师的矫正性情绪体验，还是来访者自发的自我疼惜或义怒）得以加入，从而使其过去的痛苦记忆发生松动、改变，心理越来越有弹性，抗挫力越来越强，以后再想起这件事，他可以自我调节情绪，做自己情绪的主人，而非让情绪做他的主人。

在 EFT 之前，很多心理治疗流派都认同这样一个观点，即改变的过程就是把潜意识意识化。它们认为，来访者明白了过去不清楚的事情，就可以发生改变。换言之，认知改变了，人就改变了。格林伯格认为这个观点过于笼统、简单了。心理治疗是一个复杂的过程，这个说法或许是对的，但是只有在某些特定情况下才是对的。EFT 对于"改变是如何发生的"做过很多研究，它并不聚焦于发现创伤的原因或痛苦的来源，而是着眼于如何转化痛苦，如何帮助来访者从痛苦中走出来。所以，不是来访者对事情有了新观点与新角度（这只有认知发生了改变），而是在提取记忆、唤起情绪、重回创伤现场体验时，通过治疗师的体验性干预，来访者拥有了新的经验，唤起了新的情感，产生了新的神经连接，其存储的记忆不一样了，其脑神经网络不一样了，人自然就不一样了。

来访者的自动、僵化的情绪基模被改造了，成了一个有弹性的、可控的情绪基模，在体验过后，其认知改变了，拥有了新的角度与观点，其情绪基模甚至有可能从负向变成正向，从而改写其生命叙事。来访者的认知与叙事很重要，但 EFT 是"自下而上"工作的，先从来访者的身体体验与情绪入手，最后再整合到其头脑层面的认知与叙事。而精神动力学和认知行为疗法则是"自上而下"工作的，即先探索来访者头脑中的叙事与认知，再研究身体的体验与情绪。从 EFT 的角度来看，"自下而上"的治疗模式更快速、有效，因为身体不会说谎，所以治疗师很快就能帮助来访者找到关键的、引发其长久痛苦的核心情绪。这也就是艾伦·肖尔所说的范式转换。

第二章

EFT 的核心概念

　　格林伯格的研究发现，情绪的探索、唤起、表达和转化是心理治疗是否有效的关键因素。因此，EFT 关注的是治疗师如何与来访者的情绪"有效"地工作。情绪是什么？如何"有效"地与来访者的情绪工作？我们先对几个核心概念进行定义，即情绪、情绪基模、情绪反应的分类、治疗中常见的基础情绪以及 EFT 对人的内在运作的假设。

情绪

　　情绪是人（和哺乳动物）在不同情境下基于自己的需求 / 目标 / 顾虑进行自动化评估后所产生的反应。例如，遇到危险心生恐惧而想远离，遇到心动对象颇感愉悦而想亲近。格林伯格一再强调，驱动人类行为的核心动机不是安全依恋或个人成就（马斯洛的自我实现），而是更基础的情感需求——调节情绪使自己舒适。靠近安全的依恋对象会满足我们在孤单、悲伤时需要陪伴的需求，或者在恐惧害怕时需要保护的需求，抑或满足我们追求愉悦的感受本身。获得个人成就会带来自豪的感觉，因此我们愿意承受备考时的焦虑、努力复习时的辛苦。当我们做一件有意义的事情时，虽然承受痛苦与艰难，却因心怀希望而可以调节情绪、苦中作乐。所以，情绪是比依恋更深层次、更原始的驱动力。情绪并非单指感受，而是涉及包含许多元素的一个神经网络系统。当一个事件发生时，个体的身体、情绪、认知、行为层面的许多元素同时被唤起，主管这些部分的神经元在大脑中同时被激活，形成了一个神经网络。格林伯格把这个网络称为"基模"，并由此产生了情绪基模的概念。

情绪基模

情绪基模是格林伯格自创的专有名词，以区别于皮亚杰认知发展理论体系中图式的概念。皮亚杰理论体系中的图式指的是个体对世界的知觉、理解和思考的方式，是认知结构的起点和核心。皮亚杰认为，有了图式，主体才能够对客体的刺激做出反应。格林伯格则认为，影响人们对刺激做出反应的是情绪，而非认知。情绪是包含了情境、身体反应、感受、想法、心理需求和行动倾向等多重元素的心理结构，这是情绪基模的概念基础。情绪基模是一个动态的心理结构，是由于外界的刺激而形成的内在心理结构，它是持续发展的，是可以被探索的，也是可以被改变的。

情绪基模的元素包括：（1）感知的或情境的，即触发点：a. 初级评估，b. 情景记忆；（2）身体的／表达的，即身体内在的直觉反应与外在显示的表情：a. 身体的感知，即内在的直觉体会，b. 非语言的表达，即外在的表情；（3）体验到的情绪；（4）事件的象征意义：a. 概念／特性，即对自我与他人形成的概念，b. 语言表达，即用语言表达出来自己的想法；（5）动机与行为，即个体反应性的动机与行为：a. 行动倾向，即个体反应性的行动倾向，b. 愿望与需求（见图 1）。

我们举例说明情绪基模形成的过程。一个两岁的小孩在玩积木，方的积木放进方的洞里，圆的积木放进圆的洞里。但孩子"笨拙"地放错了地方，积木被卡住，无法放进去；这时候，不耐烦的妈妈狠狠地瞪了孩子一眼，粗暴地抓住孩子的小手，拉着他把积木放到正确的洞里。对孩子来说，有趣的探索游戏突然被打断：视觉方面，看到妈妈恶狠狠的眼神；触觉方面，感受到妈妈不耐烦的、粗鲁的推拉；身体内在的自动化反应是胃部紧缩、心跳加速、呼吸急促；外在则表现为身体忍不住向后退缩。此时孩子心中的感受可能是害怕或羞

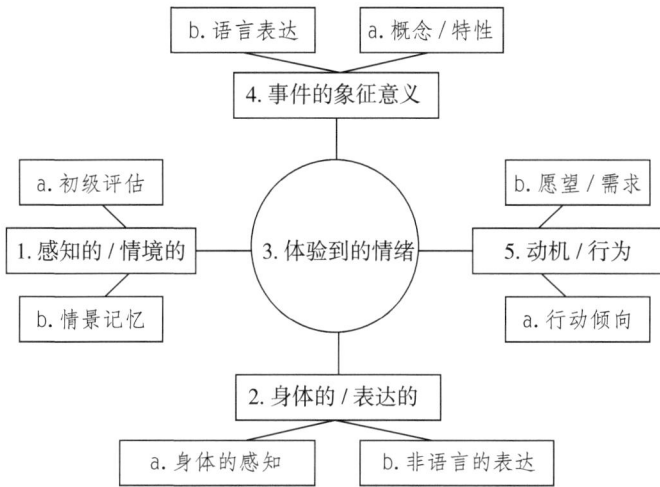

图 1   情绪基模的元素

愧，想法可能是"妈妈不喜欢我"，或者是"我太笨了"。上述视觉、触觉、身体感知觉、感受、想法和当时的情境联系在一起就构成一个"情绪基模"，储存于孩子的内心深处（见图 2）。

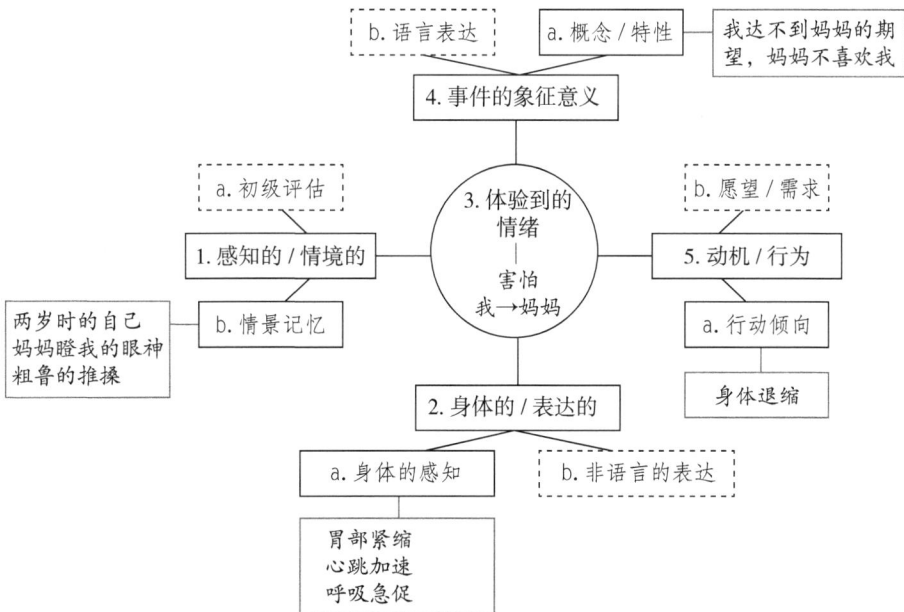

图 2   情绪基模形成示例

从小到大，每个人都经历过大小不等的许多事情，有的令人开心、愉悦，也有的是打击和创伤，所以每个人心里都存储了许多情绪基模。上述案例中那个孩子长大了，工作了。某天早上领导心情不好，一进办公室就恶狠狠地瞪了他一眼。被领导这一瞪，他发现自己心跳加速、呼吸急促、胃部紧缩，瞬间觉得领导很不喜欢自己，觉得自己很失败，于是开始避免与领导接触，由此影响了自己的心情，进而影响了工作，最后甚至不想去上班了。他自己可能都不明白，为什么领导的一个眼神会给自己造成如此大的影响？

这个案例说明，过去未解决的情绪基模在现实生活中被触发可能只因为某个似曾相识的点（如感觉、知觉、情绪或环境），而被唤起的却是情绪基模的整体反应，因此，当事人的情绪通常是过激的，但自己并不明白原因是什么。情绪基模的概念能帮助治疗师在倾听与探索的阶段形成一张清晰的地图，让治疗师知道，自己需要收集哪些信息才能唤起来访者重回现场的感觉。

我们用这个例子说明情绪基模被唤起的过程及如何对其进行探索，当前感知的和情境的（1）触发点是"领导瞪了一眼"，来访者的身体反应强烈（2）——心跳加速、呼吸急促、胃部紧缩，体验到的情绪（3）是害怕，事件的象征意义（4）是领导不喜欢我，我失败了。随后的自动化行动倾向（5）是开始避免与领导接触，然后进入否定自己、业务能力下降的状态。这可能是来访者前来求助时会陈述的故事。在第一轮对情绪基模进行探索时，EFT 的治疗师先进行初级评估（1a），了解激发来访者一连串情绪与躯体反应的原始情境是什么，关注情境中来访者的感知（例如，是声音、气味、眼神还是手势等刺激所引发的情绪最强烈），接着引导来访者体验其身体内在的感觉（2a）和外在的呈现（2b），体验其情绪（3），理解事件引发的来访者对自我和对他人的概念（4a）、其动机与行为（5）等元素。就动机部分而言，来访者可能会说，既然领导不喜欢我，我就离他远一点，免得再惹他生气（5a）。这是第一轮对情绪基模的探索。

EFT 的治疗师使用来访者已经唤起的身体感受和情绪体验调动过去类似的情绪基模。我们会问："一个眼神让你觉得心跳加速、呼吸急促、胃部紧缩，心里感到害怕，觉得自己很失败，觉得对方不喜欢自己。类似这样的经验，从前有过吗？"治疗师期望的是，在身体与情绪体验被唤起的状态下，来访者的脑神经网络会自动搜寻相关的创伤事件，童年的记忆会自动浮现，来访者会想到两岁左右跟妈妈玩积木时的经验。此时治疗又回到了情绪基模的第一个元素：感知的 / 情境的（1），但此时工作的方向是过去的情景记忆（1b），治疗师帮助来访者回到两岁时的情境，澄清当时发生了什么事情，当年那个小孩的身体感知（2）、情绪体验（3）及其在象征意义上形成的对自我和他人的概念（4）是什么，这个探索过程的目的是唤起来访者童年自我未解决的情绪基模。这一轮探求的重点略有不同。情境、身体和情绪是被重新唤起的部分，而事件的象征意义，即当时所产生的想法（对自我的、对他人的概念）却可能是有偏差的（4a）。如今来访者以成年人的眼光重访童年时，可能会有不同的视角和观点，从而矫正当年的孩子的想法。治疗师帮助来访者为当年的孩子说出其当时的想法及现在的新观点（4b）之后，更重要的步骤是询问孩子当时的需求与愿望（5b），并帮助孩子向当时的妈妈表达他希望被宽容、被接纳、被原谅的需求，为两岁的小孩说出，当时他做不到对积木的精确分类是正常的，是可以被接纳、被温柔对待的。这部分工作在 EFT 中经常运用空椅技术开展，帮助当年受委屈的孩子经历一种新的体验——一种被理解、被接纳的矫正性情绪体验。这是对情绪基模的完整运用。

通常，来到咨询室时，来访者对自己状态的认知是不清楚的。来访者喜欢讲故事，而治疗师的任务是通过有目标的倾听，探索来访者症状发生的触发情境，以及事发当时他的身体感知、情绪反应、想法、需求和行动倾向。这个过程的最特别之处是考虑到了身体（包括五脏六腑）的反应。

19 世纪以来，科学家发现了人类的第二个大脑——肠神经系统。它是人类原始的神经系统，会向大脑发送信息，影响人的神经递质的分泌，影响人对压力或焦虑的感知，也会影响人的心情和行为。EFT 把身体提供的信息整合在情绪基模里，不论在探索阶段还是转化阶段，它都非常重视身体的体验和非语言信息的表达。EFT 是一种整合了生理、情绪、认知、行为和叙事的治疗取向。而推动这一切的核心，格林伯格认为就是情绪。它与近代神经科学研究的发现不谋而合。

情绪基模只有在来访者的情绪被唤起并被其体验到的时候才能被激活，其中的元素才可以被重新探索与理解。在治疗中有意识地使用情绪基模的概念可以深化来访者的情感与自我觉察，回到其曾亲历的体验中。举例而言，来访者说感觉胸口很堵却不知道为什么，这是来访者身体的感知。在治疗中，治疗师要先探索感知的触发情境。例如，EFT 教学视频中的来访者说："小时候在乐团里吹长笛，每一次表演都盼望父母来看，每一次扫视观众席都找不到他们，一次又一次地失望，可是总还抱着希望，希望下一次可以看到他们，希望他们听到我吹得多好，看到我练得多勤快！"这段话激发了观看视频的学员的情绪基模。该学员来访者开始感到胸口堵，同时有点心慌。接着他又说起自己小时候在体育训练队时，父母也从未曾前来观看自己的比赛。这就是来访者感知的情境唤起了其记忆中相似的情境。此时来访者过去的一个情绪基模被唤起，治疗师可以开始进行另一轮探索：更详细地询问来访者当时的年龄，有没有一个印象深刻的场景、特别失望的一次记忆。来访者的记忆重现越清晰，表示那个被冻结的、需要处理的伤害越深。在来访者描述当年情景记忆的时候，治疗师可以问："你现在说起这段故事，你的身体有什么感觉吗？"如果来访者的身体也有体会，则表明其情绪基模在当下更真实地被激活了。在 EFT 的培训中，观看教学视频时，某些案例可能会同时激发学员的多重情绪，在接下来的实操练习中，学员可以探索自己被唤起的情绪并进行处理。当情绪基模被激活时，学员继续探索自己此刻体验到的情绪、形成的想法，特别是对自己的认知（例如，我是不够好的）、对关系的认知（例如，我是没人爱的），以及当时的需求是什么、行动是什么（多半是压抑的、不敢表达的）。在这个过程中，当年的感受、想法、需求都在学员的现场体验中再现。所以治疗师工作的重点是当下呈现的情绪基模，而非当年（过去式）的一些记忆（只是认知）。在治疗中使用情绪基模激活来访者的记忆，让其直接进入过去的痛苦中，这与让其谈论过去的痛苦，是很不一样的。

简德林在谈"体验过程"与概念化的区别时提到，自弗洛伊德以来，治疗师可以在很短的时间内帮助来访者理解关于其自我冲突的"概念"，但是来访者要能够亲身经历自己身上这些冲突的"体验过程"则需要几个月甚至几年的时间。这就是为什么明白自己的问题并不能带来改变，必须进入"体验过程"，也就是 EFT 所谓的唤起情绪基模时才有可能带来改变。在心理治疗中，治疗师最常犯的错误就是把来访者"描述体验过程"当作是他处于"体验过程"之中。在治疗中，这是一个至关重要的认识。举例而言，来访者说："我每天都很焦虑。"这是他在"描述"过去一段时间内他的"体验过程"，他在治疗室说这些话的时候，"焦虑"已经成了一个"概念"，而非他此时此刻的感受。在 EFT 技术中有"双椅对话"，当来访者面对那个恐吓者的声音时，他立刻心跳加速、胸口紧绷，这是一种当下的"体验过程"。这就是为什么 EFT 的治疗可以是短程的原因。治疗师可以借由共情或椅子工作，让来访者进入"体验过程"中，加速改变的发生。

情绪反应的分类

治疗师与来访者的情绪工作时需要区分和辨别其适应性情绪（健康的）与非适应性情绪（不健康的）。情绪是主宰人们思想与行为的核心动力，那我们是不是凡事都跟随情绪走？这显然不是明智之举。EFT 的独创性就在于有意识地对来访者的情绪反应进行分类。根据情绪是否具有适应性把情绪分为适应性情绪与非适应性情绪。根据情绪反应类型将情绪分为原发情绪、继发情绪和工具性情绪三大类。这是 EFT 个案概念化的基本框架，治疗师必须清楚地知道自己所唤起的或干预的情绪是哪一类情绪，因为针对原发情绪开展工作，治疗才会产生效果，针对继发情绪或工具性情绪开展工作则不会产生治疗效果。

关于情绪处理，格林伯格有一句名言："你只有先抵达痛处，然后才能从痛处离开。"这里的"抵达"指的是治疗师经过"披荆斩棘"，终于陪伴来访者从讲故事进入继发情绪，又从继发情绪探索到原发情绪，最后找到一直困扰来访者的原发非适应性情绪（一个熟悉的老朋友），一个经常被自动唤起的情绪基模，探索这个情绪基模的起源，我们才能抵达痛苦的源头。

下面是关于原发情绪、继发情绪与工具性情绪的定义。

原发情绪

原发情绪指的是个体对环境改变做出的瞬时反应，例如，如果个体在漆黑的夜晚独自行走在暗巷中，当他突然听到背后有脚步声时，其躯体紧绷，心中自然升起恐惧的情绪，行为上则保持警惕。外部环境的刺激带来快速且具有行动导向的反应，让人预备好要逃跑或者回头看清楚，这是一种适应性的、健康的、自我保护的本能反应。假如个体回头一看，发现原来是一只流浪猫在跟着自己，其身体会立刻放松下来，恐惧情绪也就消散了。原发情绪是事件发生后个体升起的第一个原始感觉，是为我们做判断提供信息的，其特征是来得快，去得也快，是对现况的瞬时反应，当下被处理之后就会消失。例如，天凉时身体觉得冷，用餐时间到了会感到饿，被侵犯时觉得愤怒，失去了重要的人或物觉得伤心，被威胁时感到害怕，被批评时感到羞耻，等等，这些都是健康的感觉和感受，是为了帮助我们更好地生存而产生的原发适应性情绪。

原发情绪原本都是适应性的，但是也有可能演变成不健康的原发非适应性情绪。例如，来访者小时候因父母离婚而感到悲伤和被抛弃，这些情绪在当时是原发适应性的情绪，是需要被安抚的。但是如果这些情绪当时没有人理解，也没有人提供安抚，这种无法表达也无人安抚的"感到悲伤和被抛弃"的情绪基模就一直冻结在来访者的心里。长大以后在交友过程中，只要发生被朋友拒绝或者因搬家、转学而产生"分离"的情况，来访者的这个情绪基模都会被强化，让他一次次感受孤单、伤心、被抛弃的痛苦。这个情绪基模不断地被唤起，成为一种熟悉的受伤的感觉，在来访者的生命历程中反复出现，让他觉得受困其中而无法摆脱。这都是由过往未解决的议题、没愈合的伤口导致的。当来访者对现实环境中发生的分离过度反应，给分离赋予负面的意义时，他就可能因为害怕被抛弃而不敢建立亲密关系，或者会主动先抛弃他人，从而影响其人际关系的发展，这就成为来访者的一种长期纠结的痛苦情绪，是一个熟悉的、深刻的、容易被触发的痛点。这是原发非适应性情绪的一个典型例子。

原发非适应性情绪像一位老朋友，经常让人陷入不请自来的恐惧、无地自容的羞愧、不可理喻的愤怒或一触即发的悲伤中。在 EFT 的治疗中，治疗师与来访者一起探索，直到找到这位"老朋友"，这是 EFT 转化工作的起点。

不论是适应性的还是非适应性的，原发情绪都是人们内心深处最脆弱的真实状态。治疗师针对原发情绪开展工作会让来访者打开心扉，从而在个体治疗中拉近咨访关系，在伴侣或家庭治疗中拉近人与人之间的距离，促进伴侣之间或亲子之间的联结。所以，探索原发情绪是 EFT 治疗过程中的关键工作，在原发情绪的层面开展工作才能实现心理治疗的有效转化。在任何一次治疗中，只要来访者的原发情绪（无论是适应性还是非适应性的）被唤起，来访者都会觉得这一次治疗是有效果的。

继发情绪

继发情绪是不能直接表达原发情绪时所显露出来的情绪，属于第二波情绪，不是最原始的情绪。它用于掩饰、掩盖自己无法表达的情绪，或者是因为不满意自己有情绪所以对自己产生了情绪。继发情绪的产生有时是文化因素导致的，例如，传统观念要求男儿有泪不轻弹，男人不应该表达悲伤情绪，所以他们只好用愤怒掩盖悲伤。悲伤是原发情绪，用以掩盖其的愤怒则是继发情绪。再举例来说，在传统观念中，女子要端庄大方、巧笑倩兮，即使被羞辱、受委屈时也不能直接表达愤怒或悲伤，而需要用宽容大度的微笑加以掩饰。有时，我们内在的防御系统让我们习惯性地戴着面具生活，而不以真情示人，最终甚至连自己都分辨不清自己的真实感觉，这就是"情绪阻隔"。最普遍的继发情绪是恼羞成怒、抱怨、罪恶感、焦虑、无助、无望感。前来治疗的来访者通常呈现的都是继发情绪。

针对来访者的继发情绪开展心理治疗是无效的，这是 EFT 非常重要的概念。对于丈夫有外遇的女性来访者而言，初始访谈时表达的通常都是咬牙切齿的愤怒情绪，如果治疗师一直让她表达这种愤怒，在治疗会谈结束后，她不仅不会感到放松，反而会更加愤怒，致使关系更加恶化。对于无助、无望的抑郁障碍的患者而言，如果治疗师一直在探讨他因何无助、无望，那么患者会感到更加绝望，因为其情绪如果没有被转化，则只会加剧。因此，先对继发情绪进行共情，然后绕过继发情绪，直指核心的长期痛苦，才是帮助来访者改变的策略。在治疗室中，来访者起初呈现的大部分愤怒情绪都是继发性的，而判断的根据是，这种愤怒情绪是批判的、指责的、拒绝对方的。

原发性愤怒则会让个体感觉自己有力量，是种"义怒"（正当的愤怒），具有自我赋能、自我保护的作用。治疗师探索来访者愤怒情绪之下更脆弱的部分，不论是伤心（他辜负了我），还是羞愧（我是不是不够好），都会让治疗进入更深层的工作，同时也可以判断来访者的伤心或羞愧是不是其熟悉的"老朋友"，是来自其更早年的创伤。

工具性情绪

工具性情绪也被称为情绪勒索或情绪绑架，指表达情绪的人为了达到某种目的而不由自主地使用情绪应对身边的人。例如，用发怒胁迫别人，或者用哭泣博得他人的同情。工具性情绪又分为无意识地表达和有意识地表达两种情况。

对个体而言，有些工具性情绪起初并不是有意识的。例如，孩子因为父母不给自己买玩具而躺在商场的地上大哭大闹，他第一次这样做也许是自然反应，因为太伤心、太难过而用这样的方式表达自己的情绪，但如果这样的行为初次见效后，个体可能会有意识地尝试这样做，如果每次这样做都可以如愿以偿，那孩子自然会习惯于使用这种情绪控制父母的行为，至此，孩子的大哭大闹就不再是因为伤心、难过，而是随时可以停止的工具性情绪了。

父母对子女使用工具性情绪就更微妙了。有的母亲会用"离家出走"让成年儿女觉得内疚，追着请自己回家。有的母亲会告诉成年的女儿："昨天晚上我梦见你把我赶出去了。"有位女士深受母女关系的困扰，虽然这位女士已经长大成人，组建了自己的家庭，也有了自己的小孩，但是母亲依然希望她像儿时那样对自己言听计从，希望她认为自己的母亲是天下最好的母亲。可是在女儿身为人母之后，她有了切身体验，发现自己在养育孩子的过程中虽然辛苦但也有许多快乐和收获，并不像母亲从小告诫她的那样：母亲为她做出了多大的牺牲，付出了多少辛苦，她对母亲一定要听话、一定要孝顺、一定要回报，否则就是白眼狼。她开始质疑母亲过去的教诲并开始反抗母亲，而感受到女儿离自己越来越远的母亲对未来更加没有安全感，产生失控的感觉，所以就变本加厉地使用工具性情绪和受害者心态让女儿感到内疚，让女儿觉得自己不孝顺。这位女士被困在纠结的母女关系中不能自拔，但这位母亲的种种行径可能是潜意识的而非故意的。但是一个人如果经常使用工具性情绪，这些行为就会变成其人格的一部分，如霸道、用愤怒使人害怕、过度戏剧化、装模作样、用脆弱使人内疚等。一般我们说很"作"的女性大都是善于使用工具性情绪操控他人者。很少有人会因为自己的工具性情绪问题而进入治疗室，但有很多受工具性情绪辖制的受害者会前来求助。

有时候，有意识地表达工具性情绪反而是比较健康的，是情绪表达的一部分。例如，个体感觉被冒犯而刻意表达愤怒，就是设立界限的方法之一。妻子不高兴了，希望得到丈夫的关注，故意在厨房摔锅砸碗，搞出很大的动静，这是刻意使用工具性情绪。有时也可以巧妙地运用工具性情绪达到自己的目的。举例而言，个体不想浪费太多时间在社交场合，所以故意迟到，却又表现出很不好意思的样子向大家道歉，让别人认为他无心犯错而不加以责怪。这种羞愧的道歉就是一种工具性情绪。

了解工具性情绪，治疗师可以帮助来访者探索，在对他人使用工具性情绪时自己内心真正的需求是什么。治疗师理解了来访者的需求就可以直接针对需求工作，而不需要再纠结于情绪。不过，工具性情绪通常不是 EFT 工作的对象，EFT 主要是针对原发情绪开展工作。所以，帮助被工具性情绪控制的来访者探索他内心真实的感受和需求，唤起他被操控的无力感背后的愤怒与悲伤情绪，才是治疗师工作的方向。

心理治疗中关注的基本情绪

EFT 是以来访者的情绪为切入点的一种疗法，治疗师需要关注的情绪有哪些呢？虽然有关情绪的词汇有数百个，但是 EFT 临床研究指出，给人们带来困扰的基本情绪不外乎六种：爱（喜）、怒、哀、惧、羞耻、厌恶。在《头脑特工队》这部电影中，代表不同情绪的角色分别是乐乐、怒怒、忧忧、怕怕、厌厌，唯独缺了羞耻。一般来说，很少有人在描述自己的时候直接提到羞耻或羞愧，因为羞耻是一种极深的痛苦，让人想要逃、想要躲起来，所以不容易直接提及。在治疗中，提到羞耻或羞愧的感觉时，来访者多半说的是"很丢脸""觉得自己不被尊重""想要躲起来，恨不得钻个地洞消失""觉得自己没有价值、不重要"。治疗师要熟悉与情绪相关的词汇，知道描述的某个情绪属于哪种基本情绪。例如，担心、焦虑的情绪继续往下探索是恐惧情绪，即个体害怕会发生不测之事；懊恼、失望、不耐烦等情绪属于愤怒情绪的范畴；孤单、伤心、难过、心情低落等情绪属于悲伤情绪家族；讨厌、轻蔑等情绪是厌恶情绪的同类。而复杂一些的情绪，如委屈，则包含了愤怒与悲伤两种情绪。爱更是一种说不清的复杂情绪，因人而异，需要一步一步拆解、细分，才能明晰个体更深层次的需求和感受。

情绪本是用来帮助人类适应生存的，它让我们知道自己此刻需要什么并做出相应的行动。例如，愤怒提示我们需要设立界限，让自己不再被侵犯，我们的行动则可能是推回去；害怕提示我们需要保护与安全感，我们的行动可能是战斗、逃跑或僵在原地；悲伤提示我们需要安慰，我们的行动可能是要求陪伴或拥抱。这些因外界环境而触发的原始情绪原本都是健康的，包含着重要的信息，让我们明白自己的需求与行动倾向及相应的身体感觉和知觉。但是，由于曾经不如意的经历，这些健康的、适应性的基本情绪也可能变成不健康的、不适应的原发情绪。治疗师首先要学会判断来访者当下呈现的情绪是健康的还是不健康的？如果来访者的情绪是健康，就帮助其标明情绪、表达情绪并觉察该情绪背后的需求，探讨如何采取行动、满足需求。这样，来访者有问题的情绪就被化解了。情绪的功能是向个体传达某种重要的信息，让个体关注并设法满足自己的需求。如果个体关注了自己的身体、感受、想法、行动，需求得到满足，情绪自然就会消退。即使是不健康的情绪，也必然有其来源，治疗师需要和来访者一起探索这个丧失功能的情绪是从何时、何事开始存在且尚未被解决的，找到源头，拨乱反正，帮助来访者表达当时的内在情绪，让事发当时自我的感受、想法及需求都被看见、听见，以明白自己的需求究竟是什么。这是把熟悉的不健康情绪转化为健康情绪的过程，是 EFT 最重视的核心技术，也是能够带来来访者改变的秘诀。

心理治疗中所关注的六种情绪各有其健康与不健康的面貌。如果来访者的情绪是健康的呈现，治疗师帮助来访者对其加以命名与表达就可以了；如果来访者呈现的是不健康的情绪，治疗师则需要更深入的探索。

爱

在积极情感方面，我们更关注爱而非乐，因为爱与被爱是大部分人在亲密关系（指与父母、配偶、子女的关系）中重要、纠结、未被满足的需求。感觉被爱与感到安全是孩子成长过程中最重要的基石，会影响一个人在婚姻中是否有爱配偶的能力，在养儿育女的过程中是否有足够的内在资源可以应对孩子成长中的许多变数。

健康的爱表现为关注对方并且愿意给对方自由。中国人在谈及父母之爱与婚恋议题时，"爱"都得到了足够的关注。但是，爱的同时要给对方足够的自由则并非我们文化的常态。因此，爱成了治疗中常见的议题。记得有一位年轻的女性振振有词地对治疗师说："爱就是他什么事都听我的呀！"这样的观念从哪儿来的呢？在成长的过程中，我们的父母、老师是不是一直在给我们强化一种印象（体验）：听话的时候最容易得到喜爱？家里那个不乖、不听话，特别有自己想法的孩子总是被冠以"不孝"之名，在电视剧中、在与邻居的聊天中，隔壁家的好孩子除了成绩优秀之外，"听话、懂事"也是经常被提及的吧！而"给予自由"是健康的爱的必要的组成部分，其中包含了尊重对方是独立的个体，允许对方与自己不一样，甚至欣赏对方与自己的不同之处。

不健康的爱表现出来的是黏人、控制和纠缠。在恋爱或婚姻关系中有名的"连环十八 call"（约会后或出差时一方若无消息，另一方会焦虑得连打十几个电话追踪，没有回音绝不放弃）就是对爱没有安全感、对伴侣没有信任感的表现。

一个人爱与安全感的基石来自原生家庭的依恋关系，孩子在 12 ～ 18 个月大时与照顾者的关系是其个人依恋形态的底色。在成长过程中，有新的安全关系可以发展新的脑神经连线，这是治疗师必须无条件关注与接纳来访者的理论基础。让咨访关系本身成为一个新的、安全的依恋关系，可以渐渐被来访者内化，以安抚其内在的不安全感和对爱的缺失。这也是人本取向的心理治疗非常强调的一点。治疗师对依恋理论有清晰的理解，可以更好地厘清来访者内在与父母、配偶、子女的关系中互相投射的部分，也可以明白来访者对治疗师的投射与需求。

愤怒情绪

心理治疗中最令人困惑的继发情绪就是愤怒。罗杰斯曾经说过："关于愤怒的真相是，它只有在被真实地听见并理解之后才会彻底消失。"所有人都有生气的时候，当我们感觉受到威胁的时候，我们会战斗、逃跑或僵住；愤怒是我们的身体进入战斗状态的反应。但是，我们并不仅仅对于外在的威胁有反应，有时候一件小事会激起我们内在过去的一些伤痛，对这些内在的威胁我们也经常会表现出愤怒的反应。最典型的例子就是孩子不听话会激起父母极大的愤怒，为什么会这样，其实都是继发情绪在作怪，我们要关注的是探讨愤怒背后所焦虑、担心、害怕的是什么。

人在受伤、失望、恐惧、羞愧、哀伤的情绪中都有可能表现出愤怒，因为这些情绪太让人难受了。愤怒情绪可以让我们暂时减轻自己的无力感，同时可以麻痹那些痛苦的感觉。因此，在很多人际关系议题中，当来访者表达的是愤怒情绪时，治疗师要理解并共情这种愤怒情绪，但是探索愤怒情绪背后的痛苦情绪，才是治疗前进的方向。

在我们的文化中，愤怒情绪似乎都是不好的，被列在负向情绪里。但在 EFT 的治疗过程中，我们对于愤怒情绪却有不同的看法。治疗师有时必须调动来访者合理的、有界限的、被侵犯的愤怒情绪，以便提高一个人的自我价值感和值得被尊重、被爱的自我存在感。这是一种赋能的、保护性的愤怒情绪。

健康的愤怒情绪通常源于自我的界限受到侵犯或挑战。有自我价值感的人被欺负的时候会本能地推回去，保护自己，为自己留一处空间，这是自信的愤怒。治疗师鼓励来访者表达这样的愤怒情绪，这个过程本身就是为来访者赋能。在我们的文化中，忍耐被认为是一种美德，所以即使我们感受到愤怒情绪，一般也不会表达出来。因此，在心理治疗中，如果没有治疗师的引导和鼓励，来访者即使谈到了令他生气的人、事、物，通常也不会进入对愤怒情绪的体验，更不要说表达了。引导和表达愤怒是 EFT 非常特别的地方，也是为来访者带来情绪转化的很重要的一个技术。不让来访者停留在谈论情绪的层面，而是要进入体验过程与表达情绪。来访者经历了表达的过程之后，通常会感到身体舒畅了、通了，这是一种真实的转化。

有一位来访者对治疗师说，我想解决我"不会说不"的问题。不懂界限为何物的人会逆来顺受，对身边人的虐待、恐吓全盘接受，甚至认为都是自己不好。有许多人接受"命运的安排"太久，已经失去了感受愤怒情绪的能力。EFT 的治疗师问她，她是如何恐吓自己绝对不可以说不的。来访者说："你如果拒绝的话，就表示你没有能力，别人会不喜欢你，还会说你很懒。"治疗师又问她："听了自己这样的恐吓之后有何感受。"她说："那我还是接受任务吧，不要说不了。"这位来访者已经习惯了自己对自己的威胁与警告，对不公平失去了拒绝的能力，更别提生气的能力了。但是，当她实在累得受不了时，又会毫无征兆地情绪爆发，让人觉得她反应太过激烈了。这时候的愤怒情绪就是不健康的，会破坏关系，甚至损坏物品或伤害自己（生气以后摔东西或用头撞墙、用拳头砸墙等泄愤行为）。破坏性的愤怒情绪是不健康的，而带给自己自信和力量的愤怒情绪是健康的。治疗师帮助来访者探索事件的缘由，还原事情的本质，让他的内心需求被自己看见、听见、肯定并支持，是唤起可以赋能的愤怒情绪的途径。

悲伤情绪

健康的悲伤情绪最常见的是哀悼。一个人失去亲爱的重要他人，不论是祖父母、父母，还是恋人、配偶，甚至是不幸失去了孩子，都是生命中极大的打击，会使其生活暂时失去平衡，也会让其感到悲伤、无望、情绪低落，甚至产生不想活的念头，这些都是正常的哀悼过程。有一位 70 岁之后丧偶的女性对治疗师说，一开始，她以为没有了丈夫的陪伴与支持自己肯定活不过一周；一周过去了，她认为自己一定撑不到一个月；一个月过去了，她以为自己绝对撑不过一百天……可见当时她的状态是极度低落的，心中充满了活不下去的绝望感。但是随着时间一天天过去，在儿孙们定期的陪伴与团聚的过程中，她活了下来。儿孙们的爱温暖了她，她发现自己这么多年在丈夫的照顾下原来已经独立了。时间是哀伤辅导良药，允许自己感受悲伤的情绪，允许自己表达思念，允许自己回忆故人的点点滴滴，渐渐地伤痛便成为可以承受的情绪，不再泛滥、不再失控，这是哀伤自然疗愈的过程，是一种健康的、哀悼丧失的过程。痛是必然的，也是正常的。

不健康的悲伤情绪则是一种萦绕心间、挥之不去的哀愁，像一位熟悉的"老朋友"经常造访自己，特别是在夜深人静、一个人独处的时候。它的降临伴随着孤单和绝望感。这样的悲伤情绪通常与过去的创伤有关，治疗师需要探索来访者孤单与绝望感的源头，这通常是童年某个痛苦的经历留下的痕迹。咨询中常见的一种不健康的悲伤情绪是当重要亲人去世时，来访者没有经历过哀悼的过程，把悲伤情绪压抑了，如果来访者与这个离世的重要他人之间还有许多未处理的爱恨情仇，这些情绪郁结在心里，就成了复杂性的哀伤。

恐惧情绪

健康的恐惧情绪（如焦虑、担心）是一种积极的情绪，可以帮助我们做足准备，发挥潜能，取得最好的结果。不论是面对考试，还是面对工作中一场公开的报告或比赛，肾上腺激素的分泌都会使我们的表现比平时更出色。所以，健康的恐惧情绪会让我们秉持未雨绸缪的态度，这对我们是有帮助的，是一种推进的动力。相反，不健康的恐惧情绪使人裹足不前，不仅会限制个体的思维，也会降低其行动力。

临床上不健康的恐惧情绪通常让患者备受折磨。焦虑障碍患者的灾难性预期和反复出现的心思意念会造成极大的内耗，强迫障碍患者却因反复检查开关或者反复思考一个问题耗尽了其时间与精力，这些都让来访者无法行动，是恐惧情绪造成的自我限制的负面结果。强迫障碍患者要经常洗手、东西要全部消毒等行为症状可能不是其恐惧情绪的核心，可能只是过于害怕"脏"。如果探索其恐惧情绪的根源，通常与创伤事件有关。来访者通常无法承受创伤的痛苦，害怕生活再度失控，所以要用环境的一尘不染或者清洁整齐来增加自己的控制感与安全感。只有身边的东西都井井有条、一丝不乱的时候，来访者才会感到安全。失控、危险、毁灭性的创伤事件才是让其害怕情绪由健康变成不健康的原因。

羞耻感

健康的羞耻感能够修正人的行为，使其得到正面的发展。例如，做错了事感到羞愧，这是一种健康的反应，可以帮助人改过、向善，知道下一次该怎么做会更好。再如，人是需要归属感的，如果一个孩子被小朋友拒绝，没人跟他玩，他会感到羞愧，检讨自己做错了什么导致自己遭到拒绝，如果他检讨后改正了错误，又被玩伴接受了，这也是正常的、健康的羞耻反应。我们需要帮助孩子鉴别健康的羞耻，使其更加适应社会。

不健康的羞耻感通常源于个体过去的创伤，如童年时期遭受校园欺凌或者长期被父母辱骂。他人那些恶意中伤的言语被个体内化，深植于其内心，在内部形成一种批评者的声音，不断地批评自己，被批评的部分就常体验到一种熟悉的羞愧感。脑神经科学的研究发现，创伤记忆留在海马回里，而海马回是没有时间概念的。用精神动力学的语言来说，潜意识是没有时间概念的。用 EFT 的语言来说，童年受伤的情绪被触发时，那个感受就是现在式的，是完全真实的、身临其境的感觉。这也是 EFT 治疗的原理。治疗师在处理来访者过去的未竟事宜时所唤起的来访者的情绪与其当时的情绪一样真实，所以治疗师要改变、转化的是改变来访者脑神经连线和情感记忆。创伤带给个体的羞耻感往往伴随着自我怨恨、自我贬低。过去伤害个体的人虽然已经不在了，但是他内化的那个批评的声音却无时无刻不跟随着他，继续苛刻地虐待着他。这是需要在治疗中处理的不健康的羞耻感。

厌恶感

厌恶感也是一种健康的情绪。当我们吃到令人恶心的东西或者闻到不好闻的味道时，直觉的反应就是把它吐出来或者掩鼻回避，这是一种适应生存的本能。同样，遇到令我们厌恶的人、事、物，我们避之不及，这是正常的反应。而在现实生活中，我们虽然对一些人不齿，却必须臣服于他们的权威之下，强颜欢笑，甚至违背自我意愿讨好他们，这是一种痛苦的经历。在临床的案例中，有很多童年的创伤来自势利的老师，有些老师只照顾某些有背景的或家长送礼的学生，或者出于某种原因对某些孩子加以刁难，那些孩子长大后遇到不公平的上司或品格不足以服人的领导会激起他们很深的厌恶感。这种厌恶感是健康的情绪，治疗师需要鼓励来访者在治疗室里表达出来。但是治疗师也要记得提醒他们，心理治疗更重要的是让其认识到自己内心的情绪、想法和需求，在治疗室体验真实的自我，而非一定要在现实世界中也完全表现自己的内在真实性。有些来访者接受心理治疗之后，开始在现实生活中也完全活出真实的自我，"表里如一"，想发火就发火，完全不顾场合与对象，并且要求身边的亲人要像心理治疗师一样对待自己，无条件地接纳自己。把治疗室的经验转变为对现实生活的期望是不现实的，会给自己和身边人都带来极大的麻烦。

不健康的厌恶感与不健康的羞愧感有点类似，由于"被厌恶"的创伤经历，来访者已经内化了那个迫害者的声音，因此在现实生活中经常轻视自己、虐待自己。例如，对自己的身体形象不满意的来访者通常不愿照镜子，因为他看到的镜中人是让自己厌恶的、讨厌的；进食障碍患者会通过饮食控制自己的体重；或者有些人通过健身要求自己一定要达到某种标准，如果这些行为过度了，甚至成为对自己的"虐待"，那就不健康了。被虐待过的人有可能虐待别人，所以不健康的厌恶感也可能发展成为虐待他人的行为。

EFT 对人的内在运作的假设

格林伯格假设，人是一个动态的自我组织系统，该系统包含三个层面，即身体层面、情绪层面和认知层面，其中情绪层面具有核心主导功能。系统中的各个层面与各种元素处于持续互动与建构的过程中，且时刻处于变化之中，并决定个体当下的体验和行动倾向。对 EFT 的治疗师而言，体验过程不是由一个情绪基模或某个单一的层面所决定的，而是被唤起的一些情绪基模与被激活的各个层面的体验共同合作达成的一种整合。这个假设意味着来访者的状态每时每刻都在变化，治疗师必须全神贯注、全身心在场地紧紧跟随，这个"技术"（或称治疗师本人的态度）在 EFT 中被称为对情绪的时刻追踪。图 3 呈现了这个辩证与建构过程的自我组织系统。

从最底部看起，外界的刺激通过感知觉直接影响了我们身体内部的神经化学、边缘系统、淋巴腺及其他生理现象，身体是人接受刺激后自下而上反应的第一个通道。这些刺激不断形成新的情绪基模，影响我们每时每刻的情绪状态。一个人当下的状态取决于其从早晨起床至当下经历了多少正向情绪和多少负向情绪。格林伯格上课时经常举例：早晨起床，如果个体感觉昨晚睡得很好，就有了一个正向情绪基模（＋）；早餐吃得很舒服，又多了一个正向情绪基模（＋）；不幸跟妻子有了一点"不愉快"，加了一个负向情绪基模（－）；上班路上特别堵车，负向情绪基模再加一个（－）；到了上课的教室电脑出了问题，负向情绪基模再加一个（－）。此时，这个人的心情整体上是负向的，因为负向情绪基模比正向情绪基模多（3:2）。后来电脑修好了（＋），学生对课程很感兴趣（＋），正向情绪基模又多了起来，这个人的情绪状态整体上就转为

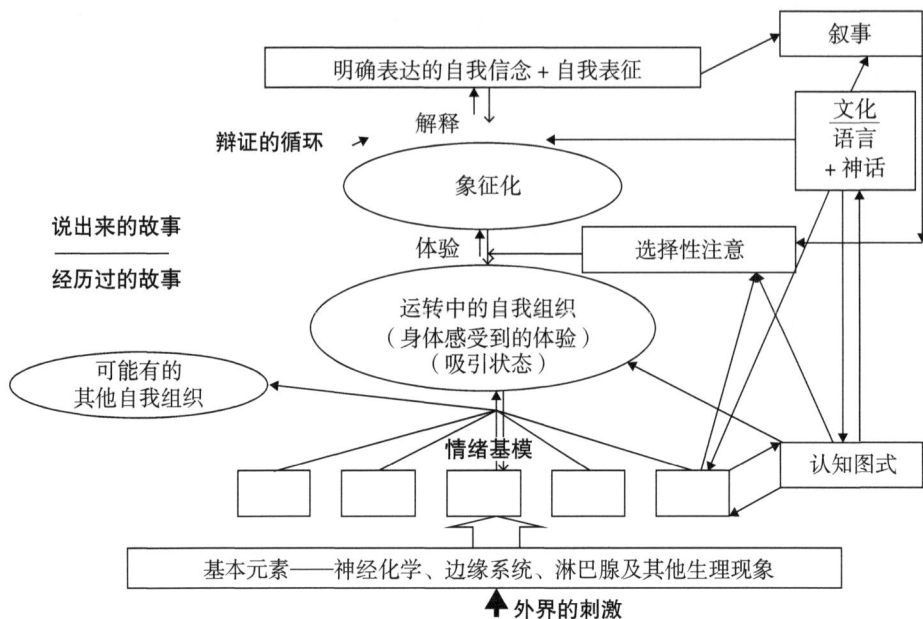

图 3　辩证建构中的自我

正向了（上述比例变为 3 : 4）。这是个人日常内在情绪基模的运作状态。格林伯格将整个"情绪基模群"比喻为"一群国会议员"正在进行投票表决，结果由此刻的正向票数是否超过负向票数而定；一天中除了睡眠时间以外，个体的状态随时随地都在改变中。这就是个体情绪基模的运作。

　　还有一些因素也会影响情绪基模，如个人认知系统里的一些既存图式（个人信念或偏见）。而当下的情绪基模投票的结果，有时候会受过去的情绪基模（可能有的其他自我组织）的影响，过去与现在所有运行中的情绪基模汇集为"运转中的自我组织"。它是身体对于所发生的事件感受到的体验（felt referent of experience），是一种接收状态。当一个动态系统形成一种相对稳定的状态时，就称为接收状态。主观上来说，接收状态指的是我们习以为常的感受、思考与人际关系模式，它可能是健康的，也可能是不健康的。健康的接收状态与满足我们的情绪需求息息相关，而不健康的接收状态指的是习惯性的强迫性思维或行为、成瘾的行为，或者不健康的人际关系。

我们的认知图示也会影响我们的选择性注意。例如，恋爱时，我们选择性注意的内容全是正面信息，即注意到的都是恋人的优点及其和自己一样的地方；离婚时，我们选择性注意的内容基本是负面信息，即注意到的全是伴侣的缺点及其和自己不一样又无法调和的地方。对于闪婚、闪离的夫妻来说，结婚前后两人实质上没有太大的变化，但每个人眼中的对方却发生了180°的转变，这其实是受情绪与认知图式的影响，即选择性注意的内容转变为负面信息。所以，在体验过程的层面，有身体的感知觉、情绪基模的投票、过去情绪基模的唤起、受认知图式影响的选择性注意，这些因素互相影响构成了一个人当下正在活出来（经历着）的故事，这是建构中"体验"的一方。

建构中的另一方主要涉及认知功能。从体验过程进入认知过程，很重要的一个步骤是"象征化"。象征化指的是我们用某种方式把自己的体验过程表达出来，可能是通过语言、文字、手势，也可能是通过意象、图画、音乐等。在心理治疗中，最常用的是语言和非语言信息（语音、语速、语调、声音的质感、脸部表情、眼泪、肢体动作、叹息等），而非语言信息可能比语言信息更真实、更准确。通过象征化表达出来的故事就成了"说出来的故事"。在"说"故事的过程中，人会受到所使用的语言及其所在背景中传统文化（神话故事）的影响，通过有意识的解释，内在的体验成了个人的自我信念与自我表征，而自我信念与自我表征又反过来影响其生命叙事。"说出来的故事"是由认知主导的，对体验过程赋予意义与自我生命叙事后，这些认知又会影响个人用什么象征化语言描述其所体验到的，甚至影响其体验过程。图3是格林伯格描述个人内在体验过程与认知两部分在互相辩证（互相对话）的过程中动态地建构出自我的过程。

以上是EFT的一些核心概念，用来帮助读者理解EFT如何看待人内心的构造与功能。本书更加关注的是治疗师实际操作的框架与细节，希望能对学习EFT的读者有所帮助。

第三章

EFT 操作框架

在国外大多数心理治疗硕士课程中，最普遍使用的关于心理治疗基本框架的教材是《助人技巧：探索、洞察与行动的催化》(*Helping Skills: Facilitating Exploration, Insight, and Action*)，它把治疗过程分为三个阶段。

治疗三阶段

第一阶段强调探索的技巧，主要采取的是罗杰斯人本主义的取向，对于倾听、提问、共情、摘要、总结、面质、澄清、立即性等基本技术加以训练。第二阶段重视治疗师洞察的能力，主要采用的是精神动力学的观点，觉察来访者的过去对他现在的影响，在治疗过程中促进来访者领悟，帮助其明白自己如何成为今天的自己。第三阶段是催化的行动，即促成改变的发生。这个阶段各流派各有所长，认知行为学派使用挑战非理性思维的方式改变认知，行为学派进行系统脱敏、暴露治疗等行为训练，精神动力学派则利用咨访关系中产生的移情、反移情开展工作，但是目标都是促进来访者在实际生活中发生变化。其框架假设是，如果来访者洞察了自己的问题的成因，就能够做出新的选择，在生活中发生改变。

用治疗三阶段模型认识 EFT，我们会发现 EFT 的治疗框架也包括三个阶段，但是在这三个阶段中，EFT 不是强调咨询师的"洞察"，而是运用咨询师觉察与感知的能力，跟随来访者当下的体验及咨询的历程。一方面，咨询师眼观来访者的表情、动作，耳听来访者的声音和内容，同时用自己的身体感受当下的体会；另一方面，咨询师是情绪与历程的专家，所以知道接下来要带领来访者往哪个方向走。EFT 假设来访者是自己问题的专家，治疗师则是情绪与过程模型的专家，治疗师负责带领来访者进入他的内在，深入他的情绪，与他一同探索他的议题，当治疗师"看到"或"听到"从来访者的语言和非语言信息中呈现出来的标记时，治疗师就引导来访者进入一个相关的、有目标的任务，通过这个任务的体验过程，治疗师希望促进来访者的内在发生变化，用健康、适应性的情绪转化原本非适应性的情绪，并为此变化赋予意义，进而改变来访者的生命故事，使其在生活中也能够进入一个新的境界。图 1 可以说明这个三阶段的治疗框架。

图 1 EFT 的治疗框架

联结与觉察的阶段

EFT 仍以罗杰斯的人本主义态度为主，强调咨询师温暖、真诚的在场，以及对来访者无条件积极关注的态度。同时，EFT 对调谐共情的技术有更精细的要求（见第四章），治疗师借着共情建立安全的咨访关系并评估来访者的情绪风格，即他们与情绪连接的程度及其处理情绪的能力。如果来访者的情绪是阻隔的或受限制的，则治疗师需要帮助来访者唤起情绪；如果来访者的情绪丰沛，很容易被过度唤起，让其进入被淹没的状态，则治疗师需要带领其学习调节情绪的技巧，让他们对于进入情绪的工作有掌控感和安全感。咨访关系的联结，帮助来访者进入自我觉察、与自己的身体和情绪连接，都是此阶段的重点。在此基础上，治疗师开始在共情的汪洋中寻找可以上岛工作的标记。

唤起与探索的阶段

除了调谐共情之外，治疗师运用"聚焦身体"和"椅子工作"唤起来访者更深层的情绪体验。同时治疗师要深谙深化情绪的顺序：首先评估来访者是否有情绪阻隔的问题。如果来访者有回避情绪的现象，治疗师就需要先针对自我打断完成治疗任务才能继续推进，否则，来访者往往呈现出一种笼统的、未分化的、不清楚的情绪，治疗师需要帮助来访者区分情绪，然后进入继发反应性的情绪议题，即来访者的主诉——焦虑、抑郁、愤怒等困扰他们的症状。治疗师要熟悉如何带领来访者从继发情绪进入原发非适应性情绪，或者找到一种熟悉的、经常卡住的情绪，或者找到一个经年未满足的需求，这些都是让来访者深感痛苦之处。找到来访者生命中的核心痛苦，也就是治疗师陪伴来访者"触底"了，咨访二人共同抵达了探索痛苦情绪的谷底。

产生替代选择的阶段

这是转化痛苦情绪的阶段，也是触底之后反弹的阶段。在帮助来访者找到他们的核心痛苦情绪和过去未满足的需求之后，来访者会知道面对痛苦情绪和需求时，他们当时健康的适应性情绪是什么，治疗师帮助来访者向对面椅子上的那一方表达出来就好了。对着重要他人或批评自己、恐吓自己、辖制自己的另一个声音（在椅子的工作中）体验表达的过程和感受，是一种矫正性的情绪体验。经常用来转化痛苦情绪的原发适应性情绪有悲伤、愤怒和自我怜悯，也有求而不得的哀悼和最终的放下。在情绪转化工作之后，治疗师与来访者进行讨论，回顾工作的过程，对其情绪体验与转化历程进行认知的整合，并赋予意义，这是该阶段的第二个重点。从情绪的转化到认知的整合，来访者最终会在新的意义与角度中赋予自己一种新的生命叙事。

从初始访谈到治疗结束，以上就是 EFT 治疗的三阶段大框架。然而，在每一次会谈的治疗过程中，治疗师的操作可以简化成不断循环的两个阶段：共情性跟随并发现标记，然后开展治疗任务。

治疗任务指的是治疗师在心理治疗过程中开展干预的不同行动，基于 EFT 循证研究结果所建立的许多任务模型，针对不同的议题及每类问题的解决方案与操作流程都有图可循。格林伯格也特别强调，模型都是有限的，不能涵盖所有的案例，但是可以在有限的实证研究下提出可以尝试的路径。在任务开展的过程中，我们唤起来访者进入内在体验，在体验中重新唤起记忆中的场景，重新体验其悬而未决的情绪、身体的感觉、想法、需求，在明白需求的同时增强自己是值得被爱、被保护、被尊重的，肯定自我价值，为来访者赋能，让起初的情绪得到转化。最后，开展任务之后的反思与整合。某个治疗任务执行完毕之后，治疗师又重新回到共情性探索的阶段，继续陪伴来访者在共情的汪洋中倾听故事、深入情绪，期待看见下一个浮现的标记。这是在每一次咨询中重复的循环过程，这一循环要放在治疗三阶段的大框架中，在唤起与探索中循序渐进，直到来访者产生替代选择，其痛苦得到某种程度的转化，内在冲突有所缓解或者放下未曾满足的需求，然后治疗师再与来访者讨论这个过程对其个人的意义，以及如何将这种改变整合进其生命叙事之中。

在咨询过程中，寻找标记并上岛依据任务模型开展工作是一个比较技术化的概念，也是 EFT 比较容易学的部分。下面简单介绍任务模型与标记的概念。

任务模型

格林伯格对心理治疗界最大的贡献是他以工程师的科学精神观察并解析心理治疗这个复杂的过程，如庖丁解牛一般，用任务分析的研究方法，把不同治疗任务分解成一张张流程图，让治疗师可以按图索骥，循序渐进，带领来访者走到每一个任务的终点，或整合或放下，无须重新摸索并尝试错误。任务分析的研究方法是探索从 A 走到 B 的最有效的途径。A 代表问题（如自我批评），B 代表终点（如与自己和解、接纳自己等），来访者从 A 到 B 需要经过哪些步骤与过程才有疗效？研究者在观察治疗过程的录像与分析之后，总结出最佳途径，并建立相应的模型。治疗师在与自我批评的来访者工作时，可能有不同的过程，最终走向不同的结果，有的来访者与自己和解了，有的来访者心目中的批评者坚决不肯软化，不肯放下责备与监督。研究者通过观察治疗录像归纳出路线图，并分析导致不同结果的原因。最后，每一类问题被归纳成一张流程图，用来总结处理此类问题的最佳路径，构成一个任务模型。

我们用针对自我批评标记的任务模型简要举例（第四章之后，还会有详细说明）。自我批评在本质上是自我冲突，就是自己与自己的冲突。

1. 如何使用这个模型开展治疗工作呢？当治疗师听到来访者的表述中出现了自责、内疚等批评自己的语言时，即听到了自我批评的标记，代表可以开展这个体验性的任务了。

2. 治疗师会拉出另外一把椅子，邀请来访者坐到"批评者"的椅子上，此时来访者正式进入"双椅工作"。图 2 中的"角色扮演批评者"和"角色扮演体验者"所在的行分别代表两把椅子。

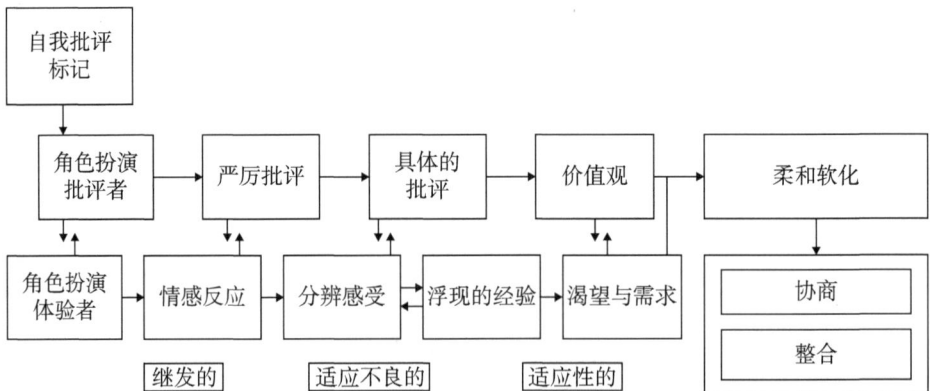

图 2　针对自我批评标记的任务模型

3. 针对自我批评标记的任务处理流程从"批评者"的椅子开始。治疗师邀请来访者坐到"批评者"的椅子上开始批评自己，治疗师唤起来访者的情绪，让其严厉地批评自己。批评到一定程度之后，治疗师邀请来访者换位子。

4. 来访者回到自己"体验者"的椅子上后，治疗师让其体会一下"体验者"听了"批评者"的那些攻击后，情感反应如何？不只是语言的批评，更重要的是"批评者"轻蔑的态度或严厉的眼神。很多时候非语言信息的伤害比语言信息更大，治疗师要敏锐地捕捉"批评者"的非语言信息。

5. 如果来访者表达的只是继发情绪，那治疗师要带领来访者继续深入探索，分辨感受，触及深层的、原发非适应性情绪。

6. 如果来访者的情绪唤起不够，治疗师可以让来访者再次换位到"批评者"的位子上，邀请他具体举例批评自己。

7. 由于进入具体的批评，也许来访者会想起一些过去的经验，此时来访者回到过去具体的事件经验与具体的批评中，情绪被更深地唤起，也许会有悲伤、恐惧、羞愧等核心情绪出现。在接触到来访者的核心痛苦情绪时，治疗师要问其当下的需求与渴望是什么？当情绪基模被激活时，来访者自然会知道自己的需求是什么。

8. 来访者表达了需求与渴望之后，治疗师邀请其换位到"批评者"的椅子上，询问此时"批评者"对"体验者"的感觉如何？此时有两种可能：一是"批评者"的态度软化下来，不再严厉地批评对方，对"体验者"形成新的看法，有疼惜对方的情绪出现，进入双方协商与整合的过程中；二是"批评者"的态度不肯软化，因为不愿违反自己的价值观或者仍有自己的担心和忧虑，例如，担心满足对方的需求会让对方堕落，或者认为自己的标准是绝对的、不可妥协的。

9. 此时治疗师可以询问来访者，这个价值观是从哪里来的？或者，这个价值观是谁的声音？当来访者处于深层情绪被唤起的状态时，通常很容易识别这是谁的声音，由此，双椅工作从自我批评进入自我与内摄的客体（妈妈或爸爸等重要他人）的对话。当我们认识到我们内在指责的声音来自于成长过程中某个重要他人的声音时，另一个干预与转化的机会就产生了。在接下来的咨询中，治疗师可以专门处理童年与此人的"未竟事宜"。

导致人际冲突的最普遍的潜在因素是过去尚未解决的人际关系议题，EFT 称之为未竟事宜。举例来说，很多人与领导之间的冲突其实源于童年与父亲或母亲之间未解决的情绪基模。这种冲突表面上看起来是当前的人际关系问题，深入探索之后我们往往会发现，引发冲突的情绪基模经常源于童年与重要他人之间纠结的关系或创伤事件。

在处理童年未竟事宜的过程中，来访者回到童年，面对当时的爸爸或妈妈的时候，通常会进入很深、很复杂的情绪，治疗师要鼓励其对空椅子上的"父母"表达自己真实的感受和想法。如果来访者的情绪是害怕、伤心、羞愧等，则比较容易表达。当来访者的情绪是负向情绪（如愤怒或厌恶等）且比较激烈时，很多来访者会进入"自我打断"的状态，即突然无法继续表达了，因为觉得自己不应该这样做，就阻止或打断了自己。

在中国人的传统中，子女当着父母的面表达自己对父母的不满与愤怒，是不合伦理的不孝之举。很多来访者在进入自己内心最真实的感受时，其实无法面对这个事实，因此自然而然会出现情绪中断或情绪阻隔的现象，不愿意继续探索内心的情绪，他们会自动从情感层面跳出来，进入理性层面，并告诉治疗师说，其实我父母也不容易，他们从小也经历过很多创伤、没有被人爱过，我不应该这样要求他们。没学 EFT 之前，治疗师可能认为这个变化太好了，来访者能体谅父母了，从此也许就进入原谅父母的和解阶段了。

EFT 将该现象称为"自我打断"，这是一种需要继续工作的常见现象，也是一种不健康的情绪压抑。当我们回到童年、探索童年的创伤事件或者不公平、受偏待、受忽略的遭遇时，目的不是为了向父母讨债，而是为了倾听与共情当年受伤的那个孩子内心的痛苦与未满足的需求，让那个孩子的负向情绪能够得到梳理、表达与转化。这是进入创伤经验后"除脓排毒"的过程，也是对来访者有益的过程。如果因为怕痛或者受道德的约束（不可以批评父母，即使在咨询室里，父母并不在场，根本听不见也不会受伤）而不允许自己接触并表达内心深处真实的感受、想法与需求，那么那个孩子的委屈就无法被看见、被听见、被接纳、被理解，"冤情"并未昭雪，如此一来，其创伤没有得到彻底的疗愈，表面上看起来他原谅了父母，但是伤口被碰到的时候还是会痛、会有反应。他对领导不公平的对待会有过激的反应，就是因为过去的伤口只是贴了一个创可贴，并未真正经历处理伤口、消毒包扎的过程。来访者过去的议题没有被解决，就会继续影响其现在的重要人际关系，这是我们需要关注未竟事宜的原因。

处理好情绪的自我打断之后，来访者就能够自由释放，接触内心受伤的那个小孩，把其当年所受的痛苦对着空椅子上的那位重要他人——表达出来，触及并说出自己的需要。这是很重要的一个梳理过程，有一种我终于明白自己是怎么回事、我到底需要什么的清晰感。很多时候，人受过去伤痛的影响，不自觉地有许多不合理的情绪反应，有人称之为情绪按钮，即我们特别脆弱敏感之处。EFT 所做的是找到按钮、拆除按钮，为当年受委屈的那个孩子平反，让那个孩子可以在成年自我的保护与关注之下，完成整合，形成健康的人格。

在处理未竟事宜的过程中，治疗师必须对来访者强调，与自己童年时的父母对话的目的，是让治疗师和来访者一起听见来访者童年时自己内心的声音、了解其当时的情感，明白自己一直以来未被满足的需求，以便在治疗师的帮助下，来访者可以不再卡在过去的情感与需求中，并找到未来如何帮助自己的新路径。这个过程并不是让来访者预演如何在现实中向父母讨债，治疗师甚至要提醒来访者不要在现实生活中与父母"算这笔账"。来访者的内心世界与现实世界的区分必须得以澄清，否则，很多进入心理治疗的来访者在触及童年创伤之后退行成为受伤的小孩，现实与过去混淆，不断要求现在的父母补偿过去的缺失，或者干脆活在一个小孩的状态中，要求周围人给予他无条件的积极关注，让家人十分困扰，觉得儿女怎么越大越不懂事了。小时候懂事体贴的孩子怎么现在突然变成叛逆的青少年了，无助的父母因此对心理治疗产生很大的质疑，觉得自己的孩子是因心理治疗而"变坏"了。而产生这一问题的主要原因就是来访者没有区分好咨询室里探索的内心世界与生活中的现实世界。内在世界的探索需要自由、彻底，鼓励表达，这会给来访者带来内在力量，并对自己的内在世界拥有清晰的感知，但是在现实生活中，个人需要社会化，需要接受文化、伦理、家庭的制约。一个适应性良好的人是懂得识时务者为俊杰的道理的，在不同的场合做不同程度的自我保护与自我揭露，懂得分辨时机、分辨内外、时然后言，这些都是成熟人格的特征。

针对自我批评标记开展的任务是自我的两个部分从对立到和解的过程。在此基础上，格林伯格与苏珊·约翰逊于 1988 年发展了第一代 EFT 伴侣治疗，后来格林伯格专注于 EFT 个人治疗的研究，并在 2008 年将个人 EFT 的研究成果加入第二代 EFT 伴侣治疗的理论中并开展实践，强调伴侣之间的议题不仅涉及依恋理论，还涉及双方的身份认同与权力较量（掌握与顺从）、彼此的吸引力等三个维度的因素，并强调了原生家庭创伤对伴侣双方关系的影响。

格林伯格与桑德拉·帕维奥（Sandra Paivio）将未竟事宜概念应用于创伤治疗中，发展了 EFT 的创伤治疗模型。之后基于对焦虑障碍的研究又发展了针对焦虑自我的任务模型，此外还有针对自我安抚、对脆弱情绪的自我肯定等任务模型。总而言之，EFT 是一个不断发展与成长的学派，随着研究对象与议题的扩展，任务模型不断增加，应用的范围也在不断扩大中（见本书最后一章，EFT 的应用）。

何时做何事？标记的概念

格林伯格提到，在转行心理学之后，他把工程师的科学性与细致观察力带到了心理治疗的研究中。每学到一个新的心理学工具，他就会提出一个问题：什么时候使用这个工具呢？过去的心理治疗似乎是一门艺术，有经验的治疗师才能够把握恰当的时机、适宜的火候与调料的多寡。很多大厨自己能够做出一手好菜，却无法为师授徒，因为每到关键之处，凭借的都是大厨的经验判断，这让初学者感到十分挫败，好像初学者也必须做十年媳妇才能熬成婆，秘诀都是在错误中慢慢积累成的经验。为了解决这个问题，格林伯格提出了标记的概念。标记就是一个标志、一个记号。好像开车一样，我们看到红灯就知道要停，看到绿灯就可以通行，看到黄灯则需要减速。此外，还有许多交通标志让我们知道此路不通、前面弯路、小心驾驶等。看到交通标记，我们就知道前方路况如何，知道该如何驾驶车辆了。标记和任务是配套的，任务分析解决的是从 A 到 B 的问题，A 是起点，B 是终点，治疗师需要学会辨识起点有哪些特征与记号，识别清楚并与来访者确认后，治疗师就可以放心地带领来访者进入相应的流程图，陪伴他们走一段路程，以到达某个终点。有时在一次治疗中无法走完全程，我们可以暂停，做一个小结与记号（EFT 称此为 bookmarking，即用书签做记号），在下一次治疗中我们可以回到标记处，继续前行。共情的探索加上 "标记引导的任务" 是 EFT 工作的基本流程。

2015 年 8 月，艾略特等在《有效学习情绪焦点治疗》（*Learning Emotion Focused Therapy: The Process-Experiential Approach to Change*）一书中汇总了当时已经提出的四大类共 13 个标记。之后，又有新的成果陆续被发表。

以上是从治疗师的角度看待 EFT 的操作流程，治疗师知道自己在每一次治疗过程中做些什么。还有一个角度是观察来访者的体验，了解在 EFT 的治疗全程中来访者体验到了什么。有 EFT 研究者把来访者从进入治疗到完成治疗的过程做了任务分析，总结了 EFT 在整个治疗过程中处理来访者情绪的流程图，让治疗师对来访者的整体概念化有一个清晰的架构。

来访者情绪处理的流程

》 情绪过程模型

第一个处理情绪的治疗全过程模型由格林伯格与其徒弟帕斯夸尔·利易（Pascual-Leone）一同研发，这个模型如图 3 所示。

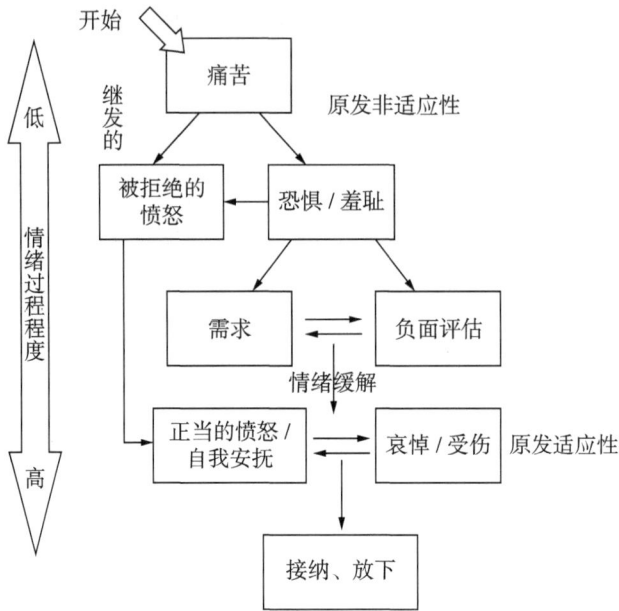

图 3　情绪过程模型

这个模型指出了治疗师与来访者的情绪工作过程，即治疗师如何从一开始表面继发的痛苦带领来访者深入分辨情绪，进入深层关键的核心情绪：愤怒、恐惧、羞耻、悲伤。实证研究发现，来访者一开始表达的愤怒情绪多半是继发的，是由于被拒绝而感到愤怒，表达方式通常是攻击指责对方、把对方推开，或者希望对方改变（例如，说对方如何如何不好之类的话语，焦点在攻击对方、描述对方），治疗师需要带领来访者进入原发的、正当的愤怒情绪，即在被冒犯之后，从"我"觉得如何受伤、如何痛苦，回到"我生气的是……"的表述。这样才有助于来访者探索自己的内心世界，分辨这个伤害对自己的影响，以及自己内心真正的需要到底是什么。在这个过程中，治疗师必须分辨来访者的愤怒情绪究竟是不是原发适应性的，即因为界限被跨越而产生的愤怒情绪。如果是原发适应性的愤怒情绪，那来访者表达情绪，探索自身需要，得到他人或自我的安抚，这个情绪就化解了。举例而言，来访者今天因违规停车被交警开了一张罚单而愤愤不平，因为那个地方平时是可以停车的，今天却突然贴出一张不准停车的告示，来访者有一种被陷害的、冤枉的感觉。如果来访者表达情绪之后得到治疗师的共情，心情平复、自认倒霉，这件事情也就过去了，这样的愤怒情绪属于原发适应性愤怒，来得快去得也快，来访者接受事实后，情绪也就能放下了。

如果来访者的这种被冤枉的感觉触发了其过去被冤枉的伤痛，那其愤怒情绪就不太容易缓解了，即使来访者得到治疗师的理解、共情与安抚，其情绪依然难以平复，通常来访者还是会感觉心里还有一团东西堵着，无法释怀。每次来访者的情绪被唤起的程度大于当前事件的严重性，即每当其表现出过激的情绪反应时，这就是"老朋友"出现了。"这种被冤枉的感觉是不是一种熟悉的感觉？"治疗师探问。答案如果是肯定的，治疗师就要从对继发情绪的探索，转到对原发非适应性情绪的探索。

原发非适应性情绪主要有三种：恐惧、羞耻、悲伤。在 EFT 的治疗过程中，找到困扰来访者痛苦的核心情绪，即格林伯格所说的"抵达"，"抵达"某个熟悉的痛苦情绪的基模。接下来治疗师需要做的是探索来访者这个核心的痛苦情绪由何而来。有些人的痛苦是由重要他人造成的，例如，有一个焦虑控制的妈妈，或者一个严厉易怒的爸爸，孩子可能会有恐惧、羞耻的感受和退缩的行为；如果童年是孤独的，或者遭遇了分离、抛弃等，孩子会有悲伤、孤单的核心痛苦。此处是工作的重点。循着情绪基模的概念，治疗师帮助来访者一一探索、重访过去的创伤，在每一个事件中，充分唤起来访者当时情绪基模里的每一个元素，让来访者有重返现场、体会当年自己的真实感受和体验，借着不同的任务（想象的、空椅的、双椅的、治疗师的陪伴与共情性认可），治疗师陪伴来访者重历这段记忆并开展干预工作。

在来访者体验身体内在的体会与表达情绪、想法、需求、行动倾向的过程中，治疗师会听到其在当年情境之中对自己产生的负面评估（例如，"我是失败的""我是不好的""我不应该来到这个世界"，等等），对人际关系产生的负面观点（例如，"我是多余的""我是不受欢迎的""别人都是危险的，随时会生气、会批评我""我必须努力讨好大人"，等等），而探索情绪基模的最重要的落脚点是当事人在事发现场的心理需求是什么，当情绪探索足够深入时，来访者的心中会很自然地浮现出其当年的心理需求。例如，面对控制欲极强的妈妈，孩子需要被看见、被认可、被允许有自己的想法和意见；面对粗暴的爸爸，孩子需要被尊重、被保护，需要有安全感；受伤孤单的小孩，需要被安慰、被陪伴、被爱。这些心理需求都是人类基本的需求，是孩子成长过程中所必要的，是与吃饱、穿暖一样的基本需求。但是，很多孩子从小就没有在这些方面得到满足，也自认为不配得到这些（例如，父母偏爱弟弟，姐姐就会觉得自己是不可爱的、不值得被爱的，只有努力做好孩子、有好成绩才能得到父母的爱，如果失败了就会有被抛弃的危险，一直生活在恐惧中。父母经常批评孩子，孩子就会认为自己真的不够好）。这就是当时产生的对自我的负面评估。探索情绪的目的是探索需求，当来访者清楚知道自己的需求，并勇敢地将之对重要他人表达出来的时候，其"我值得被爱、被关注"的自我价值感会油然而生，再加上治疗师给予的共情性认可与肯定，来访者就会对自己产生正面的评估，即"我是有价值的，我是值得被爱、被尊重的"等一系列自我价值感。此时，EFT 的治疗进入情绪转化的阶段。

情绪转化的原则是用情绪改变情绪，即在来访者原来情绪的基础上（那个情绪已经成为不健康的"老朋友"了），唤起有价值的、值得被爱的孩子遇到当年的情境时可能会产生的情绪，孩子遇到环境的伤害时会有的健康反应，即原发适应性情绪。EFT 的治疗师唤起来访者的健康情绪，以中和其原来不健康的情绪，从而产生一个新的情绪，这就是用情绪改变情绪的过程。举例而言，面对焦虑控制的妈妈，孩子小时候的情绪是害怕：害怕如果自己做事不合妈妈的心意，就会引来妈妈的批评，或者让妈妈生气。妈妈生气让孩子觉得自己是不好的，孩子非常希望看到开心的妈妈，而非生气的妈妈。当治疗进展到童年的特定事件与场景时，治疗师陪伴现在的来访者重返当日的场景，可以清楚地看到，其实是妈妈不应该如此，而非孩子的错。孩子的需要是妈妈接纳自己有与妈妈的要求不一样的地方，妈妈能够看见自己的特质，而非让自己成为妈妈的复制品。此时若治疗师问来访者：当下有何感受？来访者的反应可能有两个方向。有些人会觉得生气，当时的妈妈实在太不讲道理了，不应该那么凶、那么有控制欲，害得自己一直都活在怕自己不够好的担心与焦虑中。这个觉察与醒悟可能会给当年的孩子带来一股"义怒"（正当的愤怒），觉得自己不应该被如此对待。原本面对妈妈时来访者心中的情绪是恐惧，行动倾向是向后退缩，现在心中的情绪是愤怒，行动倾向则是振臂向前为自己抗议，这两股力量相互中和，向前的力量中和了向后退缩的力量，成为一股稳定的、支撑自己站起来的力量，当来访者再想到妈妈的时候，便会处于一种自信与平静的情绪状态中。来访者自信的是，明白那件事不是自己的错，自己是足够好的，自己可以挺胸而立；平静的是，自己不再害怕，自己已经长大了，现在的自己不需要继续受妈妈的威胁与控制，原来一直以来是内心那个恐惧的自己让自己陷于熟悉的害怕情绪中。在治疗的过程中，来访者为童年的自己表达愤怒，不是用指责妈妈的方式（你如何如何不好，这是攻击与发泄），而是探索自己内心的情绪基模，找到自己的需要，并且将之表达出来（我值得被保护、被照顾，我值得活出我的本来所是，而非成为你的"傀儡"）。这样的体验是来访者给自己赋能，让自己充满自信，从内心里觉得自己是足够好的，从而可以保护自己，不再被童年的恐惧所辖制，因此会产生一种"我的人生我可以做主"的平静与安稳。

另外一种可能性是，来访者感受到的情绪并非愤怒，而是悲伤。伤心的是自己有这样的童年、这样的父母，而且直到今天他们也没有显示出任何改变的迹象。自己一直期望父母可以改变、可以成长，现在看起来是没有希望了，自己的需求几乎是永远不可能得到满足了。在这个清晰地理解的过程中，来访者如果不肯放下，继续希望让父母或他人（如配偶、孩子）改变，从而满足自己的需求，他就会卡在童年的缺失里，难以走出来，只能继续与熟悉的"老朋友"为伍，自怨自艾，活在受害者的自怜中。有时候做受害者是有好处的，这种好处甚至会让人上瘾而不愿意走出来。如果经过梳理之后，来访者认清事实，也愿意接受现实，他会到达一个新的境界。虽然来访者是悲伤的，却是健康的悲伤，是像失去心爱的宝贝或梦想幻灭那样的悲伤；虽然难过，需要哭泣、需要哀悼，却是面对现实的，是鲜活的感情、活在当下的感觉。哀悼过后，他会有力量重新开始，旧事已过，人生揭开新的篇章。人就怕卡在过去，一直活在过去，因此错失了现在，也难以期待未来。当我们认清过去，也接受现实之后，我们就可以重新出发了。

格林伯格曾用一个例子说明哀悼以后接纳、放下的心态。他说，如果你的孩子告诉你，他是同性恋，或者他选择了你不认可的一个伴侣或一份职业，大部分父母在无法接纳的时候会感到伤心、害怕、羞愧、愤怒或自责，觉得是不是自己在养育过程中犯了什么错误，有的父母甚至与孩子反目成仇，再不相往来。如果父母接受了"我的孩子是……"这个事实，其实意味着"我心目中那个理想的孩子'已死'"，当父母能够面对自己心目中那个理想的孩子"已死"，并为痛失所爱而哀哭、哀悼之后，也许父母就可能抬头看一看自己真正拥有的眼前这个孩子，承认他不是自己心目中理想的样子，他就是他自己，哀悼之后，父母接纳了（理想已死）、放下了（想改变孩子的愿望），此时，父母才能够真正认识这个孩子是谁，与孩子建立联结，建立真实的关系。这个例子对中国父母也有启发性，我们通常都对孩子怀有自己的理想和期望，而无法真正地认识我们的孩子到底是谁，更别说帮助孩子成为最好的自己了。

》 如何转化痛苦情绪

基于情绪过程模型，EFT 的第二代学者拉迪斯拉夫·提姆拉克继续研究 EFT 如何转化痛苦情绪，并出版了《心理治疗中如何转化痛苦情绪——情绪聚焦取向》（*Transforming Emotional Pain in Psychotherapy: An Emotion—Focused Approach*）一书，给出了浅显易懂的模型（见图 4）。我们可以把整个过程用虚线分为三个阶段。第一阶段，来访者最初呈现的仍然是不具体的、总体笼统的痛苦情绪，治疗师需要根据情绪基模探索触发来访者痛苦的事件，同时了解其本人对身处该事件中的自己的看法（自我对待）。有些人会陷入抑郁之中，有些人会陷入焦虑之中，原因在于他们自己对待自己的方式不同。抑郁的人通常有很深的自我责备，对待自我的方式就是不断地批评自己、打击自己，最终使自己陷入无力、无助、绝望的状态；焦虑的人则会出现一个过度保护自己的声音，经常恐吓威胁自己，用灾难性的预期吓唬自己，让自己心焦如焚、夜不成寐。如果来访者没有情绪回避或情绪淹没的问题，治疗可以直接针对自我批评或焦虑自我标记开展双椅工作，以便让来访者明白，其抑郁或焦虑症状的主要原因是自己在内心不断与自己对话造成的，而治疗可以外化此对话过程，从而让其转变自己对待自己的态度，改善自己与自己的关系。此模型还提出了治疗初期可能遇到的典型问题，即来访者处理情绪的模式可能是回避的，并指导治疗师该如何应对。

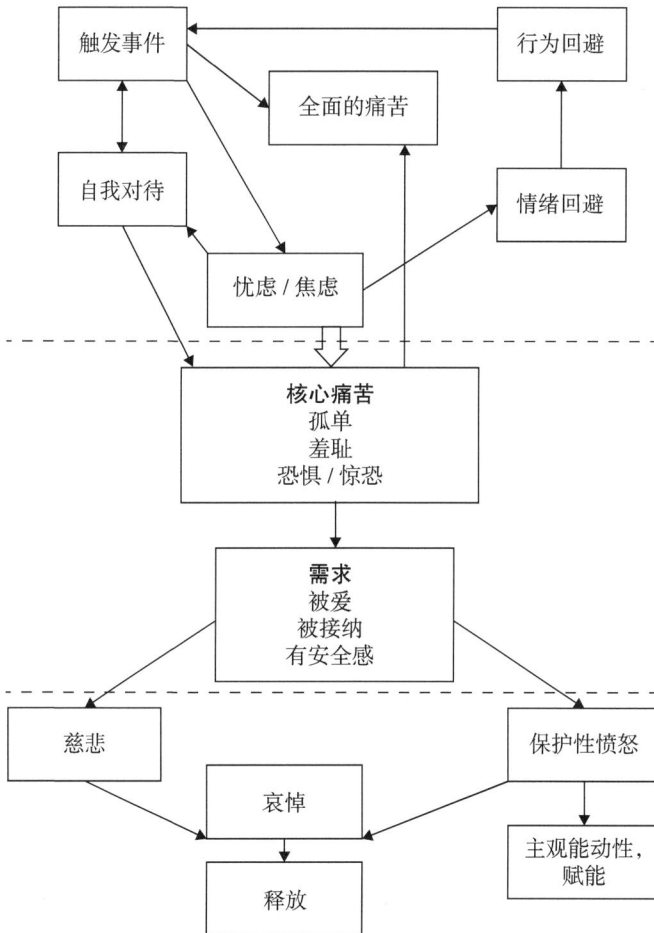

图 4　转化情绪痛苦的流程图

　　EFT 的关键是与来访者的情绪开展工作，但是有许多来访者是回避情绪（或称情绪阻隔）的。这样的来访者会一直讲故事和使用理性的思考，而无法进入内心世界。此时，治疗师首先要处理来访者情绪回避和行为回避的问题。在 EFT 的任务中，与情绪回避相对应的标记是自我打断。针对自我打断的标记开展的是双椅工作，在针对未竟事宜开展工作时出现的自我打断，治疗师只需要做粗浅的处理，即只需要帮助来访者觉察其自我打断，意识到那个重要他人不在现场，他说的话事实上不会对那人造成伤害，在治疗室里表达自己的情绪是可以的。通常，治疗师只要做到这个程度就可以绕过来访者的自我打断，让空椅工作继续进行下去。处理自我打断是为了排除治疗过程中的阻碍，因此治疗中遇到自我打断，首选是尝试绕过去，而非针对打断开展工作。如同走路时遇到障碍，我们通常先想办法绕道而行，而非清除障碍物。除非这个障碍物无法完全被绕过，那我们就只好先处理这个障碍物了。同样，如果来访者的自我打断情况比较严重，可能是他长久以来形成的行为模式，治疗师就必须针对自我打断这个标记开展工作，以解决问题。自我打断也可能是一种自己对待自己的方式，即为了保护自己不再受伤，或者不去感受痛苦。来访者在治疗师的帮助下觉察并转化自动化的自我打断状态，才有可能进入第二阶段的情绪工作。

　　另外一个妨碍来访者进入第二阶段的因素是情绪回避的对立面——情绪淹没。有些来访者在触发事件之后就陷入过度的忧虑与焦虑中，情绪淹没的程度严重到来访者无法睡眠、无法理性思考。在 EFT 的工作中，来访者的情绪唤起状态保持在 60% ~ 70%（情绪容纳之窗的范围内）时是最佳工作状态。此时，来访者既处于情绪唤起状态，可以进行情绪基模的探索；又可以进行理性思考，能够整合过去的事件。当来访者的情绪唤起超过 70% 的时候，其理性工作的能力大大下降，来访者失去觉察与反思的能力，即使有情绪呈现，也是没有治疗效果的。因此，治疗师关注来访者情绪唤起的程度，适时帮助来访者进行情绪调节，是非常重要的任务。当来访者的情绪阻隔程度太高，唤起程度太低时，治疗师要针对自我打断的标记开展工作，以除去阻隔；当来访者情绪唤起程度太高时，治疗师则要使用深呼吸、安全岛、自我安抚等各种心理治疗中行之有效的方法帮助来访者进行情绪调节，也要教会来访者离开治疗室之后进行情绪调节与自我安抚的方法。

在第二阶段，治疗的探索工作进入来访者的核心原发非适应性情绪，主要包括孤单、羞耻、害怕（惊恐）三大类情绪。孤单还可以再细分为三种不同类型的孤单：有些人的孤单伴随着悲伤，是一种无助、无望的抑郁状态；有些人的孤单与没有人保护的不安全感有关；还有一种孤单是一种空虚、空洞，没有存在感，好像自己飘浮在空中，有一种无根的感觉，是一种虚无的孤独感。

弗沙创立的加速体验动力疗法鼓励治疗师和来访者的成年自我一起共同陪伴来访者的童年自我，强调先"解除孤独"，然后再重塑当时的场景进行创伤治疗工作。EFT 不太强调治疗师陪伴来访者一起进入童年记忆，而是强调治疗师的在场陪伴与共情性调谐。成年自我与童年自我相遇并给予后者安抚，类似于 EFT 的自我安抚任务，格林伯格不建议太早进行自我安抚，他认为在来访者尚未梳理和表达痛苦之前就进行自我安抚，有时候会阻碍痛苦的彻底表达，那样的安抚是快速修复而非彻底解决之道。他主张要先针对未竟事宜开展工作，明确"孩子"的孤单是谁造成的，让"孩子"先面对那个重要他人，感受到自己的需求并且体验自己值得被保护、被陪伴、被爱，让"孩子"的内在因为觉得自己值得被关照而产生力量。在空椅工作中，如果养育者能够软化或道歉，"孩子"就会获得新的体验；或者来访者会找到童年能够满足自己需求的其他人物来扮演安抚者的角色。这是来访者内在已然存在的资源，可以随时提取。如果身边没有人可以满足其需求，有信仰的人也可以从信仰对象那里获得支持。只有在完全没有资源的情况下，才用成年自我安抚、陪伴童年自我。这是 EFT 深入改变人格结构的方式。

不论来访者的核心痛苦情绪是孤单、羞愧，还是害怕，通常都与其过去的未竟事宜有关。在治疗中，找到原发事件或最痛苦的事件之后，治疗师陪来访者进入当时的情境，用空椅技术或双椅技术探索其核心痛苦情绪的来源，在情绪基模的框架下还原过去痛苦的场景、人物及当时来访者的身体体会、心理感受、想法、需求、行动倾向。而来访者当年的很多适应性行动，现在也许都是非适应性的了。

心理学界有一个关于"习得性无助"的故事。有一头大象在马戏团里表演，它力大无比，能够轻易卷起 200 公斤的木头，表演结束之后，驯兽师把大象拴在一根不起眼的小木桩上。观众看了很好奇，因为这头大象只要轻轻一用力，就能够把小木桩连根拔起，挣脱捆绑，但是它却驯服地被一根细细的铁链拴在那根小小的木桩上。有人问驯兽师，这根小木桩如何能够拴住大象，其中的秘诀是什么。驯兽师说，其实这根木桩已经限制不了这头大象了，但是当它还是小象的时候，它就被拴在这根木桩上，它曾经多次奋力挣扎，却都徒劳无功，最后小象放弃了，它认为自己无论如何都挣脱不了这根木桩，所以只要被拴在这根木桩上，它就自动缴械投降，乖乖顺从，毫不挣扎。

这个故事可以很好地说明小时候的经验如何影响（限制）我们对自我、对他人、对环境的认知和感受。年龄越小的时候经历的创伤对个体的影响越深远，因为那是烙印在杏仁核里的记忆，是不经过理性思考的自动化反应。例如，小孩子没有能力反抗大人、反抗环境，只能屈服自保，或者压抑、讨好、顺从，认为事情都是自己的错，是自己不够努力、不够好；现在虽已时过境迁，长大后的来访者早就具备了反抗某些人、事、物的能力，但是习惯使然，只要遇到类似的情境或人际关系，他依然会自动陷入童年时的无助状态，完全无法用理性思考。在创伤严重的来访者身上，我们经常发现这样的反应，即使已经是有能力的成年人了，遇到类似的触发事件他们还是会立刻陷入"小男孩""小女孩"的感受和行动倾向中，完全无力反抗。在第二阶段中，治疗师需要探索来访者的原发非适应性情绪，其实是让来访者重回童年、实施干预的机会，能让来访者在治疗师的共情性陪伴下，带着"援军"回到过去，在场景重现的经验中，加入新的情绪，从而改变原来胶着的、熟悉的、不健康的情绪、想法和行动。

唤起情绪基模之后，最重要的是找到当时那个孩子的心理需求是什么。图 4 中列出了孩子的一些基本需求——被爱、被接纳、有安全感，这些都是来访者童年时与照顾者的依恋关系中最基本的需要。对感到孤单、悲伤的孩子来说，被爱、被安慰是他们最迫切的需求；对活在羞耻感中的孩子来说，被看见、被认可、被接纳是他们的基本需求；对活在恐惧中的孩子来说，被保护、有安全感是他们最基本的需求。

治疗过程中最关键的是唤起来访者对自己在当时情境下内心的基本需求的认知，并感受到那个"孩子"拥有这些需求是正当的，他有权利这样要求，他是"值得"被爱、被接纳、被保护的，唤起来访者的这种自我价值感非常重要。第二阶段的重点是在治疗抵达痛苦情绪的低谷时，治疗师要有承受痛苦情绪的能力，能够抱持来访者，让他与痛苦的情绪待在一起而不逃避，接近痛苦，探索根源，直到找到事件源头的情绪基模。

第三阶段是转化情绪的阶段。提姆拉克对这个阶段的流程阐释得很清晰。在来访者对着空椅子表达了自己的感受、想法和需求之后，治疗师请来访者坐到空椅子上，首先要做的是唤起来访者的慈悲心与自我疼惜之情，治疗师问坐在空椅子上的来访者："听她表达了她的心情和需求之后，现在你对她有什么感觉？"询问重要他人此刻对来访者的感觉，意在了解对方是否有软化的迹象。如果重要他人的回答是："很抱歉让你这么难过……"或者"没想到我说的话、做的事会对你造成这么大的伤害……"这就是唤起了其慈悲心。这里的重点是，来访者换位子后，治疗师不要直接问："你想对她说什么？"我们要探索的不是重要他人会说什么，而是他听了"孩子"的这些表白后，他的内在对孩子会有什么感觉？这是治疗师易犯错误之处。探索重要他人内在的感觉是为了唤起来访者的自我疼惜之情，因为重要他人并不在场，所有的工作都是针对来访者的内在，不论是与自我对话还是与客体对话。如果这位内在的重要他人软化了，开始理解和疼惜来访者了，两边就可能有和解的机会。重要他人道歉及来访者与重要他人和解之后，双方的关系是修复了，但是已经过去的童年毕竟是过去了，童年时想得到的没有得到，这是无法挽回的事实，因此来访者可能进入哀悼的悲伤情绪中。哀悼过后，来访者会进入释放的状态，放下过去未满足的需求，开始一个新的阶段。

如果重要他人对孩子的表达没有体现出任何疼惜之情，依然坚持自己从前的行为没错，毫无悔改之意，那治疗师会让来访者回到自己的位子上，然后开始唤起来访者对重要他人的原发性愤怒（我是值得被善待、被尊重、被爱的等基本需求），或者保护性愤怒（你不应该这样对待我），当受伤的"孩子"能够为自己的权利而站起来发声的时候，他的自我能动性（或称主体性）就被调动起来了，他可以做自己的主人，保护自己，为自己设立界限，不再继续当受害者，这些都是为自我赋能的过程。这个模型说明，痛苦情绪转化的要点在于唤起来访者的慈悲心，让其哀悼后放下，或者唤起其保护性的愤怒，让其为自己做主、自我赋能，开始设立清晰的界限，不容他人继续越界。

EFT 的核心转化机制是用情绪转化情绪。这种做法的有效性在神经科学对于记忆的研究中也得到了验证，下面是 EFT 关于记忆转化的研究结果。

记忆的转化

神经科学关于记忆的研究验证了 EFT 用情绪转化情绪的科学性（见图 5）。认知科学过去的看法是大脑中的记忆是固定的，外在事件发生之后，大脑对事件进行编码、整合之后存入长期记忆，成为一个固定的记忆。现代发展心理学则强调大脑的可塑性，因为科学家在关于脑损伤的研究中发现，经过学习和训练之后，个体大脑中病变区域所执行的功能可以部分得到恢复：或者是病变区部分得到恢复，或者是临近的脑区通过学习与训练发展出部分病变区的功能。该研究结果在心理治疗工作中的体现是，当治疗师带领来访者唤起童年某个创伤记忆时，其固定记忆被重新唤起，成为当下活化的记忆。精神动力学理论认为，潜意识是没有时态的，潜意识里的任何事件被激活时，来访者的感受都是现在式的，而非过去式或未来式的。因此，在 EFT 的未竟事宜中，当来访者进入童年的某个创伤事件，让当年的孩子与空椅子上的重要他人进行对话时，对来访者的大脑而言，它又进入了现在式，过去的固定记忆成为当下活化的记忆，也因为是当下正在发生的对话，所以治疗师可以进行干预。不论是孩子为自己站起来，敢于表达自我了，还是孩子邀请爱他的人进入现场保护他、安慰他，甚至叫警察来把他的施暴的爸爸带走，这些都是在治疗室现场可能发生的体验。虽然这些场景是在来访者的想象中发生的，其体验却是现场的，那人似乎就坐在对面，被唤起的情绪是真实的，身体的体会是当下的，表达的感受、想法、需求都是从内心深处浮现的。这一切"真实的体验"会传送到大脑，被重新整合，再储存回去，成为转化的记忆。神经科学的研究呼应了 EFT 临床实证的观察结果，让我们确认，来访者的童年创伤是可以通过再度唤起和积极干预而被疗愈的。过去的创伤可以被修通、被转化，我们可以有一个健康的、更有弹性和抗挫力的新的开始。

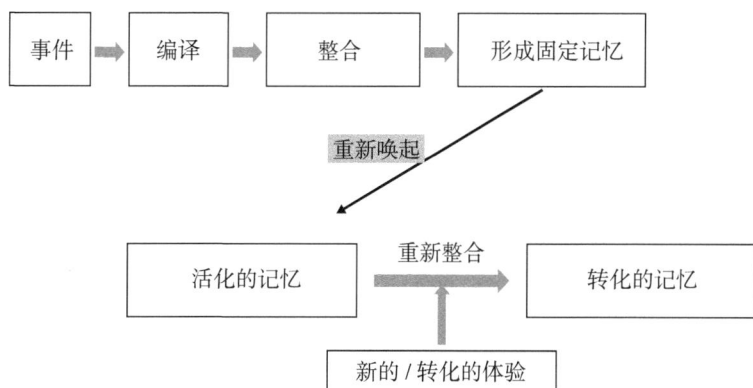

图 5　记忆的重新整合与转化

关于活化记忆的研究显示，治疗师在开展空椅工作的时候，需要注意以下几点。

第一，来访者与空椅子上的重要他人直接对话非常重要。来访者经常倾向于转过头来与治疗师对话，告诉治疗师，我妈妈如何如何，这样的表述叫"叙述"，不是"对话"。当来访者将自己的故事告诉治疗师之后，其记忆并未得到重新整合与转化，其原来的固定记忆并未得到修正，这是谈话治疗效果缓慢的原因之一。而在体验性治疗中，来访者与对面的妈妈直接对话，扮演妈妈说出那些最伤害自己的话，甚至将妈妈的表情、神态都模仿得活灵活现。对大脑来说，这个互动的过程是一种真实的体验，调动身体、情感与大脑参与的真实的体验过程会被重新编码与整合，储存下来的是更新版的记忆。所以 EFT 操作中有一个基本的技巧，在来访者对着治疗师叙述之后，治疗师会手指对面的椅子，引导来访者："把你刚才说的话告诉妈妈。"如果治疗过程仅限于来访者与治疗师一起谈论来访者童年时期与妈妈的故事，就错失了 EFT 体验性治疗的精要。

第二，空椅对话一定要在来访者的情绪被唤起时才有效果。如果两把椅子上的两个人（不论是自己对自己，还是自己对他人）只做了理性的争辩，想法也许改变了，但是来访者的情绪未被唤起，这样做只是针对继发情绪层面开展的认知工作。EFT 的治疗师需要认识到，如果没有进入情绪处理，深层次的改变就不可能发生。如何知道来访者的情绪是否被唤起了呢？空椅对话的第一步很重要。通常，治疗师把另一把椅子拉出来的时候，会先问来访者："你看得到某某人坐在这里吗？"答案如果是肯定的，接下来的问话是："看见他坐在这里，你内心升起的第一个感觉是什么？"这句话如果没有唤起来访者的任何情绪反应，那也许来访者与那位重要他人尚未建立连接。这时，治疗师可以再问来访者一些具体的问题：他是什么样子的？穿什么衣服？面部表情如何？通过这类问题，建立现场真实的连接感。如果来访者已经有很明显的情绪反应，甚至有了身体反应（例如，自己往后退，或者把对面的空椅子推远一点儿），治疗师就可以直接进入空椅工作，而不需要再刻意建立连接了。此外，两把椅子之间的距离很重要，特别是对曾经历创伤的来访者而言，看到那个很凶的爸爸或妈妈，或者那个曾经伤害自己的人，是很恐怖的体验重现，有的来访者甚至会本能地将身体向后躲，这一肢体语言传达的信号是，来访者的情绪过于强烈，治疗师必须对此保持敏感。格林伯格曾讲过一个典型的童年创伤案例，当治疗师邀请来访者的父亲坐在空椅子上的时候，来访者说："不行，距离太近了，受不了！"治疗师问："那么把爸爸放在哪里，你会觉得安全一点儿？"来访者回答："放在月球上！"可见对这位来访者而言，父亲的威胁多么大！治疗师根据来访者的需要，把爸爸放在月球上，让他与月球上的爸爸对话。这是第一次空椅对话的情况。后来，随着治疗的进展，来访者的自我力量越来越强，安全感也增加了，在后面的对话中，他可以把父亲放在治疗室门外了。在最后一次对话时，爸爸其实可以进治疗室了，但他决定把爸爸放在治疗室门口的垃圾桶里。这个过程显示出来访者自我力量的成长和自信的增加：来访者从原本退避三舍的恐惧到可以同处一室，但需要把爸爸放在垃圾桶里来表达愤怒，展现了来访者内心与父亲关系的转化。治疗师虽然引导整个工作流程，但过程中要跟随和关注来访者的情绪，配合他的需要，避免造成二度创伤。如果来访者的创伤过于严重，如童年遭受性侵者，以至于其完全无法承受对面那把椅子的近距离压迫，这时候，就不要用椅子来工作了。虽然在治疗室里没有实际让来访者面对椅子开展工作，但是治疗师的心中还是有一张未竟事宜的地图，仍然可以在想象中继续按照与重要他人对话的模型开展工作，这才是活用任务模型。

第三，谈到"疗愈"这个主题。学习 EFT 的初期，有学员问格林伯格："关于疗愈，心理治疗真的能够彻底疗愈一个人吗，还是我们只是明白了自己的问题，然后学习与自己的问题共处？"大师笑答说："想要完全疗愈，也是可能的，不过大概要 20 年！"疗愈与成长都是一个渐进的过程，大脑的可塑性告诉我们，不论是新的脑区学习新的技能，还是受伤脑区的部分恢复，都不是一朝一夕之功。部分恢复加上学习新的技能，都需要时间的积累。EFT 进入创伤、处理创伤、用情绪转化情绪，达到改变人格结构的深度，使疗愈和改变都成为可能，当然这些都需要时间——从抵达痛苦到转化情绪，然后带来健康情绪下新的发展与成长。治疗是短程的（一般以 16 ~ 20 次为一个疗程），成长却是持续的。

第二部分

EFT 之操作技巧

第四章
治疗师的在场与共情

　　EFT 的操作模式涉及治疗师的"状态"与"技术"。"状态"强调的是治疗师的在场与共情性调谐，以及人本的真诚温暖、注重关系的态度。"技术"强调的则是"在共情的汪洋中寻找可工作的岛屿"。而共情是建立关系的基础，也是治疗师必须在治疗中始终秉持的态度。EFT 治疗抑郁障碍的研究显示，治疗师在第一次会谈时对来访者的共情程度与来访者在第一次会谈时与治疗师建立治疗联盟的紧密程度是影响抑郁治疗效果的两大因素，这两大因素的重要性大于治疗师对来访者情绪处理的技术。共情，是一种跟随来访者的态度，以来访者为中心，倾听、理解、抱持、接纳。在听见标记的时候，治疗师带着来访者"上岛工作"，进行具体的干预（例如，针对自我批评或者未竟事宜开展工作）。在岛上工作的过程中，一方面，治疗师是引导者，因为他心中有幅地图，知道如何促进自我与批评两方的和解，以及如何在未竟事宜中探索浮现的情境、情绪，引导来访者表达、梳理，达到新的状态；另一方面，治疗师仍然是跟随者，即跟随来访者的情绪体验，借着共情性理解、探索与猜测帮助来访者在任务进行的过程中渐渐进入内在、接触情绪。因此，EFT 的操作模式是跟随加引导的模式。一项任务完成后，治疗师又回到共情性跟随的状态，继续倾听，并寻找下一个标记。

治疗师的在场

关于治疗师的在场，格林伯格经常引用的例子是：一缕阳光从窗外照进治疗室，光束所到之处，平时肉眼看不见的灰尘变得清晰可见，治疗师会注意到光束中的灰尘，如果此时来访者眼中泛着泪光，也尽在治疗师的观察中了。其实这就是一种全神投入（mindful，如果是对自己的专注则翻译为"静观"）的态度，是治疗师的一种修为。治疗师把在场的觉知展现给来访者时，可以让来访者感觉自己得到了治疗师全心全意的关注和同在的陪伴，这不但能解除来访者的孤独感，其安全感也能够因此得以提高。

在场的能力是治疗师的一种状态，初学者可以借助正念或冥想练习来安定自己的内在，打开自己内在的觉察通道，让自己觉察自我，专注于治疗室内来访者身上正发生的变化。EFT 治疗师谢里·盖勒（Shari Geller）在如何提升治疗师的在场能力方面多有研究，但是 EFT 的正式培训并不强调如何提高治疗师这方面的能力，只是中国在进行 EFT 认证培训时会刻意强调。通过每天 10 ~ 15 分钟的静观练习，学员聚焦自己的内在，提高觉察，打开接收通道，一边关注内在，一边关注外在。

细化的共情技巧

来访者必须感到安全才可能敞开自己的心扉，敢于接近情绪并投入针对相关任务的工作中。如果来访者对治疗师心存疑虑，便无法把注意力转向对自己内在的关注。所以共情的第一个目的是让来访者与治疗师建立联结并感到安全。当个体感到安全的时候，其神经系统就做好了与人联结的准备，可以接受别人的安慰，也可以敞开心扉对别人倾诉；当感觉不安全的时候，个体会关闭心扉或者逃离当下。因此，共情可以让来访者感到被理解、被看见，也增强了治疗师的在场及其与来访者的同在。这是所有心理治疗流派在治疗的第一阶段都强调的任务，因此，共情是学习 EFT 最重要的基本功。共情还有一个重要功能就是调节情绪。共情性语言一方面可以稳定来访者的情绪，让他停留在体验中，更深地沉浸其中；另一方面也是帮助治疗师表达来访者的情绪、分享来访者的体验的重要媒介。治疗师把来访者自己尚不清晰的、模糊的情绪体验用共情性语言表达出来，可以让其情绪变得清晰，降低其焦虑。通过共情，治疗师也表达了愿意与来访者"在一起"的意愿，能够减少来访者的孤单感、害怕和羞耻感。

治疗师如何才能拥有更好的共情能力呢？这需要知识，也需要技术。知识方面包括区分不同功能的共情模式，了解人类的情绪反应，熟悉情绪基模的各个元素，关注来访者的体验过程。技巧方面包括如何判断最佳的共情机会，如何使用语言、非语言，通过语调、语速有效地表达共情。

关于共情程度的表达，EFT 有一个量表，可用来评估 5 种语言和 5 种非语言的共情性表达。语言的共情包括：治疗师的声音是否表达了关注，治疗师与来访者语言的匹配程度如何，治疗师如何调整自己与来访者保持一致，治疗师是否跟随来访者的轨道，治疗师是否理解来访者的意思。非语言的共情包括：治疗师的声音是否表达了温暖和安全，治疗师的表情是否体现出关注，治疗师是否理解来访者深层的体验，治疗师的态度是否真诚并重视来访者。这些都可以作为治疗师自我评估的参考。

EFT 常用的共情技巧有 7 种，包括共情性理解、共情性探索、共情性肯定、共情性认可、共情性唤起、共情性猜测、共情性再聚焦。下面详述每一种共情技巧的功能与使用时机。

共情性理解

《助人技巧》一书指出，共情性理解包括对语意的理解、对情绪的理解，以及对语意和情绪的理解。在 EFT 的共情中，除了理解语意内容之外，调谐的共情还特别强调非语言信息的传递，包括面部表情、肢体语言、声音的质感、语调和语速、身体的体会等。而治疗师在倾听的过程中通过温暖的眼神、关注的声音、点头、身体前倾、发出"嗯""哦""是的""对"这类回应实现与来访者的情绪调谐，这些都非常重要。在观摩 EFT 大师的治疗录像时，我们很容易发现他们有一个共同的特色：在倾听来访者说话的时候，他们会有很多"嗯""啊""是，是""对，对"这类回应。别小看这样的回应，对来访者而言，这类回应传递的信息是治疗师"在这里""听见他了""跟他在一起"，这让来访者觉得不再孤单，觉得自己被关注了。这些微小的关注传达了"我在听""我对你说的很感兴趣"等信息。这是初学者也可以练习的基本技术，例如，在平时听孩子说话的时候，用这类"微小的回应"来表达关注。

格林伯格曾经引用哲学家马丁·伯格的《你和我》（*Thou and Me*）一书来说明，共情可以给被共情的人提供确定的存在感。当一个人发出声音并且得到回应时，会有一种我被看见、被听见的感觉，这种感觉可以加强一个人的自我存在感。这种哲学理论在实际案例中也得到了印证，在探究一些来访者童年被忽略的经验时，经常会听到重返童年的来访者说："妈妈，当你忙着做家务而没有时间注意我的时候，我好像感觉不到自己的存在。你只有需要我干活的时候才注意我。平时我做什么、说什么、心情如何，你完全看不到，我也好像不存在一样。"原来，被看见、被听见、被理解真的能给人带来最基本的存在感。反之，一个不被看见、不被听见的孩子往往对自己有很深的怀疑，不敢相信自己的感受和需求是合理的，甚至不敢做决定，在讨好他人与活出自己之间苦苦挣扎。共情性理解是共情中的基本功。

共情性探索

共情性探索是 EFT 深入探索情绪的重要技巧。在来访者讲故事的时候，治疗师帮助其探索当下的情绪："当你这么说的时候，此刻内心有什么感觉？"如果来访者不清楚自己的情绪，治疗师可引导他们聚焦于身体，探索身体的体会："想到这件事情，此刻你的身体有什么反应？"让来访者从身体当下的体会及感受到的情绪出发，继续探索过去何时有过类似的感受，与何事、何人有关。以上这些都是共情性探索。具体而言，在来访者与空椅子上的妈妈对话时，治疗师可以问他："听到妈妈这么说，你的内在发生了什么变化？"这是引导来访者探索内心感受或身体感觉的探索性问题。

有时候，来访者可能不清楚自己感到的情绪是什么，这时治疗师的态度应该是尝试性的，在来访者的经验中感同身受地寻找当时他可能拥有的情绪。有一次，治疗师与来访者谈及她小学时与某位老师的未竟事宜。那位老师偏袒"官二代""富二代"学生，对于普通人家的孩子则不大关注。当来访者重回童年，面对那位老师的时候，她讲述老师当时的行为，治疗师听着，当时就感觉这个老师实在是"太无耻了"，但是"孩子"是不会说这样的话的，当时也不敢对老师有这样的看法，她更多的感受是羞愧，觉得自己不够好。对话进行了一段时间，"孩子"对老师说："你实在是……""实在是……"（有点词穷的样子）治疗师接口说："太无耻了，是这样吗？"来访者马上接口说："对，对，对，太无耻了，你实在是太无耻了！"像这种情况就是来访者有一个体验，但没找到合适的词汇表达，而治疗师在与她调谐共振的过程中，体会到她的感受和想法，用自己的语言很自然地说了出来。当然，治疗师说的也有可能是不对的，来访者也许会说："不是无耻，是太自私了！"总而言之，治疗师要鼓励来访者深入探索自己内心世界的感觉，用语言表达出来。而最好的探索就是治疗师帮助来访者把他想说却说不出来的话、想表达却找不到语言的感觉，用具体的词汇表达出来。

举例来说，在格林伯格与蒂昂的工作中，治疗师与来访者有如下的对话（T 代表治疗师，C 代表来访者）。

T110：嗯哼，但还是有一股驱动力，对吗？所以你只要……

C110：一直做，不断催逼自己。

T111：是，是。多做一点，完美一点，做好一点，早一点起床……

C111：给儿子做午餐，参加他所有的橄榄球比赛，在家里给他当家教老师、工作、去学校，就是这样。这些都是应该做的。

T112：当你这样说的时候，你有什么感觉？这样说的感受是什么？好像你是有点不够格的，我觉得在你的声音里，我听到的是，这是你应该做的……

C112：而你没有达到我对你的期望。

T113：是，我期望你……期望什么？

C113：我期望你，完美！

另外一个探索的例子，更能够展现当治疗师自己也不是很确定时应该怎么做。那就是一边尝试、一边探索性地把自己感受到的讲出来，而来访者的回应则会让治疗师知道自己的探索是否正确。在下面这个例子中，来访者并没有关注到自己的眼泪会说话，当治疗师引导她关注自己的眼泪时，他们一起开始了一段探索的旅程。

T8：如果你的眼泪会说话……你也允许它们说话，那它们会说什么呢？

C8：没有希望。我觉得自己在挣扎，但是……

T9：就好像你不断逼自己，却看不到尽头……

C9：是啊！我就是这样觉得的，而且我能看到它就在我面前，但是我却始终无法尽快地过去。

T10：嗯哼，所以好像，你可以看见自己想去哪儿，但觉得……好像速度不够快，是吗？

C10：是啊！

T11：然后，这会让你觉得有点混乱，所以总是想催逼自己，似乎觉得自己永远到不了那里，或者太难了！

C11：我觉得，这感觉好像，每当我觉得自己好像靠近了，接近自己盼望的那个东西了，却又开始觉得，和自己设想的感觉不一样。

T12：我了解。达到了目标也还是觉得不满意。感觉一点儿也不好，然后，就是觉得……好像永远不会有什么东西能真正让自己满足，还是……高兴，还是……

C12：对的！

T13：哦，好像很难找到内心的喜悦。

C13：非常难。

T14：嗯哼，你的意思是说，一切都令人失望！

C14：对。

T15：结果总是令人失望，这就是你每天要应付的难题。你可不可以具体说一些让你失望的事呢？我明白这是一种整体的感觉……逼自己，可是达成了目标却又不满足。自己推动着、逼迫着自己，完成目标时却又不满意。然后就觉得，有什么用呢？

C15：对，<u>正是这种感觉</u>。

在上述对话中，治疗师有很多不确定性的表达："好像……""我觉得……""是吗？""是……还是……"这些都表明治疗师自己也进入了探索的状态，与来访者一起探索来访者眼泪背后的情绪。而当来访者经常性地说"对""正是这种感觉"时，治疗师就可以判断，探索方向是正确的。

在 EFT 的培训中，经常会有其他学派的治疗师提出疑问：我们怎么能替来访者说出他的感受呢？这样会不会形成暗示和引导？不是应该询问他是什么感受吗？怎么可以将情绪词汇强加于来访者身上？这就是 EFT 的不同之处。格林伯格说，我们是了解情绪和体验过程的专家，我们也全身心地在场，与来访者调谐同频地体会，所以当我们把自己当下所体会到的说出来的时候，对来访者是有帮助的。如果我们感受到的不是他的感受，那他是不会接受的。要相信来访者是他自己感受和体会的专家，不会被治疗师误导，这就是情绪的神奇之处。又或许他还体会不到，那就是时候未到，是我们走得太快了。治疗师永远要尊重来访者的反馈，他此刻所感受到的，才是我们工作的重点。EFT 的这个做法可以加速治疗的进程。格林伯格经常举一个例子加以说明。如果我问你："今天早餐吃了什么？"你要从记忆库中提取答案相对而言是比较困难的。这就好像是做填空题或问答题，你需要想一想，还要组织一下答案。但是如果我问你："今天早上你吃的是吃面包还是稀饭？""今天早餐吃鸡蛋了吗？"你就可以立刻回答。这就好像做选择题或是非题，答案与你记忆中的信息对应，你很快就可以做出判断。关于情绪，大部分人是不知道如何表达的，治疗师提供的词汇就好像选择题的答案一样，可以帮助来访者比较快速地接触自己内心的状态，并且用象征化的语言表达出来。

共情性肯定 / 认可

共情性肯定在英语里面有两个不同的对应词，一个是肯定 / 确认（affirmation），另一个是认可 / 接纳（validation）。两者都对来访者的情绪给予正面回应。

共情性肯定偏重于治疗师看见来访者的积极品质。例如，治疗师说："你真勇敢！""我看见你是有力量的！""我很欣赏你一路走来的坚韧！"或者"你真是不容易啊！""实在是太苦、太艰难了！"肯定表达的是治疗师的意见、治疗师的看见，把来访者值得被欣赏的积极品质或者痛苦受伤标识出来，让来访者觉得被肯定、被看见。

共情性认可则是认可来访者此时的软弱或负向情绪是正常的、可以理解的，不论多么消极，一定是有原因、有理由的。共情性认可是 EFT 学习过程中不太容易掌握的技巧，特别是对于来访者负向情绪的认可，因为它不符合我们平时的习惯。我们的文化和教育都鼓励积极思维，强调凡事都要看阳光的一面，所以我们很难理解和支持负向情绪。因此，遇到来访者充满灰色思想、绝望情绪的时候，我们都想拯救对方，把对方从深渊里拉上来，很难下到坑底与来访者同在。

例如，有一位青少年来访者对治疗师说："我觉得这个世界真是一个很烂的'游戏'，没有规则、没有希望。我努力读书的目的是考大学、找工作、结婚生子，然后养育我的孩子，让他再过跟我一样的生活。这样的人生有什么意思呢？真的还不如不要活了。"共情性认可是进入来访者的世界，体会她的感受，然后告诉她说："是啊！我听到了你的观点，你觉得人生没有规则，没有希望，就是不断重复乏味的生活，所以觉得活着没意思！"这样的回应表明治疗师听到了她的心情，理解了她无奈的逻辑，呈现理解并认可她的负向情绪的态度，但并不是同意她的看法。大多数人一听到负面的想法，通常都想要拯救对方，所以可能会说："你现在还小，还有很多没有经历过的精彩。未来你就会看到不一样的世界了，千万不要这样想。"这样的回答表现出治疗师对来访者的感受采取的是不理解、拒绝、否定的态度。

又如在亲子关系中，孩子说："今天数学考了 89 分，好难过啊！"妈妈可能说："我觉得 89 分已经很好了啊！"或者"没关系！下次努力考好一点儿就好了！"这两种回应都是善意的，是想帮孩子从情绪的低谷中走出来，却否定了（没有接住，没有接纳）孩子的情绪，表达的是妈妈的看法，没有跟孩子的情绪站在一起。这是父母经常犯的错误，也是不懂共情的治疗师常犯的错误。共情性认可是在用心倾听并关注孩子为什么觉得难过，真正了解了原因后，再对孩子说："噢！难怪你这么难过，因为你这次特别用功，希望可以突破 90 分的，没想到还是差了一分，怪不得你觉得难过！"总而言之，共情性认可要表达的是，对方感受到自己的情绪是合理的，是有原因的，而我们理解他有这样的心情，换作是我们，也会有类似的心情。站在他难过的地方，与他的情绪站在同一边，这就是共情性认可所要展现的接纳。

对我自己来说，共情性认可一直是我比较难掌握技术，直到在辩证行为疗法（DBT）的技能训练小组中学到了 6 个等级的共情性认可，我才觉得自己学会了如何认可他人的情绪、理解他人的行为。我认为学习如何与情绪工作不必拘泥于流派，只要是对治疗师提高自己的共情能力有帮助的技巧，都可以整合进 EFT 中，所以我把 DBT 的关于人际效能技巧的 6 个等级的共情性认可整理如下。

1. 关注：对于对方行为背后的感受与想法感兴趣、保持关注、仔细聆听。

2. 反馈：真实反馈你所听见的，不用评判的语言或口吻（这一点很重要），确保你真正理解了，并与对方核实。

3. 读心：根据你所观察到的对方的面部表情、身体语言，以及对方话中的弦外之音，在你对他原有的理解的基础上，做出进一步的共情性猜测，猜测对方心中隐而未现的感受、想法或需求。一方面要保持开放，猜错了也没关系；另一方面要知道来访者永远是对的，不要坚持你的猜测。

4. 理解：根据对方过去的经历、现状，以及当前的精神状态或身体反应，向对方反馈其感受、想法或行为背后的意义（即用"难怪 / 怪不得"等来表达）。

5. 合理性：认可对方的感觉、想法或行为，它们是合理的、正常的，可以理解的，与当前的实际情况匹配的，也是合乎逻辑的。

6. 展示平等：做你自己，平等对待他人，不要评判，不要将对方视为脆弱的或无能的。如果真的感受到了脆弱或无能，可以说"换了是我，我也会有这样的感觉"。

由于共情性认可是非常重要的技术，所以再举两个真实的例子供大家参考。治疗师也可以将共情性认可技术应用在家庭场景中，不论是对配偶还是孩子，都会有很好的效果，这样，治疗师也会更深刻地体会其中的难点与奥妙。

我第一次刻意练习共情性认可技术是在我先生的身上。我先生自从退休之后，发展了一些新的爱好，如雕刻印章等。之前我没有刻意去理解与认可，一看到他买这些东西，我的心中满是厌烦的情绪，所以我对这些东西也是敬而远之。某一天，我坐到客厅沙发上，拿起三块雕刻中的一块，开始认真地观察（1. 关注）。石头上刻着荷叶、荷花和莲藕，活灵活现的，底下刻着 16 个字，我不大认得。先生看见我感兴趣，赶紧坐过来教我认字。原来后面的几个字是："养性颐年，知足不辱。"我突然有点明白了，我回应（2. 反馈）说："这块石头很漂亮，上面雕刻的荷花也很生动，我记得你说最吸引你的其实是篆刻的文字，这八个字是不是也描述了你现在的心情？"他很高兴地说："是啊！通常就是有几个字吸引了我，然后我就到百度上搜全文，发现了某某诗人的整首诗词，就更加喜欢了。"我猜测（3. 读心）道："是不是有一种被回应的感觉？没想到自己的心境居然在古人的诗词中也有描述，有一种与古人对话、惺惺相惜的感觉？"他一直点头，然后又说："当我读多了以后又发现，苏东坡和辛弃疾这两个人性格不同，从他们的诗词中可以看得出来。我比较欣赏苏东坡，因为他经常安慰人、鼓励人。"接着，他又拿出另一块刻有苏东坡文字的印章向我展示。我们交流了大约一小时，最后我对他说："难怪你乐此不疲

（4.理解），原来不仅仅是欣赏石头、雕工、刻字，更重要的是这种超越时空与古人互动的美好经验，让你感觉好像找到了文化的根，与中国文化、与古人都产生了一种连接的感觉，有种归属感。每个人都需要归属感，你通过这种方式体会归属感是一种合理而美好的体验（5.合理性）。谢谢你今天跟我分享，我好像也能感受到一点这种意境和连接（6.平等）。最重要的是，我对于你的这个爱好从不喜欢变成了欣赏和可以与你同乐，感觉不仅你跟古人有了连接，好像我跟你的连接也加深了，我更能看见和理解你的思古之幽情了！"

有的学员听过这个例子之后，回家也加以应用和实践。当她看见女儿表现出某个让她担心的行为时，她不批评了，她先凑过去很感兴趣地了解它是什么，以及女儿为什么那么感兴趣。通常，如果我们不先入为主，不判断，而是本着好奇的态度花时间理解对方，那么接下来的共情性认可就不会太难了。

另一个共情性认可的应用场景是当咨访同盟破裂时，治疗师用共情性认可带着好奇心去理解来访者的想法、感受和需求。在这个过程中，治疗师一定要全心尝试着去理解对方，而不为自己辩解。先假设对方有这些感受一定是有原因的，我们对话的目标是为了理解他，而非为自己辩解，先让来访者感到自己完全被关注、被理解、被认可，他的情绪和反应是合理的、可以理解的，并感谢他让你知道，然后再澄清需要澄清的部分。第一步的完全共情性认可是非常重要的。

共情性唤起

共情性唤起有很多种方式：聚焦身体、使用图像化语言、用第一人称替来访者说出他的心情、展开情绪基模的元素、开展椅子工作（面对重要他人，甚至让来访者扮演那个负面的他人）。

第一，聚焦身体。当理性的来访者很难使用情绪词汇的时候，邀请来访者关注身体的感觉往往能够唤起他的情绪。记得有一位男性来访者，在描述他与父亲的关系时，就像在说别人的故事一样。当治疗师邀请他关注一下讲到这一段故事时，他的身体此时有什么感觉是，来访者停顿了一下，把注意力转向身体内部，他觉察到一股情绪从胃部涌上来，像潮水一样向上涌，他立刻感觉到喉咙哽咽了，泪水夺眶而出。对自己与父亲的关系，感觉"悲从中来"！引导来访者聚焦身体是快速有效地唤起其情绪的方式之一。

第二，刻意使用生动的图像化语言、"煽风点火"式的词汇，或者以戏剧化的方式，加强来访者的体验和感觉。以下示例是来访者描述她每天的生活，而治疗师给予回应。

C36：嗯，我开始觉得，我每天早起做饭，8 点去上班，但我并不真的在乎我到底干了些什么。下班之后，我带儿子去参加橄榄球训练。训练之后，我回家洗碗、洗衣服……

T37：一切好像只是功能化的，完成任务的，但是我里面好像快要枯竭了，得不到滋润。

治疗师把她内心的状态用"快要枯竭了，得不到滋润"的图像化语言表述出来，这会唤起来访者的共鸣和更深的悲伤。这就是唤起式共情。图像化语言很能捕捉情绪，带领来访者走向更深的体验。

在跟随格林伯格学习的过程中，我们发现有一些常用的唤起式语言是从个案的表述中提取的。例如，表达孤单与悲伤的，"我觉得心里空落落的，好像心里有一个洞"；表达羞愧的，"我好想挖一个地洞钻进去躲起来"；表达恐惧的，"好像迷失在森林里的小女孩，找不到方向，随时有危险降临到的感觉"；表达焦虑的，"好像我在赛跑中必须遥遥领先，断崖式的领先才会让我有安全感，否则，我总是感觉会被淘汰，要去扫大街（这是具有中国特色的唤起式图像）"。图像化语言配合个性化的时代文化特色使用，最能够唤起来访者的情绪。

第三，EFT 治疗师常用的唤起技巧是使用"我"语言。治疗师用第一人称替来访者说出他的心情，说着说着，好像治疗师与来访者融为一体，他们的对话好像接龙一样，都是以"我"为主词，治疗师似乎进入了来访者的内心，替他说出了他心里的话一般。从下面这段蒂昂与格林伯格的对话中可以清楚地看到这个技巧的运用。

C16：嗯，我去年拿到学士学位，在 12 月……

T17：那是你的目标之一。（这时候治疗师用的还是"你"）

C17：是一个很大的目标。

T18：是，是。

C18：然后我做到了，但我竟然不太在乎，真的！

T19：现在又变得不算什么了，完成这个目标并没让我觉得我真的有了什么成就。（治疗师改用"我"来说出来访者内心的感觉）

C19：对。

T20：我无法真的以此为乐。（继续使用"我"）

C20：对。虽然我知道，这是挺了不起的，而且我应该很高兴，可是那个高兴就不在那儿。它……

T21：嗯，似乎这个成就并没有带给我真正需要的，我猜想……（猜测的语气中继续用"我"来共情）

C21：是的。

T22：是不是成就并不能满足我情感上的需求？似乎我需要的是另外一些东西？（总结这一段探索，用"我"的需要来唤起来访者）

C22：是这样的。

第四，共情性唤起是不容易学习的技巧，有时候展开情绪基模的内容比只是反映来访者的情绪效果更好。示例如下。

T1：我听到你的感觉……好像是……"太不公平了！我不应该被这样对待！"

T2：我好像听到你的语气中有点愤怒……

T1 的共情比 T2 更能够唤起来访者的情绪基模，因为治疗师对于他生气的原因进行了共情，对他愤怒的情绪进行了更细化的分辨。再举一个例子。

T3：失去她真的令你很难过，因为她对你的意义非凡。

T4：你一定觉得很悲伤。

T3 对悲伤的内容进行展开，让来访者进入情绪基模，比 T4 的共情更深入。最后一个例子。

T5：面对这么多的未知，你一定感到很不安……

T6：我在你的声音中听到了恐惧……

T5 的共情比 T6 的更细致。

以上三个例子表明，如果治疗师想帮助来访者了解其情绪背后的原因、想法、需求，可以在共情性唤起中做些铺陈，让来访者进入情绪基模的各个元素中。在唤起的过程中，共情性猜测也扮演了很重要的角色。

第五，EFT 中用得最多的唤起情绪的方法就是椅子工作。不论是个人自我冲突的双椅对话，还是未竟事宜的空椅对话，当来访者坐在椅子上的时候，治疗师要对两把椅子都进行共情，而来访者在对另一把椅子表达自己的感受时最容易唤起更深层的情绪，这是椅子工作最具震撼力的部分。

共情性猜测

共情性猜测是治疗师根据自己对来访者的了解，或者根据一般人在那种情况下会有的反应，来猜测来访者的感受或体验。猜测后，治疗师要接着问："是这样吗？"以便与来访者核实自己的猜测是否正确。通常治疗师会通过观察来访者的非语言反应来猜测其可能有的感受。

T7：刚刚你的脸上闪过一丝阴影，在那之前你好像有话要说，然后就出现了那个表情，似乎是另一部分的你觉得这是不重要的，不值得说的。是这样吗？

共情性猜测把来访者内隐的体验表达了出来，猜测的是来访者更深层次的需求，这类需求通常是依恋需求或自我身份认同层次的需求。

C8：我妈又说她不来了，说是要照顾我爸……唉……她总是有比我更重要的事情，我觉得很生气！

T8：你刚刚叹了一口气，是不是觉得很失望，好像她又食言了，总是把你丢在一边，有点被抛弃的感觉。是这样吗？

来访者的语言表达的是生气，但是治疗师观察到了她的叹息，再根据自己先前对她的了解，明白她的深层情绪不是生气，而是失望，甚至是长久以来的被抛弃的感觉。如果治疗师的这个猜测是对的，来访者就能从继发情绪进入更深层的原发非适应性情绪了。

共情性猜测与观察来访者的非语言情绪息息相关。举例如下。

C9：我的男朋友根本不知道他自己要什么。有时候他整天跟我在一起，好像我是他生命中最重要的人；可第二天他没空了，好像我就应该自动消失一样。

下面是几种可能的共情性猜测，运用哪个，取决于治疗师观察到的来访者非语言信息。

"这不是我要的关系……我要的是一个可以一直陪伴我的人。"（如果她看起来是<u>伤心</u>、<u>孤单</u>的）

"这个关系让我感觉有点如履薄冰，好像我总是在等待他的确认。"（如果她看起来是<u>焦虑</u>、<u>害怕</u>的）

"我不可以被这样对待……好像我的存在要看你的方便。"（如果她的声音透露出<u>愤怒</u>）

三种猜测之后都要接一个问句："是这样的吗？"这个问句代表治疗师并不确定，来访者才是自己问题的专家，她可以随时否定治疗师的猜测。另外，这三种猜测都超出了她所说的内容，治疗师更深入猜测的是她内在的体验。

格林伯格非常鼓励EFT治疗师使用共情性猜测，特别是在刚开始探索情绪的阶段，来访者的情绪尚未被唤起，咨询师如果只问："你有什么感觉？"

来访者很难提供准确的答案。但是，根据来访者提供的背景，治疗师可以做一个猜测，回应时先用共情性理解，再加上共情性猜测，可以让来访者更快地深化情绪。

共情性再聚焦

回避痛苦是人之常情，所以在出现负向情绪时，来访者通常会自动逃避，转移话题，跳出情绪。治疗师需要共情来访者新转移的话题，然后重新聚焦并回到刚才的关键情绪。这个技术称为共情性再聚焦。在格林伯格治疗抑郁障碍患者蒂昂的录像带中，蒂昂在自己第一次落泪时立刻转移了话题，说道："当我大学毕业的时候……"格林伯格没理会她重启的话题，直接问道："如果你的眼泪会说话，它在表达什么？"这句问话成了 EFT 的经典问话。"跟随痛苦的指南针"，这是 EFT 的格言，说明治疗师心里是有方向的。治疗师虽然重视调谐的共情，但在心中一直有一个引导的罗盘，而该罗盘指向来访者的痛苦。所以，当来访者触碰到痛苦之处而本能地回避的时候，治疗师如何在共情她的新话题的同时，却又不着痕迹地回到前一个情绪的痛点，是一个很重要的技巧。下面是格林伯格与蒂昂的共情性再聚焦的片段。

C67：我觉得自己一文不值！当你告诉我这些时，我实在太受伤了。

T68：是，是。告诉她你的受伤，让她看到那个痛。（跟随痛苦，继续深化）

C68：这让我很痛，我不知道我怎么做才能补偿你。（来访者不想谈痛苦，想转移话题，谈行为层面的补偿）

T69：嗯，有一部分是，我想要弥补，我想要……但是实在太受伤了。我想，会不会连身体都感觉到疼痛？那是什么样的感觉，心里面的那个痛？（先共情想要补偿的部分，接着引导聚焦受伤，带领来访者回到深化情绪的重点）

C69：觉得太糟了！我觉得我只想蜷缩起来，把一张毛毯盖在头上，然后就……（来访者跟随治疗师，回到痛苦，并继续深入到羞愧的情绪。）

C68 呈现了来访者想逃的本能，不谈痛苦，而是谈如何补偿，这是一种普遍现象，谈行为和思想比较容易，靠近痛苦情绪比较困难。T69 是经典的共情再聚焦技术的运用，治疗师先共情回应来访者想要补偿的想法，然后，很技巧地重新聚焦回到"实在太受伤了"的主题，还提到了身体的感觉，引导来访者聚焦身体，更多地与情绪在一起，探索那是什么样的痛。而 C69 来访者自然而然地跟随格林伯格，用图像化语言表达了更深层的羞愧。这是一个非常好的示范。

EFT 的研究发现，治疗师的回应语句落在哪一个情绪上，来访者自然就会跟随哪个。来访者跟随治疗师的引导的概率与坚持自己原来的关注点的概率之比是 8∶1。蒂昂与格林伯格的第二次治疗中就有这样的示范。

C47：我讨厌你认为你总是对的，对生命中的每一件事你总是有最好的答案，而且你不许我有自己的想法，不许我有自己的感受，这让我非常生气。

T48：嗯，你感到生气吗？

C48：我……我觉得比起生气，更多的是悲伤。

T49：是啊。

C49：我如此生气让我很难过，我竟然会有那种感觉。

T50：嗯哼，是混合了生气与悲伤的复杂感觉，是吗？

C50：是的。

T51：也许我们可以先针对一种感觉来工作，然后再讨论另一种感觉。它们都很重要，是吧？我听到你说悲伤，对吗？告诉她你想念什么？因为那是你悲伤的根源，是不是？

C51：我想念……我想念你！我想念你抱着我，告诉我你爱我。

在蒂昂与妈妈进行空椅对话的过程中，她先是谈到对妈妈的生气，治疗师跟随探索她的生气，她又说更多的是悲伤。于是，治疗师共情她的生气与悲伤，并决定选择一种情绪继续深入工作。他选择了悲伤，并进一步探索悲伤的根源是什么。这就有了治疗师下面的问话："你想念什么？"这句英语可以有两种翻译："你错过了什么（想要什么）？"或者"你想念（怀念）什么？"如果来访者过去曾经与母亲有过亲密的关系，那么她就是会"怀念"失去的关系；如果来访者从未拥有过期待中的关系，那她就是"错过"了什么想要得到却没有得到的东西。有来访者会说："你错过了来参加我的毕业典礼和我的婚礼的机会！""我多希望生孩子的时候你可以在我身边……"这些都属于不可弥补的遗憾和悲伤，是表达哀悼的一部分，治疗师可以根据情况选择接下去如何问话。

如果治疗师想要聚焦生气，典型的问句是："告诉她你讨厌（怨恨或厌恶）的是什么。"这个问句会帮助来访者展开她的情绪基模，更深入地探索隐藏在怨恨（愤怒）的情绪下面的记忆，包括场景、事件，以及当时的想法和需求。每一种情绪都可以展开进行深入探索，让记忆中的点点滴滴都浮现出来。来访者进入的情绪越深层，越容易触及其未满足的需求，也就更容易进行转化。

治疗师如何才能更好地共情

EFT 国际培训师艾伯塔·E. 波斯（Alberta E. Pos）在香港 EFT 十周年庆祝大会上分享了治疗师如何更好地共情的五个步骤。

放下

治疗师平时要学习治疗的相关理论，但进入治疗的时候，首先，治疗师要放下自己根据理论形成的对来访者的预设，因为它会影响自己对来访者的看法，造成偏见，从而限制自己的洞察力和感知觉。其次，放下自己的担心和焦虑，因为这些情绪会关闭自己的感知觉。最后，放下自己"下一步要做什么"的想法，因为这些想法会占据自己的头脑，关注未来，而无法关注当下的感知觉。总体而言，治疗师的状态越放松越好。

进入当下

进入当下就是进入此时此刻，安顿好自己，与来访者同在。进入当下包括：感受自己安稳地坐在椅子上，双脚着地，稳稳地与地连接；感受来访者的话语、节奏、音质，观察他们面部的表情、身体的动作，特别是其非语言信息。进入当下还包括治疗师在想象中进入来访者正在叙述的故事，进入其所描绘的情境，体验它，就好像进入虚拟情境一样。

共鸣 / 共振

治疗师可以感同身受地共鸣来访者所说的内容，让来访者的非语言信息影响自己，留意自己的想法、感受和反应。在 EFT 的临床实践中，有些治疗师发现，自己在听来访者的故事时，经常会忍不住叹气，震惊于来访者在一段关系中竟然遭到如此的虐待，并且忍了下来。以下示例是一位来访者坐在前夫的位子上时表达的内容。

T1：坐到前夫的椅子上来，前夫最常说的话、做的事中，让你最受伤、最痛苦的是什么？

C1：你说，你说，你为什么会这样？

T2：你为什么会这样？那个意思是你有问题吗？你不应该这样？

C2：你不应该对你家人好，只能对我一个人好。你娘家人会比我更重要吗？

T3：哦，所以，我是最重要的，我需要你只对我好。

C3：你娘家人都是坏蛋，你不能对他们好。你爸住院你不能去，不能去照顾。你娘家人那都是外人，你要照顾我们这个家。

T4：嗯，好像你是不懂事的，你是搞错了亲疏关系的。

C4：我们家住不下，让你爸回去。他不能在我们家里，让他走！他有病，他不能跟我们一起吃饭，到阳台上吃去。

T5：噢！（重重地叹了一口气）嗯，嗯，还有呢？还有什么让你很心痛的？

在与来访者开展空椅工作时，治疗师的感受有时比来访者的还要强烈。因为各种原因，来访者对于被忽视、被错待已经习以为常，或者麻木了，因此说起这些并没有太多情绪反应，但是治疗师从"前夫"的语言和语气中却已经感受到了很多情绪。治疗师的非语言反映也是一种镜映的共情，这是自然发生的，不是刻意的。当你投入在当下的时候，就能够感受到正常人会有的感受。

掌握和表达

在获得与来访者调谐共振的体验和感受之后，治疗师用语言将之表达出来，说出来访者的叙事中让自己印象深刻之处。不论是治疗师觉得最生动的内容，还是观察到的来访者的非语言信息，还是倾听来访者时自己的体验，对来访者来说都是有价值的反馈。这些反馈让来访者感觉自己被理解、被看见、被听见，有时候甚至会拓宽他的视角和观点。

有一位来访者说自己原来是一个阳光、自信的女性，但在五年的婚姻生活中失去了自己，丈夫对自己的种种不满意让自己失去了自信，不知道该怎么做才能满足丈夫的要求，甚至因此陷入了抑郁。当治疗师邀请她坐到丈夫的位子上的时候，她扮演的丈夫的语气、表情处处都透着轻蔑："你简直就是个笨蛋！什么都做不好！你真没用！"或者就是极尽讽刺之能："是啊！看看你是什么样的妈妈？天下有你这样的妈妈吗？你实在情商太低了，就适合一个人生活，不适合成家！"治疗师看见、听见丈夫的语言与语气后，忍不住说："这真是情绪虐待啊！"来访者说："是吗？我也觉得他这样很过分，可是，他说多了，我都开始怀疑自己是不是真的像他说的那样，真的有问题了。"人在关系中很容易迷失，因为太在意对方，太害怕失去，以至于完全接受对方的看法，扭曲了自己而不自觉。治疗师真实的共情性反应可以唤醒来访者内心真实的感受，得到支持与力量，重新找回自己。

永远保持"非专家"的态度

治疗师需要永远保持"非专家"的态度，你所说的、你的回应是否符合来访者所感受的，只有来访者自己可以评估。来访者是自己的体验的专家，治疗师只是促进者。治疗师只是情绪与体验过程的专家，并不是来访者生命故事的专家。从体验的角度来说，治疗师不是理解别人体验的专家，所以对于自己所表达的信息永远都带着假设性，要对"犯错误"保持开放的态度，犯错是可以的，猜错也是可以的。

治疗师也需要回顾自己的情绪生活经验，自己接触情绪、表达情绪及对情绪意义的理解能力会影响自己与来访者的情绪产生连接的程度。所以，治疗师不仅要能识别一般的情绪，更要了解自己的情绪与盲点，不断反思：来访者的某些情绪是否会影响自己与他同在？自己能忍受来访者的愤怒、悲伤、焦虑吗？自己的某些情绪是否会影响自己对来访者的共情？自己是否有初学者的焦虑，感觉自己头脑呆滞，拙口笨舌？当治疗没有进展时，自己是否会对来访者感到恼怒？这些都是治疗师可以自我评估的地方。有学员曾询问格林伯格如何可以提高自己理解来访者情绪的能力，格林伯格的回答是：自己先做一个来访者，体验 EFT 的治疗，体验和认识自己的情绪基模是学习理解情绪最快、最好的方法。格林伯格自己也用了三年的时间在一个格式塔团体里处理自己的议题，所以他的这个回答来自于他自己的经验和体会。

最后，还有一个治疗师常犯的错误，就是在共情性跟随时回应得太长。治疗师为什么会说得太多、太长呢？是不是自己想要更准确、更严谨？是不是自己想太多了？或者自己感到害怕？治疗师的每一次太长的回应都会把来访者的注意力转向外在、转向自己，而脱离他们的内在体验，结果产生了断断续续且表面化的来访者叙事。所以，比较好的回应方式是与来访者持续保持微调频，治疗师用简短的、体验性的、调谐的话语回应具体的、指向内在的内容，并且尽量用"我"语言，带领来访者进入内在并一步步深入。有时候治疗师可以重复来访者说的关键词，有时候可以用前面提到的"接龙"的方式对话，有时候可以用共情性猜测指向更深层的弦外之音或心理需求。

第五章

评估情绪风格与情绪调节

　　情绪风格指的是一个人与情绪的关系，可以用来判断这个人是否适合运用EFT进行治疗。情绪调节则是一系列技巧，是供治疗师使用的工具，是治疗师为了与来访者有效开展工作而针对其情绪进行调整时采用的诸多方法。

　　在EFT培训初期，艾略特对于情绪评估说得很简单，治疗师需要了解来访者在治疗中情绪唤起的强烈程度，基本上分为低、中、高三种程度。情绪唤起程度低的人平时情绪是过于压抑的，经常有自我打断的现象，对很多事情的感觉都是麻木的；运用EFT与这类人开展工作是最困难的，治疗师必须先针对来访者的情绪阻隔进行探索与修通，然后才能正式开始EFT的情绪深化工作。情绪唤起为中等程度的人是最容易开展EFT工作的，是最适合用EFT开展治疗的来访者，他们能够表达情绪，也能够接触到情绪带给他们的有用信息，还能够主动调节情绪，让治疗达到最佳效果。情绪唤起程度高的人可能处于混乱状态，感觉情绪像洪水一样经常要淹没他们，无法自我调节，易被激惹，常有失控的感觉。在临床上，惊恐发作、广泛性焦虑障碍、社交焦虑障碍、边缘型人格障碍的患者大多数时候就处于这种情绪高唤起的状态。

　　在EFT高阶培训中，格林伯格对来访者的情绪风格进行了更细的划分，并称其为处理情绪的方式，同时指出，它们能够预测治疗的有效性。

处理情绪的方式

分辨来访者处理情绪的方式，或者评估来访者与情绪的关系，可以预测来访者的预后。首先，来访者要与自我保持有接触的觉察状态，因为觉察是一切的基础。在觉察的状态下，还有七个因素可以判断来访者的预后情况。这七个因素分别是能否关注情绪、能否标明情绪、是否表里一致、能否接纳情绪、能否做情绪的主人（即主体性 / 自我能动性）、能否调节情绪、能否分辨情绪（见图 1）。

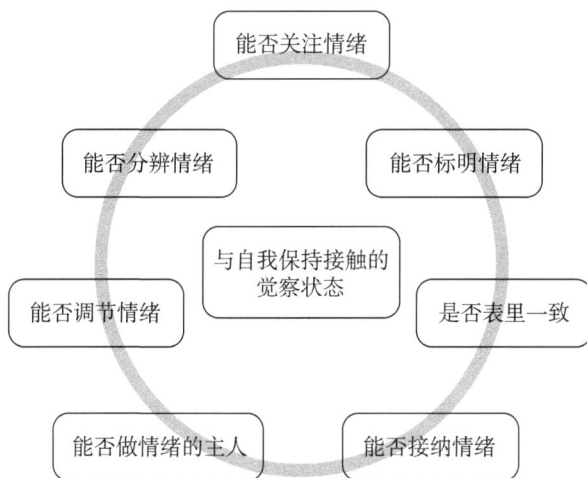

图 1　处理情绪的方式

关注情绪

来访者能否关注到自己的内在体验与情绪是决定治疗效果的基本元素。如果在一次治疗中来访者一直停留在外在叙事的层面，谈论一些客观事件，体验程度、情绪唤起程度都不高，那我们可以说，来访者走出治疗室的时候跟进来的时候没有太大的改变。所谓治疗无效，指的是这一次的治疗对于来访者的预后没有贡献。因此，治疗师如何引导来访者从关注外在转向关注内在，并与自己的内在体验与情绪接触，是治疗的第一步。

标明情绪（象征化）

来访者只是感受到情绪，但不能够将其表达出来，也不会有好的治疗效果的。象征化指的是来访者有能力用象征的方法，如用语言、文字、手势、绘画、音乐等媒介把自己感受到的情绪描述出来。象征化是一个过程，把模糊的体验用符号具体化地表达出来，这是一个潜意识意识化的过程，也是聚焦所说的将内隐的、暗在的情绪明晰化的过程。

表里一致

来访者能够关注情绪、用象征化的方式描述情绪，不代表其身体就能够体验到那个情绪。在蒂昂的案例中，她能够口头表达对母亲的不满和愤怒，但是身体感受到的更多却是悲伤的情绪。这说明，很多时候来访者所说的和他们所感觉到的不见得一致。很多来访者在描述他们痛苦的经历时常常带着微笑。这些都是表里不一致的表现。治疗师需要帮助来访者觉察到自己的表里不一，并探索起源为何，才能绕过这个自我打断，进入更真实的状态。

接纳情绪

来访者能够体验到所描述的情绪，如愤怒或恐惧，但是不能接受自己进入那种情绪状态，就会产生行为回避或情绪回避。来访者处于这种状态时，治疗师也是无法工作的，因为来访者没有抵达痛苦的情绪就无法对之予以转化并离开，所以治疗师帮助来访者觉察情绪，接纳自己可以有这样的情绪，是有效治疗的重要元素之一。例如，每当蒂昂感到生气的时候，就为自己居然会生妈妈的气而感到难过，所以悲伤压过了愤怒，成为继发情绪表现出来。格林伯格告诉蒂昂，她是有权利生气的。她只有接受自己愤怒的情绪，才能够继续往下深入。

主体性 / 自我能动性

主体性，或称自我能动性，是指个体是自己情绪的主人，而非是自己情绪的奴隶。个体是自己的主人（个体能够代表自己），就叫作有主体性，个体有自我能动性，能够控制自己的情绪、思维与行动，而不是受情绪控制，成为一个受害者。对于有害怕和逃避情绪的来访者或经常被情绪淹没的来访者而言，增加他们的自我能动性是非常关键的一步。

在与情绪的关系中，来访者究竟是主人还是受害者，决定了他是否能够为自己的情绪负责。把自己当作受害者的来访者经常将自己的情绪爆发归因于外在，宣称是他人的批评让自己感到渺小、心情糟糕。此时，来访者就是把自己痛苦的根源放在外面，而无法向内看，无法觉察和理解自己痛苦的根源所在，因此也就无法疗愈自己的伤痕。归因于外在会让人更觉得无助，因为来访者不可能改变他人，也不可能要求外界永无风浪。相反，如果能够说："当他批评我的时候，我感到自己很卑微，似乎触到了我的那个旧伤口，让我一下子就掉到那个黑洞里面。"有这样觉察的来访者会把情绪的爆发或调节视为自己的责任，而不是把它归咎于外在人、事、物，或者期盼他人或环境的改变，所以能深入情绪，实现成长。

调节情绪

做自己情绪的主人有很多个层面：个体可以调节自己的情绪，在其情绪被唤起时懂得运用呼吸或自我安抚的方法进行调节，不让自己陷入被淹没的、失控的状态；也不压抑自己的情绪，能够允许自己感受情绪、体验情绪，适时地进入体验，适度地唤起情绪。这些都是来访者拥有内在力量和自主能力的表现。

分辨情绪

来访者能够跟随治疗师深入细致地分辨自己的情绪，展开对情绪基模的探索，则表明其具有分辨情绪的能力。分辨情绪的能力指个体对复杂的情绪进行分解的能力。例如，将委屈分解为愤怒与伤心，先表达伤心，再表达愤怒；将嫉妒拆分为羞耻与愤怒，帮助来访者先表达羞耻，再表达愤怒。

以上这些要素可以帮助治疗师预测对来访者的治疗工作是否有效，以及效果能否持续。在临床工作中，治疗师也可以根据以上要素评估来访者的状态，以及与来访的情绪开展工作的方向和目标。

在 EFT 中，除了来访者处理情绪的方式这个因素外，还有两个因素可以预测治疗是否有效，即治疗工作处理的是哪种情绪反应类型，以及来访者情绪被激活的程度。

分辨情绪反应类型

情绪反应类型分为原发情绪、继发情绪和工具性情绪。如果治疗师在继发情绪层面工作，则难以取得效果。例如，如果来访者一直表达对某人的愤怒，指责攻击对方，那么其愤怒的情绪不但不会下降，反而会上升。所以在继发情绪层面工作或加强继发情绪是没有疗效的。如果治疗师在工具性情绪层面上工作，也不会有效果。治疗师针对工具性情绪工作的目的，是要发掘来访者使用工具情绪背后的人际关系需要。例如，一位女士在团体治疗中频频发怒并攻击组员，治疗师在干预之后发现，她真正的需要是得到关注、尊重与善意的对待。在这类问题中，关注来访者的人际需要而非其表面情绪才是解决之道。治疗师要聚焦跟随、倾听并探索来访者在继发情绪发生之前或者藏在里面没有说出来的原发非适应性情绪，这才是工作的重点。治疗师找到来访者的核心痛苦情绪之后，针对其核心痛苦情绪开展工作，直到唤起过去的情绪基模，让来访者重新体验原发非适应性情绪，接触到自己当时的需求，以及因需求未被满足而激发起原发适应性情绪，以此达到转化的目的。这就是分辨情绪类型的工作内容。

分辨情绪激活程度

EFT 的研究发现，在 16 ~ 20 次为一个疗程的治疗中，来访者如果平均有 25% 的时间处于情绪唤起的状态，那疗效就会很好。而在每一次的治疗中，来访者的情绪唤起程度最好保持在 60% ~ 70%；如果低于 60%，来访者的体验深度不够；如果高于 70%，来访者又可能被情绪淹没。如何分辨来访者的情绪唤起程度呢？ EFT 的实证研究经常用到三个量表。

情绪唤起程度量表

来访者情绪唤起程度量表一共分为 7 个等级，关注的是来访者的声音和身体感受：声音的唤起可以参考声音质感评估，身体感受的唤起可以通过聚焦进行评估。第一级和第二级属于来访者的声音和身体都没有透露出任何情绪唤起的线索，其情绪处于被抑制的状态，来访者需要进行自我打断。第三级属于来访者开始承认情绪，其声音和身体显示其情绪略微被唤起。第四级是来访者的声音和身体显示其情绪被中度唤起，但是仍受限制。第五级为来访者的说话模式显著脱离其平时的表达方式，其声音和身体都显示其情绪被强烈唤起。第六级表示来访者的情绪唤起程度是非常强烈而饱满的，来访者能够用声音和身体自由地表达情绪。处于第七级时，来访者的语言完全瓦解，其情绪无法控制，属于被情绪淹没的状态。来访者情绪唤起的理想程度是处于第四级到第六级之间（见表 1）。

表 1　来访者情绪唤起程度量表 Ⅲ

1. 来访者没有情绪表达
   来访者的声音或身体都没有显示任何情绪唤起的线索
2. 来访者的声音和身体有情绪体现，但是来访者的情绪几乎没有被唤起
   几乎完全被抑制
3. 来访者承认情绪
   来访者的声音和身体显示其情绪略微被唤起
4. 来访者的声音和身体显示其情绪被中度唤起
   来访者的声音和身体表现出情绪，但来访者的情绪唤起程度仍受限制
5. 来访者的声音和身体显示其情绪被强烈唤起
   来访者的说话模式显著脱离来访者平时的表达方式
6. 来访者的情绪被唤起程度非常强烈而饱满
   来访者能够用声音和身体自如地表达情绪
7. 来访者的情绪被唤起程度极端强烈
   来访者的语言完全瓦解，自己无法控制情绪

体验量表

体验量表也是一个 7 级量表，表示来访者在治疗过程中的体验程度。

1. **客观理性**。在描述事件时，来访者极为客观理性，治疗师完全看不出该事件对其有何个人意义。

2. **个人化但疏离**。事件也许对来访者个人有意义，但是来访者没有明确提到个人的感受、反应或内在状态。

3. **有反应**。来访者对外在事件开始有所反应，这是第三级体验程度。

4. **向内转的标记**。当来访者聚焦于探索自身感受和内在体验时，会出现向内转的标记，这是第四级体验程度。来访者直接与自身内在的经验接触，他们"进入"那个经验中说话，而不是在外面讲述"关于"那个经验的故事。

5. **关于体验和自我的问题**。来访者提出关于体验和自我的问题，并从内在的角度进行探索。

6. **新的感受和体验**。来访者意识到新的感受和体验被探索、整合，产生对个人有意义的建构，并且能解决议题。

7. **拓宽了经验**。来访者对某一特定领域的新的理解和内在的转换拓宽了其经验，使其拥有新的、更广阔的视角。

声音质感评估

关注来访者声音的质感，注意治疗师本人的语音、语调、语速，这些都是与来访者同在和调频共振的很重要的工具。分辨来访者声音的质感可以帮助治疗师判断，此刻是应该调节来访者的情绪还是应该更多唤起其情绪。格林伯格的导师赖斯最先开展了这方面的研究，她与格林伯格制作了声音质感量表，按照来访者情绪被唤起的程度将其分为四种主要的声音。

1. **外在的声音**。这种声音有点像老师在讲课、记者在报道新闻或者知识分子在谈一个自己很熟悉的话题时的声音。当我们在谈论一个自己已经说过很多次的话题的时候，是不需要思考、不需要打草稿的。这种声音叫作外在的声音，它没有太多的情感，顺畅而理性，不大能激起别人的情感反应，也很容易让人打瞌睡。一般比较理性的来访者刚开始进入治疗室时，用的都是这种声音。而治疗师如果也用这种声音，是无法带领来访者进入其内在世界的。治疗师首先要做的是不用这种声音说话。什么时候治疗师会不自觉地用这种声音呢？当治疗师开始"教导"来访者，或者开始给来访者建议时，就会不自觉地用这种声音，因为治疗师说的是自己熟悉的内容和主题。将心比心地讲，其实来访者此时也是听不进去的。外在的声音是治疗过程中最没有效果的声音。

如果来访者处于这种状态，治疗师可以做的是使用共情性唤起或具体的体验（如聚焦、椅子工作等）帮助他们进入情绪体验。而治疗师本人则需要放慢自己的语速、调整自己的语调，用自己内在的声音来调节来访者说话的速度。如果来访者在讲述外在故事，那治疗师问他有什么感受，通常都不会得到满意的答案，因为他难以一下子从外在进入内在。有一个办法可以引导来访者从外在进入内在，那就是先问他："这对你意味着什么？"等他回答了意义，再问他："那么，这让你有什么感觉呢？"对于讲述外在故事的来访者而言，治疗师先问其意义是让其在理性上从外转向内，再问其感觉是让其从内在思维转向内在感受。治疗师用这种间接提问的方式比较容易把来访者带入内在感受状态，这是得到整合叙事疗法与 EFT 的研究证实的。

2. 压缩的声音。 这种声音听起来是紧绷、堵塞的，好像有人正掐住他的脖子，或者有什么东西阻止他发言，所以又叫作被局限的声音。来访者非常警惕，不信任治疗师，其声音的呈现是脆弱的、高音阶的，或者是很轻、很低、很羞怯的，体现出其仿佛没有太多的能量，传达出"不要伤害我、不要侵犯我"的信息。这些观察能够帮助治疗师理解来访者的状态。一般来说，当一个人焦虑时，其喉咙和胸部会收缩，其声音质感就会改变。究其原因，或许是来访者的安全感尚未建立，或许是来访者常年处于自我压抑中。而治疗师的干预方式要温和，尽量先帮助来访者感到安全，待他放松下来后，他的音阶自然也就会降下来。对声音的敏锐觉察可以作为治疗师判断来访者内在状态的依据。对于这样的来访者，治疗师要多使用共情性猜测和共情性肯定，一方面提供情绪词汇给来访者，另一方面多认可他。同时，治疗师也要有心理准备，在治疗过程中，他必然会有自我打断。治疗师可以使用共情性唤起绕过来访者的自我打断，实在绕不过去时，必须针对自我打断标记开展工作。

3. 聚焦的声音。如果一个人用聚焦的声音说话，表明他转向内心、向内看了，他所说的话与他正在说的主题是有联系的，是"从心里说出来"的，是他当下正在体验、正在描述的那个经验，这会让人有种自己正在探索的感觉。虽然他表达得不一定很流畅，但是能感到他是一边探索心里的感受、一边在组织语言，这是在心理治疗过程中治疗师希望听到的声音。不论是来访者还是治疗师，使用这种声音说话表明他正处于一种真诚、坦白、一起探索的过程中。这样的声音是鲜活的、现在进行式的、正在发生的、当下的交流，让人感动。共情性探索需要治疗师也进入这样的状态中，用聚焦的声音尽力理解来访者所说的，与他同在，感受他的感受，并用自己的体验表达出来。当治疗师与来访者的关系经过了前面两个阶段而进入这个阶段，治疗也就进入了关键期。此时治疗师需要做的是共情性理解和共情性探索，来访者自己已经与自己建立内在连接并开始了探索的阶段，治疗师只要陪伴、跟随、倾听、理解，并且一起探索就可以让治疗得以深入了。

4. 情绪化的声音。情绪化的声音指的是个体已经被情绪的洪流扰乱，声音被扭曲，这种声音是情绪过度唤起的信号，此时来访者会泣不成声、语不成句，或者呼吸换气过度、无法言语。总体而言，当来访者无法好好说话时，就是进入了情绪化的声音。治疗师要注意调节来访者的情绪，尽量不要让来访者走到这个阶段。

如果不小心还是进入了这个阶段，治疗师需要用共情性肯定、共情性认可技术安抚来访者（声音、语速都要放轻、放慢），必要时需要帮助来访者调节情绪，让来访者的情绪唤起程度降到 70% 以下，让其声音恢复到可以聚焦的声音，然后再继续工作。

情绪调节的技巧

在针对来访者的情绪开展工作的过程中，我们总会遇到情绪过度压抑（即情绪低唤起）的来访者或情绪失控（即情绪高唤起）的来访者，因此治疗师必须学会帮助来访者调节情绪，才能够给自己和来访者都带来安全感。

情绪调节能力

个体具备情绪调节的能力是指其在不同的情境下或在开展不同任务的过程中能够保持最佳的情绪唤起状态，在必要的时候又能够与情绪保持既安全又可以开展治疗的距离。情绪太过压抑或被情绪完全淹没的个体都是丧失功能的，在这种情况下，治疗任务无法有效展开。情绪调节的目标是帮助来访者在治疗过程中能够具有接触情绪、深化情绪且可以容忍与痛苦情绪短暂相处的能力，以及提高来访者容纳情绪、调适情绪、与情绪保持距离、自我安抚的能力。

一个人调节情绪的能力源于其早期的依恋经历，因为早期依恋形成了个体对自我和他人的感受和看法。重要他人对自我的看法构成个体关于自己的原始情绪基模：我是软弱的还是坚强的？我与依恋对象的关系是分开的还是融合的？而个体与依恋对象的经验形成其对他人的原始情绪基模：他人是关怀我的还是侵入我的？他人是忽略我的还是重视我的？以上情绪基模形成了来访者自动化的情绪反应，是治疗师在治疗前需要进行评估的。由于这是个体习得的情绪反应，在人本共情性陪伴与情绪基模的唤起和转化中，这些情绪基模也是有可能被改变的。人体的新情绪体验可以改变原有的情绪基模，这是 EFT 用情绪改变情绪的理论基础。

如何帮助情绪高唤起的来访者

对于情绪敏感、易于过度唤起的来访者，治疗师需要提高其情绪调节的能力。艾略特给出了 8 条提高情绪调节能力的建议。

1. 支持来访者原有的策略。治疗师询问来访者在不开心时通常会做些什么来改变自己的心情。来访者一般都有自己调节情绪的方式，如听音乐、烘焙、打太极拳、跳舞、打电话、看电影、冥想……治疗师肯定他们的方法，鼓励他们继续做对他们原本就有效且他们擅长的舒缓情绪的活动。

2. **提供支持和理解**。治疗师用肯定和赞美的声音真诚地提供共情性理解和无条件积极关注。这是最基础的共情，也是最有效的情绪调节方法。

3. **鼓励有节制的情绪表达**。在安全的环境中，让来访者在有掌控感的状态下安全又谨慎地体验并表达自己的情绪。治疗师可以说："你可以选择说什么、说多少，也可以随时停下来。让你自己感到安全是最重要的。"

4. **用有创意的表达方式描述痛苦的情绪**。治疗师可以与来访者一起进行共情性探索、聚焦身体，然后用有创意的表达方式抒发痛苦情绪，如画画、演奏乐器或玩沙盘游戏等。也有人用打鼓宣泄怒气，还有人先摆了沙盘以后再谈自己的创伤。这些都是有创意的表达方式。

5. **使用打包的语言或意象**。治疗师使用打包的方式处理来访者的情绪，而非用唤起式的共情对之予以反映。例如，EFT 有一个清理空间的任务，治疗师帮助来访者把当下困扰的情绪或议题逐个拿出来，统一放在一个容器中，然后把该容器放在与来访者有一定距离的地方，再从中选一种情绪或一个议题开展工作。另外，使用物化的第三人称"它"或"某些东西"，也可以帮助来访者与情绪拉开距离。例如，来访者感到非常焦虑，他说的每一件事都让他忧心忡忡，治疗师为他打包总结说："所以，这些就是让你很挣扎的事情……"这样的回应就把事情和人分开了。来访者说："我怕我会哭出来。"治疗师说："你内在有些东西让你想要哭，但是你好害怕它们出来，是吗？"这样的回应就把来访者的问题和来访者这个人拉开了距离，让他多了一些空间，不那么容易被情绪淹没。

6. **使用情绪调节的迷你任务**。治疗师帮助来访者创造安全的工作距离或安全的空间。例如，想象把羞耻感放到远一些的地方，你可以看到它，但是它无法淹没你。有一个来访者在针对与母亲的关系议题开展工作中感到母亲的控制与指责扑面而来，在治疗师的引导下，他推开母亲，把她关在一个玻璃的审讯室里，他说："现在我还是可以看见她张牙舞爪地在比画着，但是我听不见她的声音了。我感觉我可以呼吸了，在她和我之间有了一块空间。"治疗师也用安全岛技术邀请来访者在想象中进入他感觉最安全的地方，或者让他想象自己在一个无法摧毁的泡泡中；或者让来访者做正念练习，重新安置自己，或者邀请来访者和他内心所害怕的东西打个招呼。这些都是调节情绪的小技巧，在治疗中随时可以灵活运用的调节情绪的迷你任务。

7. 提供调节情绪的任务。这是比较正式的情绪调节的任务，有时候可能需要用完整的一次治疗来进行。例如，清理空间的任务；针对来访者呈现脆弱时开展的共情性肯定的任务；针对来访者在信念崩塌时开展的重新创造意义的任务；慈悲与自我安抚的任务；与来访者一起找出适合他们的自娱和自我安抚的活动，整理出一个清单，让来访者在需要的时候可以照着做。

8. 在情绪淹没或解离时重新获得心理联结。当来访者已经处于情绪淹没状态或进入解离状态时，治疗师呼唤来访者的名字，让他睁开眼睛，看着治疗师，双脚着地，深呼吸，关注周围的环境、墙壁的颜色、时钟的指向，摸一摸椅子是什么材质，这样可帮助来访者回到当下。在呼唤来访者回到现实的工作中，治疗师先要关注来访者的非肢体语言，并做具体描述。例如，"你的眼睛看着左方……你做了一个深呼吸……你好像点了一下头……"重点是关注并反馈来访者正在经验的历程，重新让来访者与治疗师建立联结，然后再让来访者与当下的情境连接，并且具体描述自己和他之间正在发生的一切。

如何帮助情绪低唤起的来访者

帮助情绪低唤起（或称情绪阻隔）的、压抑的来访者的原则有 6 条。

1. 中等程度唤起，以创造安全感。首先要让有情绪回避倾向的来访者感到有安全感，所以对他情绪唤起的速度不要太快、程度不要太高。习惯性压抑情绪的来访者在情绪被唤起时经常有很强烈的躯体症状，所以治疗师要慢慢引导来访者，提醒他们注意呼吸，调节情绪，必要时主动喊停，让他们感到治疗师对他们的保护与关注。

2. **解决自我打断和其他形式的过度调节。**自我打断是 EFT 治疗自我分裂时的一个重要治疗标记。治疗师要帮助来访者觉察自己是如何限制自己，让自己不表达情绪的，这是一种很深的自我觉察。有一位来访者提到童年时期经常被母亲暴打，所以她习惯性地活在恐惧和羞愧中，以至于她后来都没有感觉了。当她与母亲进行空椅对话时，来访者感受不到恐惧，她自己也觉得很奇怪。所以治疗师就针对自我打断标记开启了治疗任务，让打断者说一说来访者是如何让自己没有感觉的。打断者说："一个方法是让你缩小，整天躲在角落里观察小花、小草、小虫，让你自己也变小，降低活力，最好不要让妈妈注意到你，最好成为隐形人；另一个方法是生病，因为当你生病的时候，妈妈就不能打你了。"这两个策略让来访者可以在童年感觉不到恐惧和羞耻的情绪，但也让来访者至今仍然活在无谓的忙碌或持续的生病中，不知如何过正常的生活。严重的自我打断通常来源于童年的创伤，来访者需要倾听打断者是如何保护自己的，并探索他创造打断者保护自己的原因，这样才能够找到他创伤的情绪基模。

3. **关注与情绪相关的身体感觉。**聚焦身体是一个很好的唤起情绪的方法，特别是对于情绪阻隔的来访者。艾略特将简德林的聚焦理论引入 EFT 中，格林伯格也赞成关注身体的体验和体会，并探索此时身体的体会与何事相关，但是他不赞成使用过多的追体验，他在督导中常说："过于大做文章了。"他认为做太多的文章是大脑的工作而非向内关注情绪的工作。聚焦身体的目的是帮助来访者觉察情绪、唤起情绪，同时探寻其内在是否会浮现相关的情景记忆。格林伯格强调，如果来访者的情绪已经被唤起，就不需要再聚焦身体了。

4. **记起从前的情景记忆。**EFT 有两个任务是专门用于帮助来访者回溯过去发生的事情的，一个是系统式唤起展开，另一个是创伤重述。系统式唤起展开指的是让来访者回到过去的某一时间段，让他的回忆像放电影一样慢慢再现事件发生的顺序和细节，目的在于探索究竟是哪一点触发了他的情绪，这是寻找触发点的过程。创伤重述与之类似，是治疗师带领来访者重新回到创伤事件的发生过程，从头开始一步一步讲述，在过程中探索来访者当时的感受、想法和需求，帮助来访者完善创伤事件的细节信息。在有治疗师陪伴、倾听并提问关键点的过程中，来访者的情绪被允许表达出来。

5. 找到唤起情绪的引爆点。 在来访者描述过去事件的过程中，治疗师和来访者可以借着故事中的词语或图像、其中人物的表情或手势，探索引发来访者情绪的引爆点。在这个探索的过程中，咨访双方往往也会找到引爆点对来访者的意义，并对之继续进行转化，以创造对来访者而言新的意义。

6. 来访者扮演时的情绪表达和行动倾向。 EFT 最核心的技术是双椅对话，将来访者内在的冲突外化出来。在扮演不同角色并进行互动的过程中，来访者的情绪很容易被激活，来访者扮演重要他人时，会惟妙惟肖地呈现重要他人的语气、手势，也会觉察自己情绪背后的行动倾向。愤怒者想踢对面的椅子，羞愧者会把头低下……椅子工作是 EFT 唤起来访者情绪的最重要的技术。

第六章

人际关系标记与体验性标记

　　格林伯格转行心理学之后，最常问的问题是："什么时候用这个技术呢？"经过研究与实践，他发现在恰当的时候开展恰当的任务，是可以量化和规范化的。因此，他和艾略特在 2015 年整理出了 13 个标记，用来指导治疗师识别何时做何事。这 13 个标记和详细的任务流程，详见艾略特等人著的《有效学习情绪焦点治疗》。这 13 个标记又可以分为四大类别：1. 处理咨访关系的人际关系标记；2. 调节情绪与探索情绪的体验性标记；3. 与创伤相关的重新梳理的标记；4. 个体内在心理结构与内化声音的 EFT 关键标记引导的任务是双椅工作与空椅工作。

人际关系标记

　　很多研究都证明，治疗同盟是影响治疗有效性的关键因素，在 EFT 的治疗过程中也是如此。人际关系标记包含 4 个：1. 开始时的治疗同盟；2. 咨访关系破裂时如何修复；3. 来访者特别脆弱时如何运用咨访关系抱持和陪伴他们；4. 来访者出现解离状态时如何处理。

治疗同盟

　　近年来，在心理学界，依恋理论越来越受到重视，被认为是很多心理问题的原因，也是疗愈理论的重要依据之一。弗沙十分重视在治疗过程中运用依恋理论，他曾说过："个体曾经不得不孤独地面对排山倒海而来的情绪经验是其心理疾患的成因之一。"挥之不去的孤独感是很多人内在最大的伤痛。即使来访者小时候有父母，但他们总是忙自己的事，很少关注过来访者的声音、来访者的情感、来访者的存在，这会让来访者感到自己是不重要的，或者害怕自己会被抛弃。这些感受都被封存在一个没有安全依恋的孤独小孩的内心深处。所以在心理治疗的一开始，让来访者体验到安全的关系是非常重要的。我不孤单，治疗师是接纳我、理解我的，我可以在他面前安全地敞开自己的内心。EFT 并不特别强调依恋，而是强调治疗师对来访者要有人本的温暖、真诚、接纳和调谐的共情。在调谐的共情中建立的关系是平等的，甚至是更尊重来访者的专家地位的（来访者是自己的问题的专家，是明白自己需求的专家）。

除了保持调谐的共情和建立安全的工作环境外，治疗同盟还要求治疗师与来访者协同合作，共同制定治疗的焦点，即制定双方都同意的治疗目标，同时在开展治疗时帮助来访者将焦点转向其内心世界并同意开展治疗任务。

关系破裂与修复

来访者开始迟到或缺席、对咨询的进程表达不满，都是咨访关系出现裂痕的标记。与任务相关的治疗困境有很多，例如，来访者拒绝进行某些任务，开始退缩，可能是害怕在会谈中体验自己的感觉；或者感觉治疗进行得太快了，害怕失控；或者觉得对着空椅子说话太不自然，等等。这些也是治疗同盟出现困难的标记。有些来访者会因为治疗师的性别差异或年龄大小而对治疗师产生不信任，或者觉得治疗师不喜欢他们、不关心他们，这些属于依恋与关系的议题。治疗师本身的限制或议题，治疗师对某些来访者有强烈的负面反应或成见，也都会对关系造成干扰。治疗师在觉察到这些干扰之后，则要进入修复关系的"关系对话"任务。

第一步，指出治疗同盟出现的困难，治疗师需要不带偏见地仔细询问与倾听来访者是否感到治疗同盟存在困难。第二步，向来访者提出开展修复关系的任务，并开始进行探索。治疗师告诉来访者，面对困难，开放地讨论是很重要的。咨访双方开始表达自己对已发生的事情的看法和感受。第三步，深化任务，咨访双方通过对谈，探索彼此对于困难的觉察程度与需求。第四步，探索实际可行的解决方案。面对问题、解决问题之后，来访者如果对关系对话的效果感到满意，就能前嫌尽释，重燃对治疗的热情。有时候冲突解决之后，咨访双方会进入更安全的关系。如果探索之后，关系的困难与治疗师本身的议题相关，则治疗师应进行转介，这才是负责任的做法。

脆弱标记

在安全的咨访关系中，来访者会深入自己的内心，把从来不敢对他人说的秘密、内心深处最大的痛苦或最深的羞耻暴露出来。这是弥足珍贵的时刻，此时治疗师需要给予来访者特别的关注与抱持。通常，来访者封存已久的记忆是冻结的，伴随着很多未曾梳理的情绪和记忆。来访者会出现很强烈的情绪唤起，呈现最深的脆弱。脆弱标记指的是来访者表达了羞愧感或者觉得自己是有缺陷的，然后开始担心治疗师如何看待自己，而这些情绪既已被唤起，已经给他们带来了痛苦。治疗师需要先做共情性肯定，为他们的勇气与行动力点赞，然后再认可他们有这样的感受是完全可以理解的，是正常的。治疗师要告诉来访者："我没觉得你是有缺陷的，我觉得你有勇气接近这些情绪和记忆，是很勇敢、很值得佩服的。让我们一起来靠近它，不再拒绝或逃避它。"这种肯定与认可的回应可以降低来访者的焦虑，让他们能够在治疗师的陪伴下更深地进入他们所害怕接触的记忆和情绪。然后，他们在触到痛苦的谷底之后，会自己走出来，并且会向治疗师表达感谢，因为治疗师的陪伴，让他们有勇气再一次面对那个痛苦。而此时治疗师也要向来访者表达感谢，谢谢他们的信任，愿意让自己进入他们内心最深处，陪伴他们经历这个过程。

在高德曼的示范性治疗录像中，当来访者进入羞愧体验时，他并不一定需要把内容说出来，从前他不敢回忆、不敢接触的情绪，现在在治疗师的共情性肯定与陪伴下，他开始敢于面对，敢于进去再出来了。这个过程已经有效果了，治疗师不需要详细询问让他感到羞愧的内容。这一点与创伤重述不同。

接触障碍

在创伤治疗中，有些来访者在强烈的情绪冲击下会闭上眼睛，好像退行回到过去，呈现出与治疗师失联的状态，或者注意力缩小，出现解离现象。此时，治疗师的工作在于让他与现实保持接触，治疗师要呼唤他的名字，让他睁开眼睛，看着治疗师，并且让他运用自己的感官知觉：让他看看墙上的钟，问他现在是几点；让他看墙壁的壁纸，问他壁纸的颜色；让他用手摸一下他坐的沙发，问他沙发是什么材质的；让他用双脚踩踩地板，感受大地对他支撑的力量。这些都是用来增加来访者与当下的现实保持接触的技巧。

人际关系标记要求治疗师关注来访者的情绪状态，并关注来访者与治疗师的关系，目的是营造一个安全的环境。在中国开展 EFT 培训和治疗的过程中，经常出现的一个标记是来访者情感唤起过高，换气过度，接着出现头晕、身体发麻的症状。治疗师要学会如何处理这种情况。一般对于过度换气引起的头晕、手脚发麻等状况，治疗师可以让来访者对着一个纸袋大口呼吸几下，由于纸袋里的空气是来访者呼出来的二氧化碳而非氧气，所以能够帮助过度换气的来访者缓解下来。其他调节情绪的技巧还有很多，如深呼吸、安全岛、倒着数数、做算术等。

体验性标记

体验性标记主要有两个，即注意力聚焦困难和不清晰的感受，对应于简德林所描述的任务则为清理空间和聚焦。

注意力聚焦困难

清理空间常在来访者的情绪唤起程度过高或过低时运用。EFT 关注情绪，在治疗中，我们经常遇到回避情绪的来访者，他们一旦开始接触情绪又不懂得自我调节的时候，就容易出现情绪泛滥的状态，如头发蒙或头晕、手脚发麻等。有一位来访者告诉治疗师："自从上次你帮我打开了那个情绪之后，我感觉整个人都乱了，大脑似乎失去了正常的功能，好像各种情绪摊了一地，让我无处落脚，反而不知道该如何做决定、如何过日子了。"这就是来访者处于情绪泛滥的状态，治疗师需要为他清理空间，理出工作距离，让他日常生活的正常功能不受影响。

清理空间的第一步是邀请来访者关注自己的内在，觉察第一个浮现的情绪或问题。其中有两个特别需要提问的问题：（1）觉察一下，情绪在身体的哪一个部位？（2）这种感觉与什么事情有关？然后想象着把它从身体内部拿出来放在外面，用一个想象的容器装起来、锁紧，放在来访者自己选择的地方——可以是治疗室的墙角，可以是来访者的身边，也可以是家里的某个地方。让来访者感受一下，当问题离开自己，与自己有一段距离时，他是什么感觉。治疗师可以刻意问来访者："问题放在那里，你在这里，现在你是什么感觉？"看看来访者是否有比较轻松或释放的感觉。治疗师接着重复以上步骤，让来访者把内心所有困扰的问题逐个打包拿出来，放在一边。这就是清理空间的步骤。

有时候，打包情绪之后，来访者会变得更焦虑，此时治疗师千万不要慌张，要共情性认可来访者的心情。例如，本来为孩子学业焦虑的妈妈在把那种焦虑打包放在外面之后，可能会因为对孩子失去控制而更加焦虑，此时，治疗师可以继续将新的焦虑打包。一般来说，第一次打包如果可以将来访者的焦虑降低 70% 左右，那第二次打包之后，一般可以降低 90% 左右。对于焦虑的来访者，治疗师可以建议他们把打包的情绪放在触手可及之处，让他们知道，他们随时都可以把这个东西取回来，所以不用担心失控。

当来访者觉得不知道要谈什么，脑中一片空白，与情绪十分隔离的时候，也可以使用清理空间。很多来访者到了咨询室，会说："我今天不知道要谈什么。要不你建议一下我们谈什么吧！"治疗师千万不要立刻提供建议，而是可以使用清理空间的技术，先让他聚焦身体，问他："我们来看看，内心有什么是让你无法感到安适的？"来访者一旦聚焦身体，就会开始觉察目前有什么事情阻拦他感到安适，接着逐个拿出来打包放在旁边，然后再选一个问题作为当日治疗的主题。在来访者处于情绪隔离或被情绪淹没的状态时，治疗师都可以开展清理空间的任务。

　　有时候来访者的情绪过于泛滥，所有的容器都难以盛放、锁住他的情绪，那治疗师也可以反过来操作，让来访者本人躲进安全的空间里，让他与外面泛滥的情绪之间形成保护的空间和距离。有位情绪泛滥的来访者在体验到自己进入安全的空间之后，告诉治疗师："现在我感觉那个情绪的怪兽离我有一点儿距离了，但是我还能看见怪兽的尾巴！"

　　清理空间是一个很好的小任务，可以让来访者放心，知道自己是有方法、有能力管理这些情绪的。

不清晰的感受

　　如果来访者对某件事情感到有一些情绪但又不是很清晰，治疗师就可以引导他进行身体聚焦。在中国，很多来访者对于表达情绪的词汇都不大熟悉，但是治疗师如果邀请他们关注身体的感觉，他们还是能够有所觉察的，胸口闷、胃绞痛或堵得慌都是这些来访者常用的形容词。当来访者描述身体的体会时，治疗师可以用共情性猜测帮助来访者发展表达情绪的词汇。在 EFT 的治疗中，聚焦扮演的是辅助性的角色，是帮助来访者转向内在、关注身体、进入体验过程的开始。EFT 的治疗师只需要学会聚焦的六步操作流程就够了。

清理空间

你现在觉得怎么样？是什么让你觉得不好？

不要回答，让进入你的身体的感觉来作答。

不要进入任何一个情绪。

欢迎每一个降临的担心／顾虑。

先把它们放在一边，放在你旁边。

除此之外，你现在觉得好吗？

体会

现在选一个问题聚焦。

不要陷入那个问题。当你回想那个问题的全貌时，你的身体有何感觉？

完全投入地感受它，对整件事的感受，那隐隐约约的不适感或不明确的身体感觉。

找到把手

你所体会到的身体感觉有什么特点？

如果用一个字、一个词或一个图像来形容它，会是什么？

哪一个形容特质的词最符合？

共鸣

在字词（图像）与体会之间来回确认，那个词或图像对吗？

如果感觉对了，再多感觉几次。

如果体会变了，让你的注意力跟着它。

当你找到了完全符合感觉的词或图像时，让你自己也体会一下那个感觉。

提问

这个问题的什么部分让你有这种感觉？

这种感觉让你觉得最糟的是什么？

这为什么那么糟呢？

它需要什么？

应该发生什么呢？

如果问题解决了会是什么感觉？

让你的身体来回答，是什么拦阻了它？

接受

欢迎来临的一切，很高兴它说话了。

这只是这个问题的一步，不是最后一步。

既然你知道它在哪里了，你可以放下它，以后再回来。

保护它不受批评声音的打断。

你的身体想要另一轮的聚焦吗。还是可以停在这里？

　　培训中格林伯格会带领学员体验完整的聚焦过程，他特别强调的是：当你关注自己内在的时候，能够体会到自己的核心议题吗？每个人都有核心议题，可能是害怕被抛弃的孤单与悲伤感，或者是自我价值不够高的羞耻感，或者是存在的虚无感，或者是害怕自己的人生虚度的焦虑感。这些是 EFT 个案概念化的核心议题，也是每个人或多或少都有的议题。不论这些议题是否得以解决，治疗师向内看，接触自己内在的核心感受，都是很重要的。

　　然而，在 EFT 的治疗工作中，治疗师很少用到完整的六步聚焦，更多的是随时随地地使用"微聚焦"的技巧。例如，治疗师可以问来访者："当你提到小时候这些事情的时候，此刻身体有什么感觉？""当你听到这些话的时候，你的内在发生了什么？"这些都是治疗式的问句，引导来访者关注身体的反应。有很多认为自己是"情绪阻隔型"的来访者，会在这样的引导下，第一次觉察到身体的疼痛感，发现那些未曾被处理的情绪其实都还堆积在身体里。观看 EFT 示范录像的时候，我们会发现，治疗师经常用手指着自己的身体，引导来访者关注自己的身体、关注自己的内在。对于完全不明白自己情绪的来访者，可以让他做一个聚焦练习，让他体会原来自己的身体是有感觉的，身体里面储存了很多情绪记忆。这样的体验和心理教育对于提高来访者的觉察能力很有帮助。

　　在督导的过程中，格林伯格并不主张太深入的聚焦引导，例如，不要问："身体的那个感觉是什么颜色的？"他认为，这个过程会引发来访者太多的想象和意义的创造，是属于走脑的上层路线，会让人偏离了关注体验和情绪的底层路线。在聚焦的过程中，重要的是唤起来访者的身体记忆，然后进一步探索，第一次有这种身体感觉是什么时候、与什么有关。聚焦的目的是帮助来访者从身体感觉进入情绪感受，而不被头脑中的故事所限制。EFT 更相信来访者的身体记忆会引导治疗深入其核心的痛苦与核心的事件。

　　EFT 的治疗师不需要用到很多聚焦技术，但是在治疗过程中秉持"聚焦的态度"非常重要。聚焦的态度指的是治疗师对于来访者想说而说不出来、想表达却尚未成形的感受有一种同在、接纳和等候的态度。如果来访者对自己情绪的理解是模糊、卡顿、空白、笼统的，或者一直止步于说外在故事的状态，那这些是聚焦的标记，治疗师要能够辨认这些标记，然后邀请来访者把注意力转向自己的内在，关注那些不清晰的、困扰自己的感觉，鼓励来访者用愿意等候、愿意接受的态度去关注与此事件相关的整体的感觉，让其在治疗师的引导下寻找合适的字词或图像来表达。下面的例子来自格林伯格与一位自称有拖延症的来访者进行治疗的示范录像。这位来访者名叫琪琪，她很困惑自己明明很想写作，却常常拖延不开始或半途而废。由于琪琪非常理性，所以格林伯格在治疗进行了 6 分钟以后，开始引导她关注自己的身体。

T10：当眼泪出来的时候，我们可以跟它待一会儿吗？我的意思是，当你满眼是泪的时候，你的内在发生了什么？如果你注意一下自己的身体……

C10：我感觉就好像，永远不会改变。我永远是这么一个什么都做不了的人。只会夸夸其谈，讲些不得了的事情，所以好像是一种没有希望的感觉。

T11：是的，我想，你在说，一种没有希望的感觉，好像事情永远都不会改变了。（C：对，对。）然后，你就转移目标了。或者生自己的气，就像你刚才说的，你只会说，但一点儿用都没有。

C11：是的。

T12：我们可不可以跟那个没有希望的感觉待一会儿，你的没有希望的感觉。（C：嗯。）如果可以的话，看看身体哪一部分有感觉？现在身体的感觉像什么？

C12：像是一种……好像是我的胸口觉得很紧，然后一直到我的肚子，有点反胃的感觉。

T13：是的，所以都在这一块（指着躯干上从胸口到肚子的部分）。你可以试着关注它一下。也许闭上眼睛会有帮助。试着描述一下……

C13：（闭上眼睛）好像沉下去的感觉……

T14：是，是。

C14：就好像你在一个山坡上，或者一辆过山车上，然后你往下降，一直坠下去的感觉。（T：是，是。）但是，它并不是让人兴奋的，不像过山车那样。（T：是。）就好像，我要淹死了，要沉下去了。

T15：如果可以的话，跟那个感觉待在一起。试着听听看，它想说什么？"我快淹死了！我快沉下去了！"这是很辛苦的感觉。

C15：是的，是的。这是尽我所能，所能描述的，最接近的样子了。就是，我在被淹没，然后我能看到一道光，可是，可是我却够不着。而且我知道，我永远也够不到它。

T16：嗯，就好像，可以看见一道光，但是，似乎永远够不到它。

C16：对的，它就在那上面，但是，我够不到。

T17：够不到。

C17：是的。

T18：如果你能够跟那个感觉继续多待一会儿，感受那种自己永远够不着的感觉，如果那个感觉有话要说，或者如果那个感觉变了，就跟着它。你就是没法够得着……

C18：是的，我就是沉下去了、被淹没了，永远无法爬上去，或者游到光那里去。

T19：是的，那是一种很深的失落感，是一种几乎没有希望的感觉。

C19：是的，就好像，我的生命，那么……好像我还没做什么事情就要死了。（T：是的，是的。）好像，我不会去做……那些……好像是注定要做的事。

T20：注定要做的事。是的，就是那种感觉，是吗？我的生命将要结束，可我永远都无法实现自己所能做的，或者自己想做的。

C20：没错。这在我生活的许多方面都是如此。那些我感觉有激情的事情，那些我很确定地觉得需要我改变的事情，我想要更主动地花时间……我只是觉得……

T21：好像时间就从我的指缝之间流走了！

C21：是的，我做不到。就好像我没办法，我不知道。我就是做不到。是的，我就是这样，我就是那个不动的，那个不往前走的。然后，现在我不知道怎样让自己……

  T22：真正的行动起来。

  C22：是的。

  T23：多久以前，你第一次有这种感觉？这种沉下去、无法前进的感觉？我的意思是，这种一直存在的感觉？从你生命的早期就开始的，还是……

  这是一个相当完整的聚焦过程，但是它并不需要完整的聚焦六步骤，更多是治疗师借着聚焦引导琪琪更深地进入其内在，体会自己内心的感受，而不是把注意力放在是否写作这一外在事件上。继续探索下去，原来琪琪这种自己阻止自己的行为来自于从小妈妈对自己的否定。不论自己多有才华，都得不到妈妈的肯定，反而被质疑，说自己不是那块料，而内化的妈妈至今依然在批评自己，让自己半途而废。聚焦的结果通常指向自我批评或未竟事宜。这些更深层的内在心理结构才是我们要处理和转化的终极目标。

第七章

重整内在心理结构的标记——
自我与自我的关系

　　EFT 的治疗方向在于转化个人的内在心理组织与结构，而影响个人内在的最重要的两种关系是自我与自我的关系和自我与重要他人的关系。因此，识别这两组标记并据此开展干预任务是 EFT 的核心技术。其他技术是辅助性的，或者说不是 EFT 的独家秘器。而第七章与第八章阐述的系列标记与任务是助人解决痛苦、助人改变，甚至助人改变人格结构的核心。

　　这两组任务总称为椅子工作，都是用两把椅子完成的。但是椅子的象征不尽相同，第七章描述的一组椅子是针对自我与自我的关系开展工作，两把椅子上坐着的是不同部分的自己，称为"双椅工作"；第八章描述的另一组椅子则是针对自我与重要他人的关系开展工作，一把椅子上坐着来访者自己，另一把椅子则代表一位重要他人，称为"空椅工作"。"双椅工作"与"空椅工作"的区别在于，双椅上面的人都是来访者自己，所以工作过程中一定要换位子，以倾听两边的对话；而空椅则象征来访者童年时期的重要他人，这个人存在于来访者的心中，治疗工作的重点是唤起来访者与这个人之间的所有未了之事、未了之情，而不必在乎那个人是如何想的。所以，有可能来访者不想坐到对面的空椅上去，那把椅子可能从头到尾都是空的。双椅工作和空椅工作表面上看起来都是两把椅子，但是在操作中有许多不同的程序与微技巧，这是治疗师心里必须清楚分辨的。两种椅子工作的对照见表 1。

表 1 两种椅子工作的对照表

椅子工作：用两把椅子完成任务		
名称	双椅工作（本书第七章）	空椅工作（本书第八章）
对象	自我与自我的冲突	自我与重要他人的冲突
对话	双椅上面的人都是自己 不同部分的自己对话	一把椅子坐着来访者自己 另一把椅子是一位重要他人，来访者童年时期认为的重要他人
是否换位	一定要换位子	有可能来访者不想坐到对面的空椅子上，那把椅子可能从头到尾都是空的
目的	倾听两边的对话，共情两边的对话，希望两边达成和解	这个人存在于来访者的心中，重点是要唤起来访者与这个人之间的所有未了的事件、情绪
主要任务	自我批评、焦虑分裂 自我打断、自我安抚	与过去重要他人的未了之事 当前重要人际关系中的冲突

注意事项：椅子工作开始前，治疗师要向来访者解释什么是椅子工作并征得其同意后再开始，这是人本学派尊重来访者、以来访者为中心这种精神的体现。

自我与自我的关系常常存在自我分裂。分裂这个词意味着自我分成了两部分，这两部分自我互相对抗，无法和解，因此产生了冲突。双椅工作这个技术在治疗中非常好用。例如，一个焦虑的男性无法决定到底是要离婚，还是要继续努力经营婚姻。治疗师拿出两把椅子，请他把内在的冲突外化出来，倾听两边各自的想法和担忧。这是一个"做决定的分裂"。无法做决定只是其表面的冲突，当来访者的两部分自我的内在声音都呈现出来时，治疗师可以根据每一部分自我表达的内容判断来访者存在的分裂是自我批评，还是焦虑分裂。想离婚的那边说："我已经感受不到爱了，我不想这样过一生，我想要结束，重新开始。"不想离婚的那边说："你太自私了，太软弱了。你的父母有冲突也没离婚，你怎么可以为了自己而离婚？你会害你的孩子失去父亲的。"这时候，治疗师听到的已经不是离婚与否的问题了，而是来访者心中的价值观和价值标准，他会根据这个标准要求自己并且批评自己。之后需要继续进行的，是他关于自己"自私"和"软弱"的人格特质的批评。来访者的这种批评可能不止针对离婚这件事，而是更普遍地存在于他的自我与自我的关系中。EFT 的治疗师要引导来访者从表面上势均力敌的两个不同的决定深入到他内在的自我批评或焦虑分裂。另外，在研究社交恐惧障碍的过程中，艾略特还发现了一组变异的自我冲突，虽然表面上看起来是他人如何看待"我"，但其实核心还是自我批评。除自我批评和焦虑分裂外，自我与自我的关系中还包括自我打断和自我安抚。

自我批评

自我批评的迹象之一是，一部分自己对另一部分自己不满，让其内疚，让其觉得自己不好。通常，来访者感觉内疚、自责，或者觉得自己不够好、做得不够多等，都是自我批评的标记。确认了自我批评的标记后，治疗师要向来访者解释什么是双椅工作并在征得来访者的同意后，再拉出另一把椅子放在来访者的对面，开展双椅工作。下面用格林伯格与蒂昂做治疗时的双椅工作展示这个过程，我们可以看到格林伯格是如何确定自我批评的标记的（T51 ~ T52），同时又是如何对蒂昂解释这个任务的（T58）。

T51：听起来你好像在谴责自己，当时为什么会没注意这些信号？好像你要为后来的这些痛苦负责，包括你的和你儿子的痛苦，它们都是因为跟你前夫的牵扯造成的。

C51：确实如此。

T52：所以，似乎你在谴责自己，是吗？好像在说你根本不该嫁给前夫之类的。

C52：有时我以为我已经看开了，可是显然我还没有。

……

T58：不知道有没有人告诉你，有时候我会用一种对话的方式开展工作：让一部分你跟另一部分你对话。不知道你是否愿意试一试？在这个过程中，我会帮助你。因为听起来，有一部分你一直在谴责你自己，这让你很挣扎，让你很痛苦。你愿意试试看吗？

C58：好。

当来访者同意之后，治疗师就把椅子放在来访者的对面，然后请来访者换个位子，坐到批评者的椅子上，接着让她开始批评自己（自我批评的任务从批评者的椅子开始，这一点非常重要）。治疗师通常会用来访者刚才说过的话引导一下，来访者就会开始对坐在原来位子上的自己展开批评了。初学者常犯的错误是会问来访者："你会对他说什么？"这种开放性的问题会让来访者进入讲故事的情境中，对话太松散冗长而无法聚焦。治疗师最好使用指令句："现在你开始批评她！"并且用来访者刚刚说过的自责之词开始引导。

T59：……我们要让这两部分自己对话。因为我猜想，这是你很多痛苦的来源。好，你都对她说些什么呢？好像说，你不应该嫁给他的，你早应该注意到那些信号的。我们来试试看，你真的把这些话说出来。

C59：你应该早点知道，不要和那个人搅在一起，一开始就不该跟他来往。因为有那么多迹象都表明，你一开始和他约会的时候，他就对你不好。

T60：嗯，告诉她那些迹象是什么？她应该注意到什么？（使用具体化技术，让来访者展开自己的叙事，目的是更生动地唤起记忆）

C60：你应该注意到那些事实：他老是迟到；他总是自己泡在酒吧里，把你一个人丢在家里；他还对你说谎；他第一次打你，你就应该……你就应该离开他，离他远远的……

一旦来访者进入具体的对话，治疗师就要开始帮助他具体化，进入细节，唤起情绪基模的各个元素，让来访者的体验更加鲜活，好像回到当初的情境一般，这就是重新进入体验过程，而非仅仅讨论过去某个体验的记忆或概念。大家常犯的一个错误是，认为谈一谈过去的经历就是一个体验性的过程。EFT 的初学者即使用了椅子，也还是会落入这样的陷阱——治疗师与坐在椅子上的来访者谈论他的经验，而非让来访者直接与对面椅子上的自己"对话"。来访者和椅子上的另一部分自己对话本身才是体验性的，对着治疗师讲述自己与对方的关系、感受、想法都不是体验性的，只是谈论那种体验，是一种来访者对过去所发生的事的回忆与描述，而非此时此刻的新体验。

引导来访者进入对话的体验有很多的好处。首先，体验能够唤起情绪、深化情绪；其次，当来访者进入体验过程时，治疗师可以观察到来访者的很多非语言信息，听到很多弦外之音，获得很多关系层面和过程体验的信息，而这些是来访者在叙述故事时很少表达的。而治疗师把这些信息反馈给来访者，又能够帮助来访者提高自我觉察。体验的过程是一个探索自我、认识自我的过程，治疗师和来访者双方都会有很多新发现。治疗师把来访者模糊、纠结的痛苦情绪通过双椅工作的体验过程清晰化，通过对话使批评者软化，使来访者的两部分达成和解，就是改变的过程。

我们看一段关于蒂昂的关键性转变对话，即从批评事情转到人身攻击。

C61：但是你太蠢了，你没有走。（批评进入人身攻击，是令人痛苦的毒箭）

T62：是的，你太蠢了。再告诉她一遍，我就是觉得你那么……（重要的话需要重复！让来访者再说一遍，唤起痛苦）

C62：你太蠢了，因为当他第一次打你时，你没有离开他。你应该更有自尊的。

T63：呼吸，呼吸。让它出来，对的，里面有好多的东西，是的……听起来……你应该……你应该……告诉她你应该更有自尊的。（关于自我价值的话，也是核心信息）

C63：你应该更有自尊的，而且你根本从来不该忍受那些。

T64：这就是你批评自己的方式，对吗？用很多的"你应该……""你应该……"（这是对过程的共情性反馈，引导来访者跳出自己看自己）

上面这段对话有几个需要注意的重点。

1.批评者一般从事情开始批评，治疗师要引导来访者从对事的批评进入对人的批评，因为对人的批评才是让人比较痛的。真正让人受伤的严厉批评通常都是让人觉得自己没有价值或不值得被爱的批评（C61 ~ C62）。

2. 具体化的批评（T60）。来访者一般都是语焉不详的，往往会一句带过，治疗师要邀请来访者具体说说，他应该注意哪些迹象，他是怎么犯蠢的。具体化的批评会唤起来访者更深的情景式记忆，回到过去，重现场景。

3. 关注批评者的态度与非语言信息。当来访者坐到批评者的位子上的时候，通常他们的声音也会不一样，手势也会有变化，有时候甚至有轻蔑的眼神或撇嘴的表情。治疗师可以询问："他的态度在传达什么信息？"这个信息非常重要。有时候言者无心、听者有意，孩子童年的创伤很多源于家长的语气、眼神、态度，这些非语言信息的杀伤力有时候比语言还严重。在椅子对话中，抓住这些神态非常关键。

4. 重要的话可以让来访者重复，以加强其痛苦的感觉。当听到与人格有关（影响自我身份认同的评价）或者与爱和被爱（依恋关系）有关的话时，治疗师可以邀请来访者再说一次。有时候甚至一句话要说三次，让那句锥心的话成为唤起情绪的引爆点（T62 ~ T63）。

5. 当来访者情绪激动的时候，治疗师要记得提醒来访者呼吸（T63），以调节情绪，不要等来访者的情绪过度激动后再处理。治疗师需要关注来访者，让来访者处于既有情绪唤起又能够清楚表达情绪、想法的最佳状态。

6. 有时候可以引导来访者觉察自己是如何对待自己的，这是一种帮助来访者关注过程而非关注内容的技巧（T64）。EFT 是一种关注过程胜于关注内容的治疗模式。不仅治疗师等关注治疗过程，来访者也要学着关注治疗过程，关注自己的情绪和体验，以及自己是如何对待自己的。

处理体验者的"崩塌"

如果批评的程度达到人身攻击的程度，则会让人十分痛苦，这时候来访者需要换回到体验者的位子，感受一下被如此攻击的自己有什么感觉。感觉有身体方面的，有情绪方面的，这是一个深化情绪的机会。但是，治疗师常遇到的问题是，来访者回到体验者的位子之后会说："她说得对，我就是这样的。"这意味着来访者认同批评者的指责。一方面，这是一种理性的回应，不是情感的唤起；另一方面，体验者与批评者两个部分又合在一起了。很多治疗师都卡在这里，不知如何继续下去？在 EFT 里，这种情况被称为"崩塌"，来访者的体验性自我崩塌了，她认同批评者，与批评者合而为一。如果治疗师不知如何处理并前进，就功亏一篑了，治疗师也要崩塌了！处理崩塌有两个方法：（1）让来访者回到批评者的椅子上，再展开一轮更严厉或更具体的批评，直到他的痛苦情绪被唤起，再让他回到体验者的椅子上；（2）让体验者与批评者继续对话，关注来访者此时的情绪，引导他进入更深层的原发情绪。以下是格林伯格与蒂昂开展工作的部分逐字稿。

T65：请换位子，坐到这边来。听她这么说，你的心里面发生了什么？听她说"你太蠢了，你应该更有自尊的"，你心里的感觉是什么？

C65：我觉得，我好……好蠢。（这就是"崩塌"，认同批评者）

T66：告诉她。告诉她，她给你什么感觉？（治疗师不放弃，让来访者与批评者对话）

C66：你让我觉得自己好蠢，还一文不值。

T67：嗯哼，嗯哼。感觉糟透了，对吗？觉得自己一文不值。（用共情深化情绪）

C67：我觉得自己一文不值！当你告诉我这些时，我实在太受伤了。

T68：是，是。告诉她你的受伤，让她看到那个痛。（跟随痛苦，继续深化）

C68：这让我很痛，我不知道我怎么做才能补偿你。

T69：嗯，有一部分是，我想要弥补，我想要……但是实在太受伤了。我想，会不会连身体都感觉疼痛？那是什么样的感觉？心里面的那个痛？（引导聚焦身体）

C69：觉得太糟了！我觉得我只想蜷缩起来，拉一条毛毯盖在头上，然后

就……（图像化语言，表达的是羞愧）

T70：藏起来，或者消失掉，对吗？（加强羞愧的图像化语言）

C70：是。

T71：是，感觉糟透了，好像只想缩小，躲进地洞里去，或者消失、躲起来。因为，实在太痛了！（重复共情，强化羞愧的图像化语言）

C71：对啊！

T72：告诉她，我只想缩成一团，然后……（引导来访者对着椅子表达很重要，表达出来会体验到更深的羞愧感）

C72：我只想缩成一团躲起来，我不知道能做什么，能让这些好一点。

T73：你需要从她那里得到什么呢？（体验到深层情感之后就问需求。注意不是广泛地问"你需要什么"，而是"你需要从她那里得到什么"）

C73：我需要你理解。（来访者的答案如果是外在的行为，要帮助她进入内在的需求）

需求之后唤起慈悲

问过需求之后，要判断批评者有没有软化的迹象，所以来访者要换位子。

C80：是，我要你明白，并且不要再责怪我，因为那好痛。

T81：是，是，是。好，你愿意换过来吗？你想回答她什么呢？今天的你，从你的内在，你听到她的痛苦了吗？你想怎么回应呢？

C81：我不想让你觉得那么难受，我也不想让你觉得你得蜷成一团躲起来。

T82：是，是。

C82：因为你不用。

T83：嗯哼，现在你对她的感觉怎么样？（这一句问话的作用是唤起慈悲和同情）

C83：嗯，我觉得她不是故意做那些的，她只是那些境遇的受害者。

T84：是，是。有没有觉得有一点……有一点慈悲和同情？

C84：是，我理解。

T85：告诉她，我理解你。

来访者换位子之后，T81 是很关键的一步。治疗师的目的是要观察批评者对体验者有没有疼惜之情，所以会提醒她："听见对方的痛苦了吗？"更好的问法不是直接问对方如何回应，而是像 T83 那样先问："现在你对她的感觉怎么样？"然后再问对方有何回应。C83 显示批评者对体验者有同情和慈悲，可见批评者已经软化了。治疗师接着促进来访者的两个部分继续对话，让批评者表达对体验者的同情和慈悲。

唤起捍卫自己的愤怒

T96：嗯哼，好。可以坐过来这边吗？我们从这边看看，好像你的心里有两个声音，你对她说什么呢？首先，这是好久以前的事了。但是，当她对你说"我爱你"的时候，你能接受那个声音吗？（先看体验者能否接受批评者慈悲与疼惜的声音）

C96：可以，但我不……不太确定，不确定她是真心的。（来访者是犹豫的）

T97：嗯哼。

C97：我想，如果我又犯了错的话，她对我还是原来的看法。

T98：嗯，所以，你想要从她那里得到什么呢？她说，她要从你这里得到一些保证，保证你基本上不会再让自己犯同样的错误，对吗？但是……

C98：但是，我想，我要的是……她让我喘口气。（这句话里带有抗议，可以继续唤起愤怒）

T99：嗯哼。

C99：因为我不完美，我也不觉得我需要完美，因为我只是个人。

T100：是啊，是。

……

121

T102：嗯，告诉她你怨恨什么？对她所做的你有什么怨恨的地方？或者对她有什么愤怒的地方？（这里是治疗师刻意带领来访者走向怨恨与愤怒）

C102：我对你感到愤怒，因为你只是干坐着看我，嘴巴告诉我，我本来该做什么，都是事后诸葛亮。

T103：对啊。

加强愤怒

这个时候蒂昂虽然口头上说我很生气，但是看起来她的愤怒情绪尚未被唤起。所以治疗师邀请她换位子，继续展开下一轮具体的批评，而批评的要点是根据她提到的一些细节展开的，让她继续在那些要点上按细节展开。

C105：我要你停止……停止再对我做的每件事问来问去，别再搞得好像你很完美……

T106：嗯。

C106：也别指望我是完美的，因为我不是。我永远不会完美的。

T107：是，是，是。好的，你可以坐过来这边吗？现在我要你这么做，我们来看看，请你质疑她做所的一切，让她觉得她一点都不完美。因为这是你性格中的一部分。是，你就是这么对待自己的。我们来试试看，质疑她所做的一切，让她觉得她是一无是处的。你都做了些什么？

C107：嗯，你不按时起床去上班，你早上老是急急忙忙的，有时候你还忘记把午餐钱让孩子带去学校。（来访者进入具体的批评）

关注肢体语言

有时来访者会不自觉地做出一些事情或动作，治疗师运用这些身体语言往往可以促进治疗的深入。

T109：喔，这样……你的手势像这样，对吗？好像你应该循规蹈矩的……（帮助来访者关注肢体动作，并表达肢体传达的意义……）

C109：面对现实。这就是你的决定。你做了离开的决定，你自己造成了你现在的处境，那现在情况就是这样。你是不可能摆脱这个情况的，直到……我也……不知道什么时候。

T110：嗯，但是还是有一股驱动力，对吗？所以你只要……（继续开个头，让来访者自己接下去说）

C110：一直做，不断催逼自己。

T111：是，是。多做一点、完美一点、做好一点、早一点起床……（共情性唤起）

C111：给你的儿子做午餐，参加所有的橄榄球比赛，在家里给他当家教老师，工作、去学校，就是这样。这些都是你应该做的。

T112：当你这样说的时候，你有什么感觉？这样说的感受是什么？好像你是有点不够格的，我觉得在你的声音里，我听到的是，这是你应该做的。（来访者说的都是事情，治疗师开始探索情绪，并且使用共情性猜测）

C112：而你没有达到我对你的期望。

T113：是，我期望你……期望什么？

C113：我期望你，完美！

T114：嗯，做一个完美的母亲、一个完美的学生，一个完美的员工。做吧，全要做到，对的，并且要确定你做得都很好，很恰当，或……（共情性唤起）

C114：是。

T115：是的。所以这就是你的驱动力……再多做一点，我认为这是你心里对自己的要求。（总结批评者的声音）

C115：我开始觉得好像我不想面对它。（来访者的口气这时候变成了体验者的，这就是换位子的时候了）

软化与协商

换位子之后，蒂昂变得有力量，开始为自己辩护，对批评者提出要求。之前觉得羞愧想要拉条毯子把自己盖起来的人此时已经转变为一个有力量的、能与批评者协商的人了。而批评者也开始软化，肯定蒂昂的努力和成就。

C127：我并不想让你感觉这么糟，我不会再对你提这些要求了。

T128：嗯。

C128：因为我回想一下，你其实已经做得很不错了。

T129：再告诉她一次。（强化这个转变）

C129：当我仔细地回想时，就会觉得你做得已经很好了。

T130：是，是，是。

C130：而且我知道你背着很大的压力，实在不需要我再给你更多的压力了。你需要我理解你，所以我会试着多理解你一些，不再给你那么大的压力。

到了这里，针对自我批评标记的任务就可以告一段落了。

探索批评声音的来源

接下来治疗师开始探索批评声音的来源。通常，这有两个可能的来源：一个是内化的过去重要他人的声音，表明治疗师还需要开展针对未竟事宜的空椅工作；另一个是小时候的自己在经历某些创伤事件之后，开始严厉要求自己，不敢放松，表明治疗师需要针对来访者小时候的创伤开展工作。在蒂昂的例子里，声音的来源是妈妈。因此，治疗师接下来就开始针对蒂昂与妈妈之间的未竟事宜开展工作。

T131：是，我认为这是很重要的，对吗？你知道是什么样的焦虑让你把这么大的压力加到她身上吗？这个焦虑从哪里来的？是这个压力，还是要追求完美？是从哪里来的？

C131：嗯，我想这源于我成长的过程。

T132：嗯，所以，不只如此，不仅仅是焦虑，而__更像是什么人__，你成长过程中的什么人带给你的？

C132：__我妈妈__。（当治疗师知道来源是妈妈的时候，可以让来访者扮演一下内化的妈妈通常是如何进行批评的。这个内化的妈妈会更有真实感，同时也为之后对未竟事宜展开工作做准备）

T133：我们还有几分钟，__扮演你的妈妈__，好吗？她做了些什么或者说了些什么呢？她是你要追求完美的源头，或者……（这里不同于未竟事宜，只是稍微展现了一下妈妈的批评，呈现一个头脑里常常出现的声音）

C133：如果你一开始听了我的，你就绝不至于落得如此下场。

T134：是。

内化的妈妈出现可以帮助来访者觉察自己内心批评声音的来源，要软化这个声音，治疗师需要让来访者回到童年时与妈妈之间的许多未竟事宜上。下一次的治疗可以继续深入探索母女关系。我们在下一章针对未竟事宜开展工作的案例中，会继续使用格林伯格与蒂昂的第二次治疗的部分逐字稿讲解。

自我打断

自我打断在 EFT 里是一个重要的概念。打断与阻隔、回避是同义词，可以发生在情感、生理和认知三个方面。情感上，因为来访者对失控的恐惧，或者对被人拒绝或蔑视的焦虑而产生自动化的情绪阻隔；生理上，则出现呼吸与肌肉的打断；认知上，通常是因为其灾难性的预期而产生回避的行为。

自我打断有两类。一种是此时此刻发生的自我打断，常见于治疗师邀请来访者对空椅子上的重要他人表达情绪时，来访者明明有情绪（可能是悲伤、恐惧或愤怒），却往往无法用语言表达。这是很明显的当下的自我打断，来访者内心的某一部分不允许自己把情绪表达出来。对于这种打断，治疗师要尝试绕过障碍，帮助来访者允许自己表达当下的情绪。另一种是他时他地发生过的自我打断，是来访者的一种行为模式。例如，我从来不允许自己哭，就算在很伤心、很难过的时候，我也会告诉自己"不要哭"。或者，当丈夫生气的时候，我会告诉自己："绝对不要回嘴，一定要把情绪压回去，不可以回嘴。"这些都是行为上的自我打断，并非发生在治疗室现场。如果治疗师对这一类打断一层层地探索下去，来访者的自我批评、焦虑分裂或未竟事宜就有可能呈现出来。对于这种打断，治疗师要像下楼梯一样，一层一层走下去，探索其更深层的情绪和原因。

遇到自我打断的现象时，治疗师要帮助来访者觉察，是他自己在打断自己，让自己无法感受某些情绪或者无法进行某些行为，觉察可以带来新的选择与改变，然后绕过打断就可以了。所以，当来访者在未竟事宜中无法对父母表达情绪时，治疗师要对来访者解释："父母其实不在现场，你说的话不会对他们造成伤害。""我们在现实生活中不会这样对父母说话，我们也不是在排演你将如何对父母说话，而是让你自己可以听见你内在真正的声音，在治疗室里体验一下说出真心话的感觉。"通常，这样的解释可以绕过来访者的自我打断，让他开始尝试表达自己平时不敢或不擅长表达的情感、想法和需求。但是，如果来访者长期把自己封闭起来，让自己处于一种自我阻隔、完全逃避的状态中，那他完全无法与自己的情绪接触，当下即使他愿意表达也找不到感觉，这时治疗师需要先引导来访者关注身体，进行聚焦，从身体的体会找到情绪，然后再根据自我打断进行处理。针对自我打断开展工作的流程图见图 1。

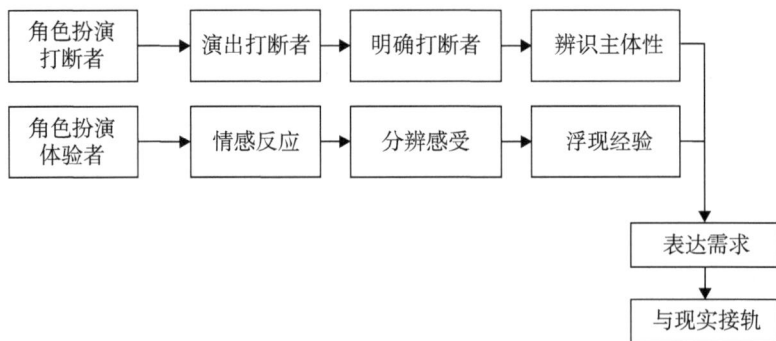

图 1　自我打断的解决模型

当治疗师听到来访者出现自我打断的标记（即他不允许自己感受情绪或做出某些行为）时，治疗师就要开始设置双椅子的布局。先邀请来访者坐到打断者的椅子上，请他演出自己是如何阻止自己感受或做出行动的。打断者最好能够做出打断的行动。例如，掐住体验者的脖子，不许他说话；或者用力把对方压下去，不许他站起来；或者打断者像一堵墙，挡住体验者，不许他出去与人接触。打断者演出打断行为之后，让来访者换位子体验被打断者的感受。如果被打断者的感受还不够强烈，就让打断者更明确地表达其为何要打断，然后让体验者更深地表达感受。在体验者更深地表达感受时，也许会有过去的经验浮现，这通常是一些创伤经验，体验者不想再次经历，因此为了保护体验者，打断者才会刻意打断的。此时，治疗师要让来访者清晰地体验到，这种自我打断是他自己对自己做出来的，也就是认识到打断者的主体性，即打断者是主人，体验者是受打断者主宰的。这个时候再帮助体验者体会自己的需求，然后与现实的情况接轨，看看继续这样打断是否符合来访者目前的需求。如何不符合，就可以开始尝试不一样的策略了。以下例子来自格林伯格一套 6 集的 EFT 完整治疗示范录像的第 2 集。对话示范了来访者呈现出自我打断的标记时，治疗师如何带领来访者完整走过针对自我打断开展双椅工作的过程。

T10：可以坐到这边来吗？请你扮演这堵墙，一堵保护性的墙在这里，那边是受伤的你。我会在这里帮你。我希望你真正体会一下变成这堵墙的感觉……你能形容一下你自己吗？作为一堵墙，我很厚、很高大，或者别的什么。

C10：好的。作为一堵墙我真的只是觉得我在保护这个人，我在保护我自己。（来访者不熟悉椅子的工作，还没有把两边分开）

T11：这里，你在这里。这里是墙，我在保护你。（治疗师重新帮助来访者，分清楚打断者与体验者——墙与受伤者）

C11：我在保护你，再也不要受伤，再也不让任何人对你做出任何伤害你的事情。这是我为什么存在的原因，而且我也绝不离开，我不想离开。因为没有我，你就会垮掉。（角色扮演打断者）

T12：再说一次。（重要的话要重复）

C12：没有我，你就会垮掉。

T13：所以，是我撑着你。

C13：是我撑着你，我是你的主心骨。

T14：作为一堵墙，你是什么样的呢？作为墙你一定有一些体验吧？比如说很厚，或者……

C14：墙的感觉很好！（来访者笑了）它可以保护，它好像一个家长。

T15：是的，我好像一个家长，那你就做她的家长并且保护她吧！真正做出来。因为这就是你在内心对自己所做的，我们只是把它外化出来。你是怎么做的呢？

C15：墙对她说什么吗？

T16：是的。

C16：躲到我后面来，我会保护你。他（老公）再也不能伤害你了！是你自己一直允许他对你做这些事情的。你可以阻止他。放下吧！放下吧！放下他吧！

T17：是的，放下他吧！

C17：或者任何其他伤害你的人，放下他们吧！

T18：只要躲到我后面来。

C18：只要躲到我后面来，我会保护你的。

T19：对的，对的！我会把他挡在外面。

C19：我们谁都不需要。

T20：这句话再告诉她一遍。

C20：我们不需要任何人，只要有我们就够了。

T21：只要有我们？

C21：只要有我和你就够了。

T22：只要有我和你，为什么？

C22：因为我想要独处。当我不想跟他在一起而我自己正在经历一些事情的时候，我会说，我想独处。有时候我想要我的孩子，我会让孩子进来，有时候我也不让他们进来。

T23：所以只要躲到我的后面，我会保护你的安全，我会把他们挡在外面。

C23：对的。

T24：然后就只有你和我。

C24：对的。

T25：对，对，你可以换位子吗？过来这边。现在你是那个受伤的你，对墙说话，告诉它。（引导角色扮演体验者）

C25：说我的感觉吗？

T26：是的。

C26：我感觉一样啊。我不觉得没有这堵墙我还能活下去。我需要你。

T27：我需要你。

C27：我需要你。

T28：我感激你。（分辨感受）

C28：我感激你。你是我的安慰，没有你我根本走不到今天。我可能已经死了。我早就死了。

T29：所以，是你救了我的命。

C29：是的。是的，救了很多次。

T30：所以我真的……真的需要你。

C30：是的。但是这又很不公平。（来访者落泪了）

T31：是的。这些是很重要的眼泪。（关注非语言信息，深化感受）

C31：因为人不该是这样活的。可是我却这样活着，并且有这样的感觉。

T32：好像有一部分的你在说……

C32：没有你，我无法生存。

T33：但是这样似乎也不公平，我好想要……什么？

C33：我好想要我的生活多一点平衡。我希望自己内心不需要经常逃跑和躲起来，我不希望总是处在这样的状态里。

T34：我希望可以做到，想出来的时候就可以出来。（探索需求）

C34：想要的时候。

T35：或者，你知道，外在世界也有重要的事情，因为你确实需要外在的事情，好像你说的是，我不想让自己完全与世界切断。

C35：是的。我只有一个人在家里才感觉安全。

T36：那个你想要对墙说什么呢？（引导表达需求）

C36：哪个？

T37：那个不想被隔离、被切断的你。

C37：我想要被保护，但是不想被困住。

T38：是的，再说一遍。

C38：我想被保护，但是不想被困住。我不想继续被卡在这里。我希望自己能够回应别人，当别人尝试……

T39：要进来的时候。

C39：对的。

从以上案例可以看出，来访者起初完全封闭、躲在墙内，探索进行到最后，她已经萌生了想“有时候可以出来”的动机。继续下去就是来访者的两部分进行协商的过程了。但是来访者的自我打断是长久以来形成的一种保护机制，不是很容易就可以被打破的，千万不要期望做一次针对自我打断的工作就可以解决所有问题。看到玛西与格林伯格的 6 次谈话，她不断在挣扎，这才是真实的案例。下面一段对话让我们看到来访者为什么会有很多犹豫，不敢轻易改变，因为过去的教训实在让人太痛苦了。

体验者表达完自己的需求之后，治疗师让来访者回到打断者的位子上，看看她有何回应。这一阶段的治疗依然是艰难的，这很正常。下面的示范呈现了玛西的种种顾虑。

T48：好的，请你到这边来。（换到打断者的椅子上）

C48：好的。

T49：现在，作为这堵墙，作为保护者，首先你听到她说了什么呢？（开始唤起悲悯）

C49：她说她希望自己能够更加开放、更加有爱心。

T50：她希望从你这里得到什么呢？

C50：她可能希望我变小一点，越来越小，然后变成一个可以靠背的墙，而不是把她困在里面的墙。只是一个轻微的障碍，一个轻微的保护障碍，而不是一个笼子或一座监狱。

T51：或者至少是一堵有一道门的墙。

C51：对。有一道可开可关的门，我以前没看到有门（笑）。它一直是一堵墙。完全隔绝的，无路可逃。

T52：是，是。所以，你怎么说呢？她在说，让我有一条出路，或者在墙上开一道门。

C52：是的。

T53：你对此如何回应？作为那堵墙。

C53：没有我你是不行的，我们以前试过了。一开始本来是没有我的。（没有软化的迹象）

T54：是的，一开始，是的。

C54：是啊！每一段新的关系你都是这样开始的，然后别人就会不断伤害你，或者事情不断发生，所以我不能离开。我不知道怎么离开。你也不会让我离开的。是她不让墙离开的，所以墙只好留下。

T55：所以，你要的是……你在说你要我，你需要我，我认识你。（共情性肯定，认可打断者的不肯软化）

C55：是的。

T56：但是她也说我需要……你看，我没听她说要你离开啊，我听见她说的是她希望你开一道门。

C56：变小一点。

T57：对。告诉她你害怕什么，如果我让你出来的话？（共情性猜测，深

131

化情绪）

C57：如果我让你出来，你会被人伤害的。

T58：再次被人伤害。

C58：再次被人伤害。而且这次会更糟。谁知道呢？也许这次我也救不了你了。

T59：是的，这就是你的害怕。

C59：是的。

T60：因为……告诉她之前发生了什么，或者你害怕的是什么？（展开过去创伤的情绪基模，细化情绪）

C60：你会变得非常抑郁，没法自理，没法洗澡、刷牙，没法工作；你无法出门，也没法听音乐、看电视、读书，甚至无法看孩子。

T61：我好害怕你如果受到伤害，伤得很重的话，就会回到那个状态？（共情性肯定，认可害怕的情绪）

C61：我会回到那个状态，甚至更糟、更糟！

T62：对的。告诉她你会更糟！

C62：你会更糟！

T63：因此，我要保护你……

C63：我要保护你安然无恙地活着。因为有时候生活太艰辛，你都不想活了。所以我必须介入进来保护你。

T64：保护你，对的。这是很重要的一个功能，对吗？（认可打断者）

C64：是的。

T65：但是也同时让她被困住了。（同时又提出两难的纠结）

C65：是的。

在来访者挣扎的过程中，治疗师必须耐心地陪着她经历这个两难的过程。治疗师一方面要共情保护者（打断者）的心情，因为逃避痛苦是一般人的正常反应。同时又要提出体验者被困住的痛苦，陪伴来访者一起经历挣扎，直到体验者有力量站起来。

通常，来访者的这种比较难突破的自我打断的背后是一种自我保护的焦虑分裂。因为过去的创伤，其自我的一部分很害怕自己再重蹈覆辙，所以会禁止自己做某些事情。例如，前面提到的来访者不许自己哭是因为在其小时候，哭只会为自己带来更严重的后果，引起爸妈的吵架，或者让爸妈更生气而引来责打，所以来访者从小就学会了哭是不好的，千万不要哭。另外那位不许自己回嘴的妻子，探索下去，发现也是小时候的创伤，因为如果她回嘴，爸妈会更加喜爱弟弟而不喜欢自己。小孩子很担心爸妈如果不喜欢自己，自己会不会被抛弃。在中国，有很多孩子都是由祖父母带大的，到了上学的年纪才回到父母身边，而父母又经常要求孩子要有好成绩、要听话，所以那些因为弟弟出生必须被送到祖父母家寄养的孩子在幼年就已经有过一次被抛弃的经历。等到与祖父母建立了依恋关系后，又为了学习被迫离开祖父母回到父母身边，经历第二次被抛弃。这些孩子回家之后会感觉自己和弟弟不一样，弟弟跟爸妈是自然亲密的，而自己似乎必须要特别乖、特别懂事才能得到父母的称赞。这些孩子心中经常会有一种害怕再度被抛弃的恐惧。这种恐惧会让他们对自己的很多情绪实施自动打断，不敢活出真实的自己。来访者表面上呈现的是自我打断，实际上是一种害怕被抛弃的焦虑分裂。

焦虑分裂

焦虑是临床常见的症状。EFT 的观点认为，不论是抑郁、焦虑，还是强迫，都只是症状，而不是核心问题。治疗师要能够透过现象看本质，寻根究底找到来访者的核心痛苦，才能真正解决问题。对焦虑障碍的患者而言，除了服药降低焦虑水平之外，发现内在的自己是如何对待自己的，以及为何这样对待自己，才是其成长与疗愈之道。

焦虑分裂的解决模型与自我批评模型很类似（见图 2），体验者部分完全一样，流程也几乎雷同，只是将另一把椅子上的批评者换成恐吓者，但他们开展的工作却不大一样。批评者对体验者进行批评、指责，恐吓者则对体验者进行恐吓、威胁，告诉他必须如何做，才能避免灾难化的预期发生。通过双椅工作，治疗师把来访者恐吓的声音与其自我分开，这一体验对很多来访者产生了极大的帮助。因为焦虑障碍患者早已被焦虑情绪缠绕多时，他们只关注外在的触发点。有人说，车开太快了他会惊恐发作。有人说，自己有洁癖，同事的手碰到他的椅子，他都必须消毒；送家具的工人来过之后，他必须对全家进行消毒。他们都为症状所苦，被外在的表象困扰，很少关注内在发生了什么。当治疗师帮助他们把自我和焦虑的声音分开，探索焦虑的声音到底是如何恐吓自己时，他们通常会产生一种很深的自我觉察。一位自认有洁癖的强迫障碍患者在治疗的第一步就卡住了。她说："我没想过有什么后果，就是觉得要消毒。"治疗师问："不消毒的话会怎样？最坏的后果是什么？"在这种探索的过程中，很多与过去经验有关的情绪和不合理的思维开始出现，来访者开始觉察到自己这些想法的奇怪之处，也好奇这种深深的担心和恐惧从何而来。如果来访者的情绪被唤起得不充分，治疗师可以邀请恐吓者进行具体、严重的恐吓，通常这些具体的言语会让来访者想起过去的经验。如果来访者自己不提，治疗师可以对恐吓者提问："你从什么时候开始存在的？"或者"这样的感觉从什么时候开始的？"一般的孩子不会这样恐吓自己，一定曾经发生过什么事情，让来访者如此担心自己无法生存。当经验浮现之后，就可以肯定恐吓者其实是为了保护对面的自己才如此担忧，同时也会意识到对面那个恐吓者其实是当年的孩子。

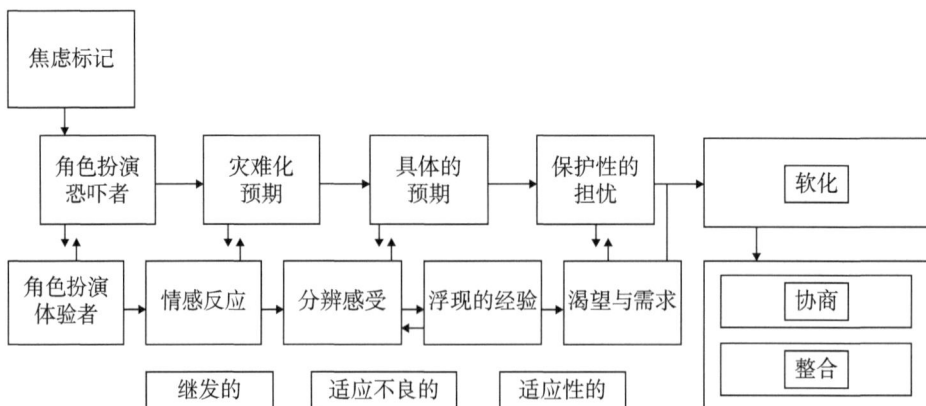

图 2　焦虑分裂的解决模型

　　焦虑障碍患者的内心通常有一个高标准的自我要求。有一次我让来访者坐在焦虑者的椅子上对自己说话时，他说："你一定要优秀，不可以不优秀。"被问到如果不优秀会有什么后果时，来访者语塞了，他说："不可以。"好像"优秀"这个标签就是应该跟他贴在一起的，没有后路，没有其他选择。不优秀就等于失败、灭亡、不再存在。也有一位来访者说："不成功便成仁！"所以，有时候不见得是创伤，而是父母师长的期望，让孩子从小就给自己设立了一个完美的标准，而这个标准是关乎生死存亡的，没有退路。这些孩子长大成人后，当他们成了家、有了孩子、需要照顾父母、事业上又被委以重任时，他们需要关注的事情增加，通常都处于疲于奔命、对孩子愧疚、对工作无法全力以赴、婚姻出现危机的状态，更糟的是自己的身体、精神也都处于耗竭状态。觉察自己心中的保护者、恐吓者、焦虑者是非常重要的一步。

　　当明白来访者是因为从前的创伤经历才开始如此保护自己时，治疗师下一步需要针对叙事、未竟事宜或自我安抚开展工作。总而言之，治疗师要共情性地认可恐吓者的担心是有道理的，同时要激发体验者提出自己的需求（很累、需要休息或不需要完美）。前面关于自我打断的示例也可以视为焦虑的恐吓者用墙的方式隔离（打断）自我，为的是保护自己。所以，自我打断有可能变成焦虑分裂，也可能变成自我批评，要看另一把椅子上的自我表达的是什么，是高标准还是自我保护，是内化的声音还是害怕自己再受伤。治疗师要清楚不同标记的异同，才能在引导来访者时仿若行云流水般转换自如。

　　恐吓者的初衷是保护体验者，但是通常也因为过度保护而让体验者觉得窒息、没有空间，因此体验者会提出"我需要自由"。也有保护者催促、逼迫来访者不停地工作，如若不然，则会退步、落人之后。笔者听过最严重的恐吓是三岁的小孩被亲戚恐吓有人拐卖儿童，还说爸妈也可能会把她卖掉。那个孩子从此一直生活在恐惧中，不敢相信任何人，包括自己的父母。对他而言，世界从此成为一个处处充满危险的地方，他人成为一群充满恶意、随时可能害她的恐怖分子。大人对孩子开玩笑一定要小心，孩子脆弱的心灵相信大人的每一句话，这些威胁、恐吓的声音也会内化在孩子的心中，成为他们一辈子的束缚。

体验者感觉到累、焦虑、害怕并提出需求，这是很重要的一步。看见对面一直以来恐吓自己的"巨人"原来是过去受伤的小孩，对面的威胁性一下子降低了。如果恐吓者软化了，不再过度保护对面的自己，给他一些空间与信任，或者体验者感觉自己长大了，不再需要听命于对面的恐吓者，都能开启双方协商与整合的过程。

临床上有一些由于工作压力引发焦虑障碍的患者，除了服药、请假休息之外，在自我探索的过程中，觉察到那个恐吓者原来是小时候受伤的自己，往往会令其有很大的醒悟与改变。有一位男性从小就是一个好孩子、好学生，听见父母谈论隔壁家孩子如何，自己就会自觉不犯同样的错误，或者自己立下标杆，也要跟隔壁家孩子一样。这样的年轻人长大之后继续为了家族企业而全力以赴，遇到困难时独力支撑，扛过难关，但是从此停不下来，稍微休息就会听到自己内心的声音催促自己："不要浪费时间，还有很多事情没做，不可再落后，不可再陷入失败的危机，那是太可怕的体验。"结果他终致患了焦虑障碍。一般而言，焦虑只是逃避痛苦的避风港湾，真正的问题太痛苦了，来访者不敢面对，因此只能用焦虑的情绪回避。治疗师不要为表面的问题和症状所迷惑，要让恐吓者与体验者分开并开始对话，渐渐就能听见那个受伤的恐吓者为何如此紧张。回到恐吓者起初跌倒之处，才可能揭开谜团，帮助来访者觉察自己的需要，重新站起来。

在对社交焦虑障碍的研究中，研究者发现，来访者往往有多重焦虑分裂。表面上看，来访者前来求助是因为生活中出现的问题激发了其情绪反应。例如，总觉得别人在批评自己、威胁自己、强迫自己或打断自己，以至于来访者深陷抑郁或焦虑的症状中，因为"别人"或"环境"因素害得他们焦虑，似乎一切都归因于外在的人、事、物。这是第一层的分裂，即焦虑是由于外在因素引发的。此时治疗师的目标是帮助来访者体验其焦虑实际上来自于他们自己对自己所做或所说的。艾略特有时候会用三把椅子开展双椅工作，先让"别人"坐在对面的椅子上，听听他们的批评、威胁或恐吓，然后换到批评者或恐吓者的椅子上，听到别人的批评，自己会对自己说些什么。这时候就进入了第二层自我分裂——批评或恐吓，通常是为了保护而产生的焦虑分裂。听完批评者或恐吓者的表达后，来访者换到体验者的椅子上，开始探索这种脆弱自我的感受，并且尝试回到脆弱自我开始的地方，展开当时的情绪基模，明白脆弱自我的感受、体会、想法和需求。如果焦虑分裂来自一个内化的批评者，则治疗要回到当时的未竟事宜进行处理。最后，治疗师引导来访者进行自我安抚，帮助来访者接触其核心痛苦并找到其当时未被满足的需求。通过自我安抚，帮助来访者找到满足自己需求的方法，减轻其痛苦，安抚其需要。安抚过后，治疗需要一层一层往回走：先回到自我批评或焦虑分裂，看看批评者或恐吓者是否能够软化下来，双方是否能够协商整合；然后，再回到目前的困扰、问题的起点，重新与触发痛苦的他人对话。而此时，会产生不同的互动。

　　这是一个多重自我分裂的过程，如图3所示。步骤1、步骤2、步骤3是一步一步向下探索，步骤4、步骤5、步骤6是软化或和解之后一步一步再往上走。

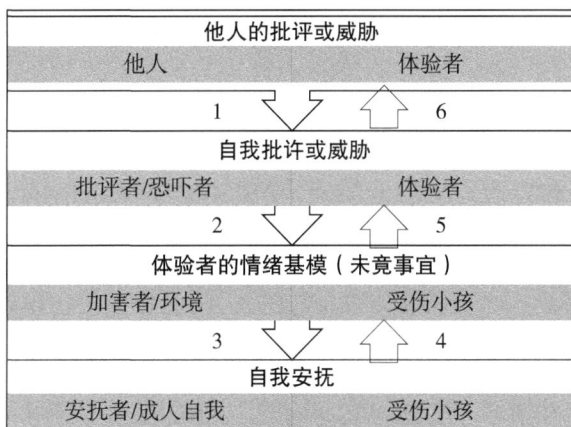

图3　社交焦虑的多重自我分裂

　　层层往下深入的过程从他人的批评或威胁开始。来访者听到他人的话语之后，自己想对自己说些什么。接着进入自我批评或威胁，如果来访者不听从这些话语会有什么后果。来访者对那个后果的恐惧可以带咨访双方看到来访者过去的创伤，于是深入到体验者过去的未竟事宜（当初种下批评或保护的原始时

间与情绪基模)，在创伤之处可以用重要他人或成人自我来安抚、缓解内在受伤小孩的恐惧和焦虑情绪。来访者的情绪缓解之后，再一层层上升，首先看看受到安抚、焕发力量的内在小孩如何面对当年的加害者或重要他人，再上升一层看看批评者或恐吓者是否软化，最后再回到原点，看看目前的来访者对于他人的批评或恐吓有什么不一样的感觉。这样的过程也是 EFT 治疗过程中常见的流程。通常来访者会体验到身体放松了，生发出力量了，感受也不一样了。此时，治疗师要带领来访者对新的身体感觉有意识地进行扩充、强化、存记在心，让身体与大脑都记住此刻的正向情绪体验，治疗的效果才能够更持续有效。

自我安抚

自我安抚是一个调节情绪的过程，在这个过程中，来访者变得柔软、慈悲，富有爱心，能够在负向情绪状态中安抚自己，由此消除当时的负向情绪对来访者的影响。这是未竟事宜的一种变化形式，当空椅子上的重要他人是一位曾经给来访者带来正面安抚、给予其肯定、赋予其力量的对象时，治疗师可以让该对象与来访者对话，把这位重要他人对来访者的肯定内化到来访者心里。这是针对自我安抚开展工作的目标。

自我安抚的标记有三类：第一类，来访者进入一种无法自我调节又难以承受的痛苦感受中，例如，高强度的刺激带来的情绪淹没（羞耻感或恐惧感），或者未曾被满足的存在性需要（被爱与被认可）；第二类，来访者体验到情绪状态或未被满足的需要时，伴有熟悉的绝望感与无助感；第三类，来访者觉得自己好像被这些情绪和未被满足的需要"卡住"了，他们觉得这些感觉很熟悉，而又从未被化解。来访者进入这种无助、无望、没有安全感的情绪痛苦中，又无法应付自己心里的强烈感受。此时治疗师一方面要对来访者的状态给予共情，另一方面要提供一个合适的"自我 – 他人"组合来启动自我安抚任务。自我安抚的工作模型如图 4 所示。

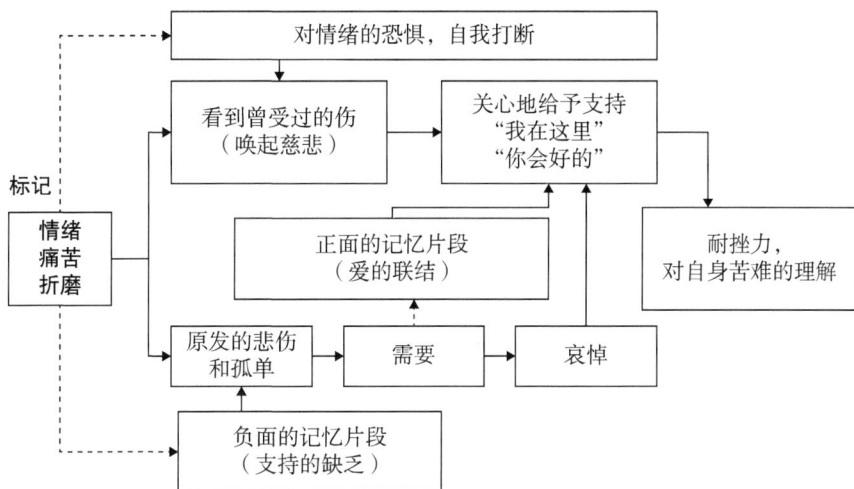

图 4 自我安抚的工作模型

自我安抚的目标是唤起来访者对受伤的自我的同情和慈悲。自我安抚的实现途径有很多。

1. 如果来访者生命中曾经有一位对他很好、让他感到无条件被接纳和被爱的人，这个人便是最好的安抚者。因为有实际的经验，我们可以调动来访者内在已有的资源。这样的对象除了亲人以外，也可以是生命中的良师益友。即便不是从始至终完全对来访者好的亲人，只要曾让来访者有正面经验，都可以作为资源。有一位来访者在生命中似乎找不到肯定自己的人，即使是从小带他长大的奶奶，好像大多数时候也是严厉的。但是当他仔细回想的时候，他想到了他考上大学以后第一次放假回家的暑假，作为家族里第一个考上大学的孩子，奶奶以他为荣。在那次回家的记忆中，奶奶很关心也很好奇他的大学生活，对他嘘寒问暖、关怀备至。在那一刻，他感受到自己是重要的、被爱的。治疗师就用那一刻的奶奶与来访者开展了自我安抚的工作。在自我安抚中，利用生命中真实的对象是第一选择。

2. 有些人找不到生活中实际存在的重要他人，但是他们有虔诚的信仰，他们相信自己信仰的对象是全爱、全知、全能的，所以他们邀请该信仰对象作为安抚者也是可以的。这里唯一要考虑的是，我们希望这位安抚者能无条件接纳来访者，看到来访者的优点，并且在想象的空间里能够经常陪伴、愿意帮助来访者。

3. 除了生命中真实的对象和信仰的对象之外，安抚者还可以是来访者心目中崇拜的偶像人物。有一位童年受到嘲笑的来访者在读安徒生传记的时候发现安徒生也曾经受过嘲笑、被人欺负，后来却写了《安徒生童话》，成为世界知名的作家，心中便与他产生了联结。治疗师就顺势邀请"安徒生老爷爷"坐在空椅子上与来访者进行对话，取得了很好的疗效。除了让来访者心目中的偶像人物安抚自己之外，这个对话还有一个巧妙之处：来访者无法对欺凌自己的同学表达愤怒，但是对于嘲笑安徒生老爷爷的人他却可以表达愤怒。如同孩子谈到幼年被父亲暴打时，他无法直接对父亲表达愤怒，却可以对父亲责打弟弟表达愤怒。在来访者为安徒生老爷爷打抱不平之后，他的内在也会因为义愤填膺而充满力量。这时候再让他面对欺凌者表达愤怒就更有可能了。义怒中和了来访者原本的恐惧与羞耻情绪，让他更有力量了。

4. 如果治疗师在现实人物、信仰对象、偶像人物中都找不到可以安抚来访者痛苦的对象，最后的资源就是来访者的成年自我。在成年自我安抚童年痛苦自我的对话中，存在很多可能性。治疗师首先可以尝试让现在的来访者与过去痛苦的小孩对话。有很多人卡在自己的经验中，无法同情那个受伤的小孩，无法直接成为自己的安抚者。此时，治疗师可以尝试以下几个方法。其一，先把对面痛苦的小孩变成隔壁邻居家的小孩。如果是隔壁邻居家的小孩遇到这样的事情，来访者只要脱离自己童年的痛苦，马上就知道该如何安慰空椅子上的小孩了。其二，把成年自我这一方换成来访者的一个会安慰人的朋友，看看他会如何回应。换成别人，似乎也比较容易进入安抚者的角色。其三，如果来访者已经为人父母，屡试不爽的方法是把对面痛苦的小孩换成来访者的孩子。如果自己的孩子遭遇这样的痛苦，你会如何安抚。临床经验发现，这种更换最容易唤起来访者心中的好父母形象。通常，如果是在父母的严格逼迫下长大的来访者，长大后他们会自己鞭策自己，无法放过自己，一旦把他们的孩子放在空椅子上，他们会立刻改口说："我只要你健康快乐就行了，不需要完美，不需要太优秀！"来访者对自己的孩子说过这些话之后，再回过头来，看看能否对自己内在的小孩也有这样的慈爱。有些人能够转过来，有些人会说"奇怪，换成是自己就说不出来了"，因为那个威胁的声音太强大了。以上都是唤起自我慈悲、进行自我安抚的诀窍。

自我安抚的标记通常是来访者呈现出了脆弱，体验者原发的悲伤情绪与孤单感也已经呈现，需要也已经表达，却无法从重要他人那里得到满足。这时候治疗师开始针对自我安抚开展工作。治疗师拉出一把椅子，让一位安抚者坐上去，问他："看见对面的孩子受伤，你对孩子有什么感觉？"治疗师先唤起来访者的同情与慈悲之心，并让安抚者表达出来，而最重要的是要表达出"我在这里""你会好的"。有时候重要他人是已经去世的亲人。让已故亲人成为安抚者一方面可以帮助来访者哀悼失去重要支持者的伤心（怀念的是什么？遗憾的是什么？），另一方面也要让来访者体验亲人的特质与精神一直与他同在，会继续存在于他的内心中。此时亲人对他的信任与肯定也会被唤起并为他带来力量。在这个过程中，来访者可能会想起正面的记忆片段，与安抚者产生更深的爱的联结。很重要的一点是，来访者听了安抚者的安抚、鼓励与支持的话语并换回体验者的位子上后，治疗师会问："你能接受这些话吗？"如果来访者说可以，治疗师会继续加深体验，问："接受这些话，会让你的身体有什么感觉？"来访者可能会说："感到胸口暖暖的，心里有力量了。"治疗师会提醒来访者记住此刻身体的感觉，让这个被安抚的体验经由身体的体会更深地刻在其记忆中。通过自我安抚的双椅工作，治疗可以提高来访者的耐挫力和心理弹性，同时让其对自身的苦难有一种整理过后的清晰感。

格林伯格不赞成太早针对自我安抚标记开展工作，担心这会成为拦阻来访者深入痛苦情绪的障碍。太早针对自我安抚开展工作，有如在伤口上贴了一个创可贴，来不及清理伤口并深入检视痛处，就无法达到真正的转化。但是，如果治疗的时间快要结束了，而来访者的状态还处于高度的脆弱中，做一个简短的自我安抚，及时或暂时地包扎一下伤口，也是很有必要的。

第八章

重整内在心理结构的标记——
自我与重要他人的关系

自我与重要他人的关系包括现在的关系及过去的关系。EFT 中针对过去的关系的标记为未竟事宜。讲解未竟事宜之前，先了解格式塔中的一个概念——正常的体验循环（见图 1）。一个人当下的需求如果未被满足，会留下一个躯体的体验。个体觉察到自己的需求，并有意识地调动资源满足自己的需求，对

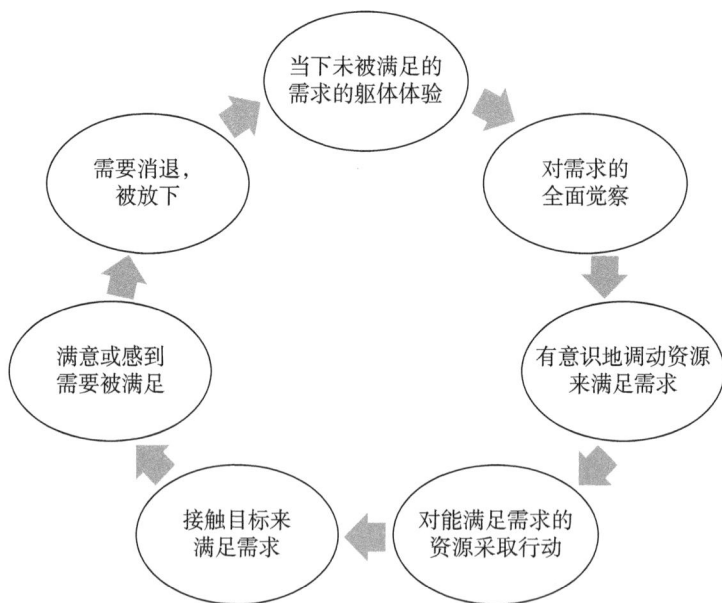

```
            ┌─────────────────┐
            │  当下未被满足的   │
            │  需求的躯体体验   │
            └─────────────────┘
    ┌───────────┐        ┌───────────┐
    │ 需要消退，  │        │  对需求的   │
    │ 被放下     │        │  全面觉察   │
    └───────────┘        └───────────┘
  ┌───────────┐            ┌───────────────┐
  │ 满意或感到  │            │ 有意识地调动资源 │
  │ 需要被满足  │            │ 来满足需求      │
  └───────────┘            └───────────────┘
    ┌───────────┐        ┌───────────────┐
    │ 接触目标来  │        │ 对能满足需求的  │
    │ 满足需求    │        │ 资源采取行动    │
    └───────────┘        └───────────────┘
```

图 1　正常体验循环

能满足自己需求的来源采取行动，通过靠近目标、接触目标满足自我的需求，当个体感到满意或需求被满足的时候，这个需要就会消退，被放下，这是一个完整的体验循环。举例而言，我感到口渴，需要喝水，这是躯体的体验。当我觉察到自己的需求时，我会有意识地寻找可以满足自己需求的方法。如果我口渴时看见贩卖机，我会投币买水，喝了水，解了渴，身体得到了满足，渴的感觉就消退了，这个喝水的需求自然也就被放下了。

针对未竟事宜的标记和任务

未竟事宜是源于格式塔的一个概念，此处是对其进行实际应用。如果一个人与重要他人相关的重要需求几乎都未曾被满足，那这些需求就无法真正消退。换言之，如果当时需要的正常体验循环没有完成，那与这些需求相关的、尚未化解的、"卡住"的情绪基模就会植根于我们内心深处，一旦他人触发这些情绪基模，我们就特别容易感到受伤。同时，经年累月地体验这些未被化解的情绪会形成一种长期的、熟悉的痛苦。更严重的是，未解决的情绪会经常被触发，不断干扰和影响个体的人际互动，妨碍个体在当下的生活中与其他重要他人的互动。

未竟事宜的标记是来访者长久以来存在的挥之不去的感觉，诸如受伤、怨恨、无奈、抱怨、渴求等；这些感受通常与对来访者具有重要依恋关系的重要他人有关，而这些感受在目前的生活中也常常被体验到。这些被体验到的感受或被阻断，或被干扰打断，使来访者卡在对另一个人挥之不去的坏情绪循环中。以下是未竟事宜标记的范例。

我父亲和我就是不亲近，从来没有亲近过，我和他没什么话好说。

不管我在学校表现多么好，我父母从来不注意。他们只注意我的失败，我的老板现在也是这样，这让我很抓狂。

我需要妈妈的时候，她从来都不在。

　　我妈妈总是很焦虑、很有控制欲。现在我非常拒绝别人对我的哪怕一点点控制。

　　我父母把照顾弟弟、妹妹的责任全丢给了我。我自己其实从来没当过小孩。

　　当人们在会议上反对我时，我觉得自己好像又回到了 16 岁……父母都在盯着我，我在家族生意里的一举一动，他们都看着。

　　作为一个孩子，我没有一件事情是做得对的，全家人都责怪我，他们现在仍然这样，这就是为什么我不想回家的原因。

　　为什么他从来不能在那里支持我？

　　他不会爱，他无法保持忠诚，他就是一个孩子，这是地狱般的生活。

　　每当我想起她就会哭，觉得她在我心里好像死了。

　　只要一想起他，我就会血往上涌，现在也是。

　　对未竟事宜的干预指的是，当来访者因与一位重要他人的未竟事宜而被触发情绪时，治疗师帮助他重新体验、修通、完成或化解情结，转化未解决的情绪基模，方法是帮助来访者通过想象、面对面接触未竟事宜的当事人，与他们进行对话，表达出当时未曾表达的情绪、想法、需求等。因为对方并非真的在现场，所以这个工作被称为空椅工作。

　　未竟事宜是 EFT 临床工作中最常使用的一个任务，因为每个人都有一些过去发生的、未曾化解的情绪，特别是原生家庭中与父母等重要他人的关系会影响个体当下的人际关系。由于过去的事件可能牵涉的人、事、物很多，伤害程度也有轻重之分，所以未竟事宜的模型比较复杂，解决方案也有很多。针对未竟事宜的工作模型如图 2 所示。

　　我们继续用格林伯格与抑郁障碍患者蒂昂治疗的逐字稿讲解未竟事宜的操作过程。在第一次治疗中，格林伯格针对蒂昂的自责做了自我批评的双椅工作，在工作的最后，治疗师与蒂昂探讨批评声音的来源，蒂昂说源于她的母亲。在第二次治疗中，治疗师希望可以更切实地回到蒂昂童年的体验，处理她与母亲的关系，这就是针对未竟事宜开展的工作。这只是治疗师心里的计划，治疗师要尊重来访者当下的状态，在每一次治疗的开始询问她是否有迫切需要处理的议题。如果没有，治疗师可建议她探索与母亲的关系。来访者先进入童年与母亲关系的叙事，然后，随着标记逐渐明显，治疗师建议进行一次空椅对话。

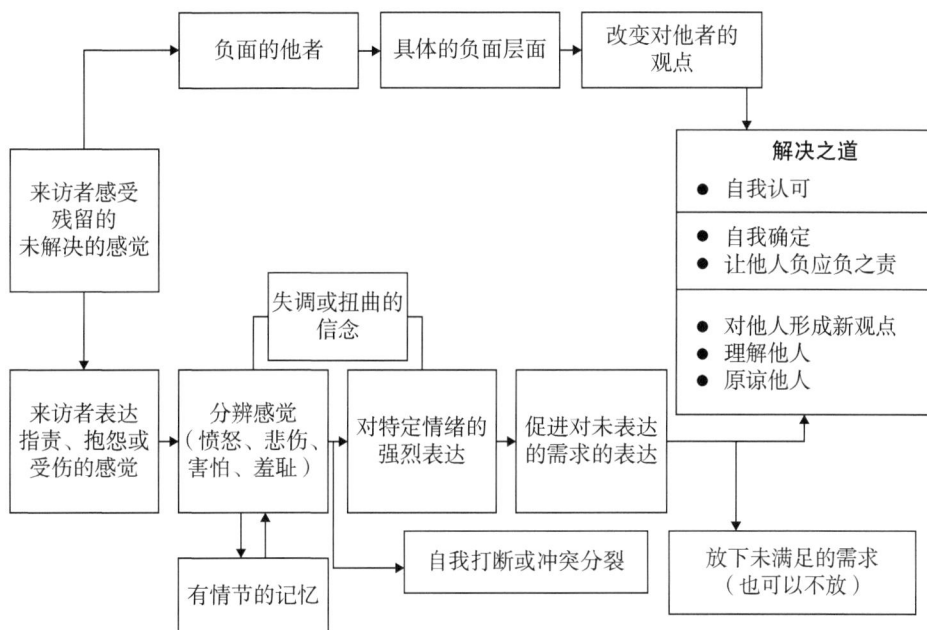

图2 针对未竟事宜的工作模型

征求同意

开始进行空椅对话前，治疗师要征得来访者的同意，且语句要尽量简短，治疗师说得越多，来访者便越容易紧张。治疗师可以说："一开始你可能有点不习惯，不过我会帮助你的。"如果来访者拒绝，治疗师要尊重他们的决定，继续用共情来回应标记，等下次标记再次浮现的时候，再重新提出建议，而绝不可以强迫来访者。有些青少年对椅子工作很排斥，男性有时候也会觉得不舒服，遇到这种情况时，治疗师虽然不用空椅工作，但还是可以在想象的空间中让来访者与重要他人进行对话。

C34：我记得……我记得那时我跟母亲有许多争论，她会称呼我"麻烦精"，而且……

T35：我了解，是的。

C35：我试着告诉她我的感受，而她会说，"不，那不是你的感受，这才是你的感受"。

T36：我明白。

C36：所以……

T37：所以她其实在定义你内在的世界，可对你来说，那是一种否定，是吗？有个真实的自己在那里挣扎，同时也失去了童年早期那种单纯的快乐，是吗？所以这关乎失去，我猜想，但我不确定。（共情性探索，治疗师总是用一种不确定的态度，以表示尊重来访者的感受）

C37：是。

T38：当你开始再去感受那些，你的感觉是什么？最痛苦的部分是什么？（聚焦情绪，跟随痛苦指南针）

C38：我想最痛苦的部分是，我不被允许成为我自己，或者说做我自己。我觉得我得成为某样的人，我妈妈才会爱我。

T39：嗯，嗯，是，是，是的。所以，这是你脑中一部分的母亲，不过我听到了痛苦。所以我建议，我们再做点什么，是的，进行一个对话。因为那里有这么多事，是吗？

C39：是。

T40：我理解你的感觉了，所以我建议这次我们请你妈妈进来，开始尝试处理其中的一些事，这样可以吗？（邀请进行空椅对话，先取得来访者的同意）

C40：好，没问题。

建立连接

如果来访者同意了，那么空椅工作的第一个动作也是拉过一把椅子来，放在来访者的对面。与双椅工作不一样的地方是，不要让来访者坐到对面的椅子上，而是继续坐在自我的椅子上，先与空椅子上的重要他人建立连接。先确定来访者能够进入体验，在想象中仿佛看见对方坐在空椅子上。治疗师要仔细观察来访者的非语言信息，有些来访者一看到椅子放在对面，立刻就出现身体往后缩的动作或者痛苦的表情，在这种情况下，治疗师可以判断来访者的情绪已经被唤起，就不需要建立连接这个环节了。如果来访者没有什么反应，治疗师可以问一些问题来确认："你能看见她坐在对面吗？""你能感觉到她坐在对面吗？""她脸上的表情是什么样的？""她对你是什么态度？""这个距离合适吗？"

这些都不是绝对必要的问题，只是帮助来访者与重要他人建立连接的小技巧，治疗师可以灵活运用。如果来访者看不清对面的角色，感觉很模糊，治疗师还可以问他，当时妈妈的头发是什么样的、穿什么衣服等，用这些细节帮助来访者唤起记忆。脸部表情是最容易触发情绪反应的。有些来访者会提到爸爸那个轻蔑的眼神、严厉的目光，或者妈妈总是在忙着干活，完全看不见我的存在。总而言之，要记住对面空椅子的作用是要激发来访者童年痛苦的情绪记忆和体验，只要达到这个目的就可以继续往下进行了。

T41：好的，好的。好，那么我们……请你想象你的母亲就在那里，好吗？如果请她进来，你能看到或感觉到她在那里吗？（建立连接）

C41：能。

T42：嗯，你的心里发生了什么？你感觉到了什么？（建立连接后的第一个问题）

C42：我觉得很悲伤。

T43：嗯，嗯。

C43：这是……（来访者通常会想要继续讲故事）

T44：你能告诉她你的悲伤吗？（情绪出现，主动引导来访者面对空椅子表达情绪，而非跟着来访者走）

C44：我觉得很悲伤，因为我想跟你有很好的关系。

分辨情绪

一般而言，未竟事宜都包含悲伤与愤怒两种情绪，对亲人又爱又恨，既渴望亲近又因不可得而愤怒。所以，在听来访者讲故事的时候，我们要能够听到悲伤和愤怒的信号，并且共情地回应他们，有这两种复杂的情绪是很正常的。T51 是一个很好的示范。

T51：也许我们可以先针对一种感觉来工作，然后再讨论另一种感觉。它们都很重要，是吧？我听到你说悲伤，对吗？告诉她你想念什么？因为那是你悲伤的根源，是不是？

在悲伤与愤怒情绪之间，我们希望先针对悲伤情绪开展工作，因为一开始的愤怒情绪通常是继发性的，越表达越生气，而且经常会陷入攻击性的"你"语言中。当然，如果来访者所呈现的情绪就是愤怒，先让他发泄一下也是必要的，但是不要强化，而是在共情中探索或猜测愤怒情绪下面更深层的情绪是什么：有时候是悲伤，有时候是害怕，有时候是羞愧。根据来访者叙述的故事，我们可以将心比心地体会，如果换做我们自己，我们的感受会是什么。

如何展开悲伤背后的原因？格林伯格常用一个问句："你怀念什么？"或者"你错过 / 失去了什么（没有得到，想要得到的是什么）？"这两个问句的英语表述是一样的："What do you miss?"但是在汉语里却有不一样的意思。蒂昂一开始说她的童年很快乐，到了青春期才开始与母亲多有冲突，所以我们把这个句子翻译为"你怀念什么"，即怀念过去的那些美好记忆，和母亲关系好的时候的快乐时光。如果来访者与母亲的关系一直都是不好的，我们要问的是："你错过 / 失去了什么？"这句话的意思是，正常的母女关系中可以享受到的事情，来访者却错过了，从未得到，从未享受到。想念失去的母女关系，或者哀悼错过的母女关系，两者都是悲伤，都是哀悼。以上都是引导来访者表达悲伤情绪的技巧。

在空椅工作中，来访者很容易会有强烈的情绪唤起，所以治疗师要经常关注来访者的情绪调节。最基础的调节就是提醒来访者呼吸。

T54：是的，是的，是的，再次呼吸。（看到来访者情绪激动，治疗师提醒她呼吸，帮助她调节情绪，以免她的情绪被过度唤起）你需要从她那里得到什么？

》加强负面他人

如果来访者一直坚持认为重要他人不会做出改变，这可能是让他们实际演出空椅子上他者角色的一个适当标记。换位子，让来访者演出她口中那个不愿改变或者刚刚提到的、做出负面行为的妈妈。同时，更加具体的负面表达也会深化体验者的情感。

C56：我知道我不会从你那里得到的，而且你不会改变，你不愿意改变，这使我伤心。

T57：嗯。

C57：因为我觉得如果你真的爱我，你会在我们的关系上更努力些。

T58：嗯，嗯。

C58：可是你不肯做。

T59：是，是。我建议你坐过来这里，现在你是你的妈妈。我要你现在是你的妈妈，她不愿改变，是个不回应人的妈妈。你要对她说什么？

C59：你是我非常特别的孩子。我爱你，你小的时候，我非常担心，因为你生病了，我努力照顾你、保护你，不让任何坏事发生在你身上。可是你就是不听我的，结果你人生遇到了困难，这都是因为你没听我的话。我看到你在犯错，我不同意你选的路。

T60：听起来她像是在说我觉得被你拒绝。我是说，我在她的声调里听到那个像是"你不听我的话，我要你……"

加强负面他人的表达可以唤起来访者的愤怒情绪，让原本只能表达悲伤情绪不能表达愤怒情绪的来访者内心的力量被激发出来。治疗师在观察与倾听来访者扮演的重要他人时，要注意倾听其语气、语调，观察其肢体语言。通常来访者会像变了一个人似的，而治疗师也更能体会一个孩子面对这样的父母时的心情。所以，这时治疗师可以用共情性猜测推进治疗（T60）。

深化情绪

深化情绪指的是从表面笼统的或继发的情绪出发走到核心痛苦的原发非适应性情绪，然后在核心痛苦中探索需求，并唤起未满足的需求背后的原发适应性情绪。这也是 EFT 深化情绪的路径。当来访者与空椅子对话的时候，他们会讲很多事情，治疗师需要共情性反映关键点，并提出邀请让来访者对着空椅子重复那句话，这样能事半功倍，凸显出两人关系的问题所在。这样就能渐渐接近来访者的核心痛苦。

C74：我试着让你快乐，我也试着活出你所有的期望。有很长很长的一段时间，我试着让你以我为荣，可是对你而言，我似乎永远都不够好。所以我决定干脆朝反方向走，因为不管哪个方向，对我来说都没有差别，你从来没有对我这个人满意过。我无法取悦你，我从来都无法取悦你。

T75：嗯，我从来都无法完全取悦你。（两人关系中的重要挫折，核心痛苦）

C75：你会说这还不错，可是一转身你又告诉我，我得再做点别的，而我所求的只是你快乐、以我为荣，可是你不肯，就是不肯给我。

T76：这就像在你心里面挖了一个大洞，是吗？（共情性唤起，用图像化语言）

C76：是的。

T77：你可以告诉她你的心里发生了什么吗？（引导觉察身体，加强体验）

C77：你在我心里留下了一个洞，这很痛。

T78：嗯。我不断地试图让你，或者要你……告诉她你想要什么？（情绪唤起到一定程度，接着问需求）

C78：我一直试着要你以我为荣，按照我的本来的样子来爱我。

T79：嗯，再说一次。我只是想要你按我本来的样子来爱我。

C79：我想要你按我本来的样子来爱我。

T80：嗯，再来一次。（通常只重复一次，重要的话说三次。这一点显然是亲子关系中很重要的一个需求，针对核心痛苦的重要需求）

C80：我想要你按我本来的样子来爱我。我告诉过她……

表达需求之后

表达需求之后，立刻换位子，看看空椅子上的重要他人会不会有软化的迹象，这是很重要的必须换位子的时候。

T81：嗯，嗯，换过来。那么当你告诉她这个，她说了什么？

C81：我爱你。（关注说话的语气）

T81：嗯，可是这个态度是……传达出来的信息是什么？（治疗师更关注态度，而非内容，这就是重视过程胜于内容的意思）

C81：我不是真的那么爱你，我只是告诉你我爱你，因为这是你想听的，这也是我应该说的。

T82：嗯，可是我不赞同你，是那个不赞同的妈妈，对吗？你不是那个女儿……

C82：你不是我想要你成为的那个女儿，你也不是我认为我会得到的那个女儿。你一生做了很多事，甚至背叛家庭，我看不出现在你为什么要我爱你。既然10年、15年前这对你并不重要，为何现在来小题大做？

T83：嗯，有点像……有点像我觉得被拒绝了。所以我拒绝你，那是……

C83：是的。

T84：基本上，就是我……我拒绝你，我不赞同你，是不是？

C84：是的，这就是我的感觉。

表达情绪

软化不成功，接下来，要引导来访者表达情绪，在该案例中，治疗师要引导来访者表达愤怒情绪。下面，我们看看格林伯格如何引导蒂昂开始表达愤怒情绪的。

T85：好的。换过来。面对这个不赞同，你感觉如何？

C85：我觉得很羞耻，我们永远不可能有母女之间的亲密。我觉得很失望，因为你如此强调花时间在一起，一起去教会，全家一起去度假。我不明白，如果你对我的感觉是那样，为什么还非要我参与这一切？我认为其实……我是对的。我觉得你企图把我拴在身边，是为了你可以提醒我，我的人生犯了怎样的错，所以可以恶待我。

T86：噢，感觉像是"你把我留在身边是为了欺负我"。

C86：是。

T87：嗯，那让你感觉是怎么样的？

C87：我不想被欺负。（蒂昂无法表达"我生气"）

T88：嗯，你告诉她，好吗？

C88：我不想，我不想被欺负。我不想在你周围让你如此待我。

T89：你气她什么？（治疗师直接引导，进入"告诉她，我气什么？"）

C89：我生你的气，因为我一次又一次告诉你，我对事情的感觉是什么，而你全盘否定我的感觉，还告诉我，那不是我的感觉。而且还试图告诉我，我的感觉应该是什么。但你并不是我，你并不知道我的感觉，而这让我怀疑我对生命中每一件事的感觉。

T90：你开始感受到愤怒了，然后你会再次进入悲伤或者有所欠缺的状态，对吗？愤怒到哪里去了？怎么会……（这是观察面部表情的结果，语言是

愤怒的，但态度神情却是悲伤的。这些都是 EFT 的重点，表情比内容重要）

C90：我不想对我妈妈生气，我觉得这样是不对的。（这是一个常见的自我打断）

于是，治疗师在对未竟事宜工作的过程中，开始针对自我打断标记做双椅工作，因为必须绕过这个自我打断，来访者才能开始表达更激烈的情绪。这种自我打断在对未竟事宜的工作中是一种普遍现象，因此也包含在任务模型中。

》 自我打断

在对未竟事宜工作的过程中，自我打断不需要做完整的双椅工作，只要让来访者觉察到自己如何阻止自己表达情绪，意识到自己的需求，并且可以绕过打断继续进行表达，就可以了。操作的过程与自我打断的前半段一样，但是如果来访者开始表达情绪了，就不需要继续针对自我打断工作了，而是可以回到未竟事宜的流程中。

T92：你可以坐到这边来吗？阻止你自己愤怒，或者说你是如何把愤怒拿走的？有什么东西好像出现了，是吗？有个比较强大的你，然后，你对她说什么？现在这是你，别对妈妈生气，她是你的妈妈。（邀请打断者说话）

C92：你不可以生妈妈的气，她自己也不懂，她自己的成长过程也很辛苦，她已经尽她所能做到最好了。她对你有很多期望，并不代表她不爱你，那正说明她非常爱你。她……（打断者通常会从道德的角度、理解对方的角度出发）

T93：所以，你不可以生气。

C93：不行。你不可以生她的气，因为她真的很爱你。

T94：嗯，所以有点像"如果她爱你，你就不可以生气，即使你真的生气了"，我猜。

C94：是。

T95：是啊，你又流泪了。眼泪在说什么呢？（关注非语言信息，并提

出来）

C95：是因为我不能对她生气。

T96：哦。

C96：我不能对她生气，而且假如……

T97：你不能，你不能生她的气。

C97：好的。你不能生她的气……

T98：因为……

C98：因为如果你对她生气，她只会让你觉得有罪恶感，所以生气没有用的。

T99：嗯，你知道吗？真正的生气，跟只是在你的心里面生她的气是不同的。我了解，对她以及对全世界生气，会让事情变得复杂，可是听起来，觉得有权对她生气对你也一样困难，是吗？那有点像是罪恶感，对吗？是不是？你不准生气，因为她爱你，她已经尽力了。这都……你是怎么消灭怒气的？你在青春期的时候，最后还是逆反了，不是吗？（解释两种生气的不同，提出来访者曾经生过气）

C99：是的，我的确逆反了。

T100：嗯，当时你生气吗？

C100：我想我那时是生气的，我想我当时试图引起她的注意，或者……

T101：我明白。

C101：换句话说，让她恼怒。

T102：嗯，嗯……换过来。所以生气的结果是什么？心里在说：你不可以生气。那对你像什么？我是说，你的确感到愤怒，对吗？刚才你说过。

C102：是的，我说过。

T103：有悲伤也有生气，可是怒气似乎消失了，是吗？

C103：因为生气没有好处。

T104：嗯，觉得有权生气，对你可能会有些好处。当然那样一来，像是你不被允许生气。现在对着椅子上的妈妈，告诉她你为什么生气？她不在这里，所以你知道的，<u>你不用担心她的反应</u>。让她知道你觉得你有权生气。

C104：<u>我对你很生气，因为你想要通过我活出你的生命，那对我不公平。</u>

为了绕过自我打断，有时候只要治疗师稍微解释一下就可以了。在这个示例中，格林伯格用的是"觉得有权生气"并不等于真正对妈妈发火，还有一点是强调"她不在这里……你不用担心她的反应"。在临床经验中，面对与父母的未竟事宜，治疗师经常要提醒来访者的是："我不希望你在现实生活中真的对爸妈这样表达。""我只是希望你能听见那个小孩当时的心声和感觉。""爸爸／妈妈现在不在这里，你不会伤害他／她的，也不用担心他／她的反应。"

在听完这些解释或保证之后，大部分来访者就可以慢慢表达对父母的愤怒了。但是也有一些来访者无论如何都不愿意直接对父母表达负向情绪，那也可以先让他们对治疗师表达，让治疗师成为来访者与重要他人之间的媒介。先听来访者想对父母说什么，然后问他，如果父母听到了她这番话，可能对她会有什么感觉，会有什么回应。来访者不愿意做空椅任务也许是他感觉安全性还不够，或者他的自我还不够强大，治疗师可以等待适合的机会。来访者的重要生命议题一定会再度浮现，治疗师要耐心地陪伴、等待。咨访双方经过从 T92 到 C104 的多句对话，蒂昂绕过了自我打断，开始表达对妈妈的愤怒。

C105：<u>我渴望的和我需要的跟你的完全不同。每次当我试着告诉你这些时，你根本不听。你只是继续逼我、再逼我，逼我做一些事。</u>

……

表达愤怒情绪也需要具体化，并且唤起儿时情景式的记忆片段，事情越具体，情绪越真实，但是也有陷入讲故事的危险。治疗师如何把握共情的关键点并引导来访者深入情绪记忆，确实需要经过很多练习和督导。

T110：嗯，告诉她，你讨厌什么，或者对你来说最可怕的是什么？

C110：<u>我讨厌拉小提琴，我讨厌你告诉每一个人，我应该是首席小提琴手，我并不觉得我有那么好。</u>

T111：嗯。

C111：当我没有得到首席之位时，你就对我发脾气，对我失望了。也许，我需要你抱着我，跟我说会没事的。（叙事的时候，需要会自然浮现）

T112：嗯。

C112：而不是对我吼。

T113：对，再说一遍。我需要……（听到重点要重复，需要是一个重点）

C113：我需要你拥抱我，对我说会没事的，而不是对我吼。

T114：嗯，嗯，那很痛，是吗？这就是那个痛，再多告诉她一点你多么痛。（情绪指南针，指向痛苦之处，继续强调痛点在哪里。未竟事宜中一定有很多痛点）

C114：那真的很痛。这是一个主题，在我生命中一遍又一遍地发生。我做的每一件事，如果我失败了，在当时我甚至不可以感到沮丧。因为你在忙着对我生气，对我失望。

T115：嗯，嗯，那就是真正让你痛苦的，是吗？（一个重复出现的主题，就是关系中的核心议题）

C115：是。

……

T124：是，是的，再说一次，所以我生你的气，因为……

C124：我对你生气……

T125：你期望我成为的人不是我。

C125：是，我对你生气是因为你期望我成为的人不是我。我对你很生气，因为你强迫我进入这些情况中，然后告诉我，你对我很失望。

T126：是，是，再说一次，我很生气你强迫我，然后又对我失望。

C126：我对你生气，因为你强迫我做我不想做的事，然后当我表现不如你的预期时，你又对我失望。

T127：对。现在，你感受到身体里的怒气了吗？（治疗师继续核对内容与体验是否吻合）

C127：是。

T128：在哪里？你在哪里可以真正感受到？像什么？我是说，在你的这里（指着身体躯干部分）或者……

C128：哦，我不知道在哪里，我只是……（来访者可以说出愤怒的言语，但是身体还是没有感觉，呈现出表里不一致）

T129：哦。

C129：我觉得我配生气。（我配生气是一个概念，还不是体验。）

T130：是的，是的，而且这很重要，让那种怒气……那是种重要的怒气，这跟拼命地需要被认可是相反的，对吗？不过我认为你身体里面似乎没有空余的位置可以容纳你的怒气，让它成为使你内心强大起来的支柱。所以我们需要帮助它，好吗？再多说一点，我对你生气。我听到你说，我配……你告诉我，"我配……"

C130：我确实配生气。

T131：嗯。

C131：可是……我猜我就是不喜欢生气。（这里还是存在自我打断）

T132：嗯。

C132：我宁可不要生气，直接对她表示原谅。

T133：我了解，可是为了能够原谅，你得先承认怒气，而且是真的生气。不是跟真实世界里的妈妈，而是跟你心里面那个她。刚才你曾经说"我跟你不一样"。哪里不一样？怒气支持这个不同，对吗？告诉她你与她的不同，或者你想做什么样的人。你不是她期望中的那个你……（治疗师继续进行绕过自我打断的解释，然后换个方式提问）

呈现这个案例的目的是让大家看到未竟事宜不容易转化之处。几十年的关系模式不是那么容易改变的。蒂昂可以流泪表达自己悲伤的情绪，但是面对强势的母亲，她心里积累的愤怒情绪还是很难真正被感受到，她无法对母亲表达愤怒，反而有很多自责，这也是她抑郁的原因之一。所以，治疗师一再尝试要唤起她真正的愤怒体验。下面节选的对话仍然是唤起情绪的工作。

C133：我跟你不同，因为我不觉得自己需要不停地告诉每一个人我有多聪明，我也不需要更正每一个人，指出他们的缺点。我跟你不一样，因为我能开玩笑，也能与不认识的人说话。我接受别人的观点，我……

T134：所以我不用处心积虑地证明我自己，或者成为某种形象。

C134：对，我不是一个形象。

T135：嗯。

C135：我是个活生生的人，有自己的缺点，也有自己的长处，我的一切都是我自己的样貌。我对自己真实，我不装成某个不是我的人。

T136：嗯。

C136：现在，我不再需要这样了，因为我是个成年人了。

T137：对，可当我还是个孩子的时候……

C137：可当我还是个孩子的时候，我觉得我得表现出某种样子或者成为某种样子，你才会爱我。我看着你在朋友面前演戏，那不是真实的你。

T138：嗯，嗯，你只是利用我，我好像一个…… 你好像什么？

C138：我好像一个……我好像一个芭比娃娃，或者一个木偶。

T139：是的。

C139：我其实认为我只是你在朋友面前炫耀的工具，因为你没有告诉我你认为我做得好的地方，你也从没有让我知道，你什么时候以我为荣。可是我听到你告诉你的朋友，或者我听到你在电话中告诉他们，我做得有多棒，事情有多了不起。可是你从未当面告诉过我。

在督导中，格林伯格特别提到，有些来访者比较容易表达悲伤情绪，有些则比较容易表达愤怒情绪，而治疗师的任务就是要帮来访者修通他不容易表达的那个部分，让悲伤和愤怒的原发情绪都得到充分的表达。为自己伸张正义的愤怒表达出来之后，来访者才会从内在生发出力量，觉得自己是值得被爱的，是有尊严的。

》 将计就计的激将法

当来访者很难表达愤怒情绪时，治疗师可以顺着她的意思夸张地预测继续这样下去的结果。例如，面对严厉的父亲无法设立界限的孩子，治疗师可以说："好吧，那我就一辈子做你的奴隶吧！"通常来访者不愿意这样说，结果就产生了激将的效果。治疗师可以接着问他："那你想怎么说呢？"这时候来访者就会说出比较有自我力量的话了。我们来看看格林伯格是如何让蒂昂站起来的。

T140：嗯，嗯，所以我气的是……（再度尝试引导来访者表达愤怒）

C140：我很生气，我只是……

T141：什么？

C141：我会不断地从她的角度看事情。（这也是一个自我打断，对母亲的共情超过对自己的共情）

T142：嗯，嗯。

C142：只要我一想到她那么做的原因，我就很难生气。

T143：那么告诉她，在我几乎变成你的时候，我就失去了自己。我失去了自己，因为我了解你。（这是将计就计的激将法，顺着来访者的意思夸张地表达）

C143：我失去了自己，因为我了解你。（迟疑了一下）我不想失去自己，我最近才刚刚找到自己。（来访者语气突然转变，不想继续理解和共情妈妈了）

当来访者的语气开始转变的时候，治疗师加强来访者的体验，包括其所说的话和身体的感受。让这种新的体验能够进入其记忆，形成脑神经网络的连线。这是一种新的经验，是可以转化过去模式的新经验。重复感受加上身体的体验是让来访者可以把这种新的体验（和认知）储存在大脑里的过程。这样，新体验对来访者而言就不仅是一个新概念了，而是一个包含认知、情绪和体验的新的情绪基模。

T144：嗯，你知道的，我并不想把话强加给你，不过我认为这是你说的。我好像融入她，我了解她的观点，然后我就失去了自己的观点，失去了自己的感受，失去成为跟她不一样的人的权利，是吗？

C144：虽然我对你生气，但我仍然把你看得比自己重要。可是我不想这样了，因为你并不把我看得比你自己重要。嗯，从来没有。我很生气，因为那不公平，我再也不要这样了。

T145：嗯，再说一次，我不要再这样了……我不要放弃自己。

C145：我不要放弃我自己，我再也不要那样做了。如果你不以我为荣，如果你做不了你选择要我做的事，那很抱歉，因为我得过我的生活，就像你得过你的生活一样。

T146：现在，当你这么说的时候，你感觉怎么样？

C146：我感到一阵轻松。

T147：嗯，嗯，因为这很重要，对吗？

C147：是的。

接下来要做的是让来访者放下期待，这个过程也非常不容易完成。与父母的未竟事宜一般需要做很多次治疗访谈才能完成，不可能一次就完全解决。

放下期待

放下对父母的期待真的很困难，有一位来访者谈到自己放下对母亲做出改变的期待时，不禁悲从中来："可是，放下这个期待就等于我没有妈妈了啊！"不论母亲再怎么不好，每一个孩子都觉得有母亲还是比没有母亲好。渴望母亲有一天能够肯定自己是很正常的期望。蒂昂挣扎的过程很真实，由于母亲还健在，并且与她每天都有机会互动，每天帮她接孩子放学，所以最后治疗师问了一个现实的问题："如果要你做一件在真实世界中可以做到的小事，让你在寻求她认可这件事上可以稍稍放手，你会做什么？"这个问题是一块试金石，目的是测试来访者的内在是否真的发生了改变。

T148：可是要维持这种分离的观点很难，对不对？

C148：是的。

T149：告诉她，要放弃从她那里得到肯定或赏识的需要对你来说难在哪里？

C149：要放弃从你那里得到认可的需要对我很难，因为在我心底深处，我仍然在盼望着有一天我会得到你的认可。

T150：嗯。

C150：我想我已经开始明白，不管我怎么做，我都不会得到你的认可的。但愿你告诉朋友的你对我的一切想法，都是真的。我其实认为对你而言坐在那里，亲自告诉我应该很容易的。

T151：嗯，嗯，可是你的挣扎是放手。我是说，如果她给你认可当然很棒，可是……（开始进行放手的工作）

C151：是的。

T152：要放手那些想要的很难，对吧？

C152：是的，要放手很难，还有那个希望。

T153：希望有一天我能从你那里得到，是不是？你认为……这个非常……我现在要描绘一幅戏剧性的图像，你认为是否即使到了母亲的坟墓前，你也还是会想得到她的认可？

C153：这个问题我以前想过。

T154：嗯。

C154：我认为我会的。

T155：你会的。

C155：我可能……是的。我想我会的。她即使入了坟墓，我还是会觉得需要她的认可，而我会觉得完全绝望。因为我努力了一辈子仍然没有得到。（无法放下这个期望）

T156：嗯。

C156：而我不要那种感觉。

T157：是啊！

C157：我真的认为她已经给了我她这个人所能给的一切。

T158：嗯。

C158：我只需要学会怎么面对得不到她的认可这个事实。

T159：嗯。

C159：我一直知道的。

T160：嗯，嗯。

C160：我内心某个部分其实一直是知道的。

T161：是，是，是的，可这就是让你挣扎的地方，对吗？

C161：对。

T162：是吗？所以我们来试试。告诉她……有多难，告诉她什么是你能放手的，什么是你无法放手的。或者说对你来说那是怎么样的？现在你觉得怎么样？（无法全部放手，试试看有哪些部分是可以放手的）

C162：我可以放下的是，在每个场合你总是试着让自己看起来是最聪明的人。在我生命中，为了讨你欢喜，我花了好多年做我不见得想做的事。这件事我也愿意放手，我可以放手的还有……

T163：你能在想得到她的认可这件事上放手吗？那是……

C163：我打算学习放手。

T164：是的，这很重要。告诉她，我打算努力……

C164：我打算努力，在需要你的认可这件事上，我要学习放手。因为这对我的生命是不健康的。

T165：嗯。

C165：而且我要继续做我自己，即使你企图告诉我该怎么做，我也要努力让你的话从左耳进，从右耳出。因为我知道，你不会停止你的这些行为的。

T166：是的，是的。如果要你做一件在真实世界中可以做到的小事，让你在寻求她的认可这件事上可以稍稍放手，你会做什么？那会是什么样的？我所知有限，无法给你建议，你能想得出来吗？也许你可以想想如果你不……

阅读后面的逐字稿后大家会发现，蒂昂根本无法与强势的母亲对抗，因为这位母亲实在太厉害了！蒂昂是位传奇的来访者。多年后她写信给格林伯格，感谢他这两次的治疗。她说，这两次治疗改变了她的人生，让她意识到原来自己与母亲之间的关系如此深刻地影响着她的内在。所以事后她又接受了两年的心理治疗，帮助自己进一步解决这个问题。然后她去读了心理学博士，写信时，她已经是一位心理治疗师了！

》过程比内容重要

蒂昂换位子之后所表现的母亲，是非常好的范例。她说话的内容表明她出现了软化，她对女儿说："我爱你。"但是治疗师却听出了语气与内容的不一致，所以他问椅子上的母亲："这种态度是……传达出来的信息是什么？"结果母亲说出了一连串伤人的话。这就是椅子工作的厉害之处，如果单单听来访者讲故事，是无法呈现这些信息的，因为讲故事的时候只能表达内容，不能展现很多与情绪相关的信息，特别是语气、语调与肢体语言。可是当来访者在空椅子上扮演重要他人的时候，很自然地，他们心目中、记忆中的那个人就鲜活地出现在我们眼前了。从这个角色扮演中，治疗师可以得到很多信息，这些是来访者自己也没有觉察的，因为来访者当时只是孩子，他们看见的、理解的都不够深，而此刻在咨询室里呈现的母亲，让治疗师和来访者都可以用成人的角度来观察和理解，这样可以帮助来访者，让童年的自己对自己、对他人产生新的观点。这是 EFT 的治疗可以进展得比较快的关键原因之一。

通用技巧

》辅助技巧

来访者看见空椅子上的对方时所激发的情绪或身体的体验很重要，很多来访者回答的不是情绪，而是想法和行动。例如，我觉得他太严厉了，或者我想把他杀了！治疗师可以使用三个辅助技巧唤起来访者的情绪。第一，把来访者第三人称的叙述变成"我和你"的对话，把"我觉得他太严厉了"变成"我觉得你太严厉了"，治疗师可以用手势引导来访者直接对着空椅子表达情绪。第二，把来访者的指责变为正面表达的期望或渴求。例如，把"我觉得他太严厉了"变成"我好希望你能对我温和一点"，把"你从未支持过我"变为"我需要一个母亲，能在那里支持我的母亲"。来访者很喜欢用问句表达自己的愤怒，治疗师在共情性回应中把问句变成陈述句，这有助于来访者表达自己真实的感受和需要。例如，把"你为什么要哭"变成"哭是没用的，所以不要哭"。第三，鼓励来访者使用"我"语言。尽量表达"我的感觉""我的需要"，而非一直指责抱怨对方，用"你如何不好"这样的语句进行攻击。一开始来访者可能做不到，因此允许一些"你"语言的发泄和表达，然后在可能的情况下鼓励他们使用"我"语言。

C45：我想跟你做朋友，我想打电话给你，告诉你我这一天的情况，以及我生命中正在发生的事情，而不会被你评判或者告诉我该怎么做。

T46：嗯，嗯，所以对于得不到这个我很难过，而且我不喜欢被评价，是吗？

C46：是。

T47：你能告诉她你讨厌什么吗？（治疗师听到了来访者的愤怒情绪，主动引导来访者表达愤怒。）

C47：我讨厌你认为你总是对的，对生命中的每一件事你总是有最好的答案，而且你不许我有自己的想法，不许我有自己的感受，这让我非常生气。

T48：嗯，嗯，你感到生气吗？

C48：我……我觉得比起生气，更多的是悲伤。

T49：是啊。

C49：我如此生气让我很难过，我竟然会有那种感觉。

T50：嗯哼，是一种混合了生气与悲伤的复杂感觉，是吗？

C50：是的。

T51：也许我们可以先针对一种感觉来工作，然后再讨论另一种感觉。它们都很重要，是吧？我听到你说悲伤，对吗？告诉她你想念什么？因为那是你悲伤的根源，是不是？

C51：我想念……我想念你！我想念你抱着我，告诉我你爱我。

T52：嗯，嗯。

C52：我想念你告诉我，你以我为荣，我想念跟你在一起的时间，一起逛街，一起玩，就像我们过去一样。

T53：嗯，所以我想念这种亲密的、肯定的关系。

C53：对。

》》 两步干预法

下面一段对话示范的是空椅工作中重要的两步干预法：共情性反映，然后引导。治疗师先表达对来访者体验的理解，然后引导他们"告诉她/他……"，让来访者从中也可以学到如何层层深入地展开情绪基模的技巧。

T63：所以她很担心你，而且……

C63：是的。

T64：告诉她这些，好吗？告诉她我很担心，我真的……

C64：我很担心，也很害怕，我很怕会失去另一个孩子。

T65：嗯。

C65：我只是想要照顾你，你是我漂亮的女儿，我对你有如此多的希望。可是我希望你做的，你什么都没做。

T66：所以我对你失望。（来访者讲想法，治疗师总结情绪）

C66：我对你很失望。

T67：哦，还有什么？

C67：我觉得我无法原谅你，或者接纳你，因为……

T68：对，告诉她这个，我不接纳你，我不原谅你。

C68：我不接纳你，而且我不原谅你。

T69：我不原谅你什么？（用具体化技术展开细节）

C69：我不原谅你，因为你不肯做我希望你做的。

T70：告诉她你要她做什么？（具体化）

C70：我要你成为全校的风云女孩，成为"舞会皇后"，我要你长大后在芝加哥交响乐团拉小提琴，我要你嫁给一个有钱人，享尽人生的福。

T71：我要你完成我所有的梦想。（帮助来访者总结妈妈的需求和心愿）

C71：我要你活出我所有的梦想。

说到具体信息时，来访者就可以换位子了。来访者换位子以后治疗师问的第一个问题，与针对自我批评的双椅工作是一样的："听到她这么说，你心里有什么感觉？"体验者回答之后，治疗师先共情后引导："告诉她。"一直用"告诉她"避免来访者对着治疗师说话，而不对着空椅子说话。治疗师的身份是对话促进者，而非来访者倾诉的对象，在椅子的工作中，这一点特别重要。

T72：嗯，换个位置，当你这么说时，你的心里发生了什么？你感觉如何？

C72：我觉得这不公平！她把这些期望加在我的身上。

T73：是的。

C73：有很长一段时间我试着活出她的期望，可是似乎都行不通。所以我干脆朝着相反的方向走。

T74：告诉她，好吗？

如何结束

如果来访者的情绪没有转化，那治疗师该如何结束治疗？以下对话便是很好的示范。

T182：是，是。我们需要结束了，而且我们也差不多……不过你知道这是困难的地方，对吗？恰恰因在一个最挣扎的地方，这也是你要继续学习的部分。就如你说的，你要学习做到不需要她的认可。在结束之前，你还想对她说什么？

C183：我爱你，我不需要在所做的每一件事上都得到你的认可，因为我已经是个成年人了。我也打算像个成年人一样，我不再需要凡事得到你的认可了。

T184：好的，现在你心里感觉怎么样？（问一下来访者目前的状态）

C184：我觉得相当……相当好。

T185：嗯。

C185：对着一张空椅子说话，可能比真实情况容易得多吧，可是……

T186：是的，是的。

C186：我认为有些事我的确需要去学习。

T187：是的，你知道这是象征性的。这是在你心里面的工作，不是与她一起。不是要改变她，那不是真正的目标。这其实是在你心里面的放手。（强调不是要跟现实中的母亲做工作，也不是要改变现实中的母亲，而是个人内在的工作。这一点很重要）

C187：嗯。

T187：我是说，在真实世界中如果有她一起也会很好，可是不生气，或者不表达这一切，这其实是在你心里面的一个任务。要对这个需求放手，与之和解，也许原谅，或者……

C187：是的。

T188：是的，我希望你继续努力，这个对你是有用的。（由于没有下一次了，勉励她继续努力）

C188：我想是的。

T189：是，对的，很好。

C189：谢谢。

T190：好的，也谢谢你。

结束治疗时，很重要的是询问来访者当下的感觉，因为来访者开始接受治疗时通常都是痛苦的，治疗师现在核对一下其身体和情绪状态，也是一种肯定和确认。一般来说，经过了椅子工作，不论是空椅工作还是双椅工作，来访者都会有一些新的体验。

就体验自我的核心目标而言，针对未竟事宜开展工作是建立健康的身份认同，形成对自尊与自我价值的肯定，同时激发适当的自信与耐挫力或心理复原力。让来访者对于自己可以把握自己人生轨迹的能力形成切合实际的认识，用建设性的方式开始做出改变。就人际关系的目标而言，来访者是在过程中体验温暖而安全的互动，而且该互动是双向的、生动的，来访者尝试提出需求，接收回应，当来防者在咨询中体验到比较健康的模式，他的人际关系就开始被转化了。这是矫正性的情绪体验，来自于治疗师的陪伴与共情，也来自于两把椅子之间全新的互动。

当针对未竟事宜的工作尚未完成，但这一次治疗却需要告一段落时，该怎么办？治疗师首先要告诉来访者，这是一个过程，不见得一次就能完成。这时候，对治疗师而言，很重要的是接受对方所处的状态，肯定这是一个过程；对来访者而言重要的是为过去的自己平反，能够表达自己内心真实的感受、想法与需求，让过去互动中的对方承担应负的责任，最后产生比以前强大的自我感觉。另外，在治疗结束前留几分钟让来访者回顾本次治疗中的体验过程对她而言有何意义，是一种很好的认知整合。

解决未竟事宜是否意味着在实际生活中与重要他人的关系彻底改变了？通过上面的案例，大家应该清楚地看到，并非如此。这里工作的对象是来访者心目中的父亲或母亲，自己小时候与父亲或母亲间发生的一些不太理想的相处经验或创伤经验。所以，在治疗中，治疗师要帮助来访者区分现在的父母与心目中过去的父母，这非常重要。其实，这也是来访者经常纠结的一点，他们会说："虽然小时候父母对我如何，但是他们现在老了，情况已经改善了。""因为我已经达到他们的期望了，他们现在对我很好了，只是我面对他们的时候，过去的情绪一直过不去。"对这类来访者而言，治疗师要帮助他清楚地区分，当下他只是在治疗室里倾听过去那个小孩的声音，工作针对的是他心目中过去的父母，以及他痛苦的记忆与情绪，而不是他现在与父母的关系。来访者需要治疗师多次向他们确认，他们不需要对现实中的父母"讲出"这些话，这一点非常重要。有些来访者在治疗之后，还是决定要当面质问父母，或者告诉父母自己需要什么、错失了什么，如果其父母有机会与治疗师沟通，这种做法也是可以接受的。有些来访者没有在治疗室处理过未竟事宜，直接找父母表达对他们过去的行为的不满，这通常会对父母造成伤害，而自我防御的父母说出来的回应又会令成年的孩子失望，甚至造成更深的伤害。有一位因抑郁障碍不上学的孩子，在治疗师就其与父亲的未竟事宜开展工作之后，忍不住对父亲表达了自己的声音，抗议父亲过去的教养方式太严格，以至于她现在如此胆怯、呆板。因为孩子已经生病了，父亲也不敢再指责她，母亲则好奇地询问治疗师："这孩子怎么越治疗脾气越坏啦？"对于抑郁障碍的患者而言，能够表达怒气其实是一种进步，母亲理解之后也就不再担忧，但是治疗师还是要不断提醒来访者，空椅工作是让她与内心的父母对话，在治疗中转化她心目中严厉的父母形象，就能够促进她在现实中与父母的关系，而不是直接在现实中找父母理论。在临床案例中，很多来访者接受心理治疗之后，过去受伤的小孩被唤醒，然后就不断希望当前的父母能够改变，能够安抚自己内心一直没有得到满足的小孩。这是一个很大的误区，治疗师需要不断就此提醒来访者。

空椅工作的变化版

当前人际关系

　　当前人际关系指的是来访者与非重要他人之间的人际关系议题，以及与重要他人之间持续存在的情绪伤害议题。对该议题开展工作时，刚开始的流程与针对未竟事宜开展工作是一样的，让来访者想象互动的对方在空椅子上，建立连接，然后治疗师询问来访者的感受，让来访者向互动中的对方表达心里真实的感受与想法。来访者可能会讲很多故事，治疗师要共情来访者的情绪，引导他向空椅子上的对象表达。如果来访者面对的是非重要他人，如老板、同事、朋友等，在探索来访者的情绪之后，治疗师就不必再询问来访者"你需要从对方那里得到什么"，因为对方不是来访者的依恋对象，不需要为来访者的心理需求负责。此时治疗师要问的是："你需要为自己做些什么？""你想对他说什么？"这里工作的重点在于帮助来访者表达愤怒与悲伤情绪，澄清其感受，然后不要期待对方会改变，也不一定要换位子去听对方的回应，而是要在"我需要为自己做什么"这里结束。这样的结束是赋能给来访者，提高其自我能动性和自主性，让他知道，他是有选择的，他可以做自己的主人，可以决定自己的人际关系和未来发展方向。

侵犯者 / 加害者创伤

空椅工作还经常用在侵犯者与加害者的创伤案例中。在这种情况下，治疗师不要让来访者直接进入与侵犯者的对话中，因为来访者可能还处于恐惧和受伤的情绪中，没有力量对抗侵犯者。通常，治疗师会先帮助来访者对当时需要保护他而没有尽到责任的人表达情绪。每一个小孩都是值得被照顾、被爱和被保护的，童年遭遇伤害的孩子，多半处于自责与羞愧的情绪中。我们先帮助他回顾当时的环境，对那位应该保护他而没有尽到责任的大人表达情绪，这个过程是处理创伤之前的暖身。来访者开始接触那一段尘封已久的记忆，开始接触当时受伤的小孩，开始表达小孩的心情和需要，能够为小孩发声、替他表达抗议。这个过程就在为害怕的小孩赋能，激发他捍卫自己的义怒，然后再让他做第二个空椅任务，直面当年的侵犯者。

在与侵犯者对话的过程中，不要邀请来访者坐到对面的空椅子上，因为我们不期望侵犯者或加害者会软化，重要的是激发来访者内在的力量，能够向对方直言："我讨厌你做的……""我需要你做的是……"最后，如果在目前生活中来访者仍然有机会见到侵犯者 / 加害者（很多侵犯者都是熟人），一定要讨论在现实生活中来访者打算如何做。这是设立界限的练习，听听来访者的真实计划，治疗师就可以评估来访者目前内心的状态及其人际关系状态。

第九章
重新梳理的标记

在 EFT 中，有一组标记与生活中的事件相关。在生活中，有时来访者的情绪被激起，但自己并不清楚是怎么回事，或者不知道该如何恢复平静，在治疗中需要对此进行重新梳理。这一组标记对应的任务是通过来访者的叙事进行的。

EFT 强调叙事视角的重要性，认为叙事与针对情绪的工作是相辅相成的。很多来访者在叙事的过程中会体验到情绪被唤起，而情绪基模的组成元素也少不了情境与叙事的元素。有三个辅助性的标记分别是有问题的反应、叙事压力和意义抗争。

有问题的反应对应的任务是系统式唤起展开，叙事压力对应的任务是创伤叙事（即对创伤进行重述），意义抗争对应的任务是重新创造意义。

这三个任务共同的方法是让来访者重新回到触发情境现场，运用感知觉接触情绪基模：先回想当时的情境记忆，并加强对情感的回忆，然后接触核心原发适应不良的情绪反应与情绪基模。在整个过程中，治疗师要跟踪来访者情绪的指南针，逐步进行探索。在系统式唤起展开中，治疗跟踪的是治疗师的好奇；在创伤叙事（又称创伤重述）中，治疗跟踪的是来访者的痛苦与脆弱；在重新创造意义中，治疗跟踪的是来访者对不公平产生的愤怒情绪与痛苦的感觉。在三个任务中，停留在故事中都很重要，同时要让来访者试着重复故事中的关键内容，看看是否有什么过去的记忆浮现。有时候也可以使用椅子工作重现当时的情境。

在重新梳理的任务中，很重要的一点是治疗师要帮助来访者重新经历当时的情境，所以治疗师会让来访者生动地回忆当时的情景，鼓励其具体化地描述细节，以便其接触和处理情绪体验。另外，治疗师要帮助来访者分辨情绪，以便其更好地理解自己的情绪。例如，来访者从说"感觉不好"，进步到能够标明感受是"尴尬"，再进一步能够说出"当时难以忍受的尴尬让我恨不得钻到地洞里去"。这就是对情绪的分辨越来越细致、越来越清晰的一个过程。当来访者说他很"愤怒"的时候，治疗师帮助他分辨是哪一种愤怒，是冷暴力、挫败的怒火，还是轻微的恼怒。

有问题的反应

有问题的反应指的是生活中有时候个体会有一些特别的、奇怪的反应，但是自己都不明白为什么会这样。例如，上班途中看见一只垂着耳朵的狗，你突然感到一阵悲伤，自己也不明白为什么；看见门没关、灯没关，你一定要把它关掉，否则就不舒服，自己也不知道为什么；昨天逛完商场之后就一直觉得不开心，但是自己也不清楚为什么。总而言之，生活中的一些事件触发了自己的情绪，但是自己并不清楚到底是什么原因，这个时候就可以引入 EFT 的一个特殊任务，即系统式唤起展开。这是赖斯在 20 世纪 70 年代中期从来访者中心疗法传统中发展出来的，也是 EFT 的第一个有标记引导的任务。

标记"有问题的反应"包含三个元素：第一，来访者描述的一个外在的情境；第二，同时描述的个人的反应（感觉或行为）；第三，来访者自己感到困惑，或者不理解自己的反应。该任务模型包含 6 个阶段，如图 1 所示。

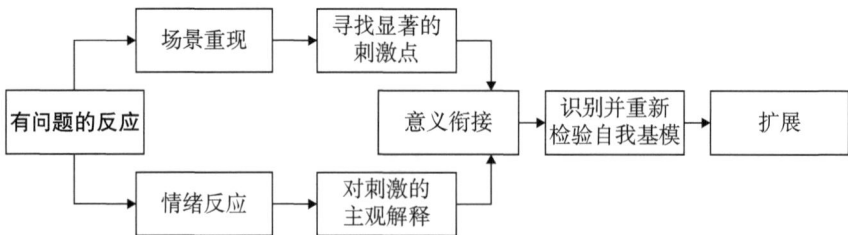

图 1　系统式唤起展开

识别标记

当治疗师听到来访者提到一个自己很困惑的、出乎意料的反应时，治疗师需要共情、识别标记，并建议进行"系统式唤起展开"任务。我们以艾略特2018年在上海的培训讲义中的案例加以说明。

C1：我这周末有个奇怪的经历，然后我整个人就封闭起来了，好像都不能讲话了一样，有一种被困住的感觉。我不太理解这个情况，也不明白发生了什么，就让我觉得那么难受。

T1：你觉得封闭起来了。听起来，你对自己的反应有点困惑不解。你想进一步探索一下吗？

C2：好啊，这样可能有点用。我就觉得好难受，但是不知道为什么。

场景重现

来访者生动具体地形容那个情景，好像放电影一样重现当时的情况。治疗师帮助来访者丰富细节，将那个情景在治疗室中生动地再现出来。通常治疗师会从事发之前谈起，了解来访者在事发之前的状态，才能够对比其被触发时的不同之处。治疗师会问："那天早上起来，你的心情如何？"一直问到事件发生的时间，再聚焦更细微之处。这个过程描述得越生动，来访者就越有可能接触自己的情绪反应。场景重现的目的是为了判断来访者的反应是何时产生的，并且要对反应之前发生了什么事有所了解。在听故事的过程中关注情绪反应爆发的那一刻很重要，这样才能识别情绪的触发和刺激因素是什么。

T2：我想请你描述一下发生了什么事，回想一下当时的画面，就好像你把当时的情景拍成了电影，现在回放出来。这个感受是从什么时候开始的？（开启场景重现）

C3：那是个下午，我们请了一些人来家里，然后情况就越来越糟。

T3：好的，让我先大概了解一下，在此之前，那天的情形是怎样的。你早上的感觉如何？

C4：哦，让我想想，还好。是的，我早上觉得还好。我有点累，因为要下一些订单，也有点不耐烦。我们周五搬了家，所以我希望能整理一下还未开封的纸箱。

T4：好的，所以，你觉得有点累，有点不耐烦。那么早上你去拆箱了吗？

C5：是的！我们也在等我公婆和朋友下午过来帮忙。

T5：好的，所以，是从什么时候开始你觉得自己封闭起来了？

C6：是当我和公婆一起在厨房干活的时候。我们拆开箱子，拿出碟子，放进洗碗机。我婆婆把一个茶壶也放进去了，我说不要放，那个我会自己手洗的，然后她就不高兴了，公公开始替她辩解，情况就变得很紧张、很尴尬。

寻找显著的刺激点

治疗师一边听来访者的叙事，一边带着好奇心跟踪其情绪，留意其情绪发生变化的时刻，然后帮助其辨识情绪的刺激和触发源——可能是某个想法、某种语气或某个表情。治疗师接下来探索来访者对该情境的主观解释，即刺激对来访者的意义。此时，治疗师要放慢速度，像近距离、慢动作地回放电影一样，跟随来访者的情绪。

T6：所以你在厨房里，站在哪里？

C7：我就在水槽边，我婆婆在我旁边。

T7：你公公呢？在哪里？

C8：他在房间另一端，站在小梯凳上换灯泡。

T8：好的，所以，你和婆婆站在水槽边，然后你注意到她正要把茶壶放进洗碗机，于是你说"别！这个我要手洗"，然后发生了什么？

C9：我婆婆就说她的茶壶用洗碗机洗出来总是很干净，而且不会磕坏。

T9：嗯，洗出来总是很干净而且不会磕坏，这里有什么东西刺到你了？

（找寻引发情绪不适的关键点）

C10：不，是她的脸上……她脸上的那种表情。

T10：所以是她脸上的某种表情使你感到不舒服？

意义衔接

意义衔接指的是来访者与治疗师一起识别出反应和刺激源之间的因果关联，来访者会恍然大悟：难怪我会有这样的反应，原来与原生家庭的一些未竟事宜有关，而非与当下的对象有关。治疗师帮助来访者识别其占主导地位的情绪基模，找到有问题的反应产生的原因，提高来访者的自我理解，增进来访者对自己的性格特点、价值观和情绪基模的认识。

C11：是的……她不知怎么看起来好像受伤了一样。

T11：所以，看见她好像受伤了，不知怎的却使你关闭了起来？（区分这是痛苦的感受本身还是一个触发点）

C12：对！我觉得自己有责任，我必须照顾他们。（意义的联系）

T12：不知怎的，你觉得别人受伤的时候你要负责？

C13：是的，这个，我家里就是这样。我记得我总是很关心我妈妈怎么样了，暗暗察言观色。她看起来受伤了或者伤心了，我就会去照顾她，但我觉得在这个过程中，我自己也迷失了。

从婆婆的眼神联系到"别人受伤的时候，我有责任照顾他们"的意义，再联系到自己原生家庭的模式，来访者对自己这样反应的原因有了新的觉察。接下来就要扩展来访者的体验，考虑新的选择。

识别并重新检验自我基模

当来访者意识到自己与母亲过去的关系让她现在有这个想法时，治疗师可以继续探索她与母亲相关的情绪基模，了解她自己的意义系统。通过"我是""我需要""我应该"等自我基模，进一步探索来访者的自我基模与其他生活情境的关联，重新检验自我基模。治疗师在聆听中找寻并鼓励来访者继续探索更宽广的意义。在这个阶段，治疗师还可以探索来访者的情绪风格、情绪基模并检查情绪来源，在多重例证之下检视其准确性，并评估这些过去的情绪基模对来访者当下的影响，以便让来访者决定要不要做出新的选择。

扩展并考虑新的选择

在最后一个阶段，治疗师帮助来访者对其在关系中或社会中的自我运作有了新的理解，让他可以跳脱从前的固定模式，并探索改变对他意味着什么，让他拥有改变的力量，开始考虑新的选择。

系统式唤起展开的应用范围很广，只要来访者对某个刺激有过激的反应，治疗师都可以运用系统式唤起展开的技术寻找关键激发点，然后带入真正的议题。例如，来访者提到，每当儿子发脾气的时候，她就心跳加速、胸口发闷，十分惊恐。治疗师可以运用系统式唤起展开，带领来访者回顾最近一次儿子发脾气的事件，聚焦引发来访者躯体不适的反应之前儿子的种种行动、话语与表情，看看究竟是哪一点触发了来访者的躯体反应与情绪反应。在这个过程中，来访者澄清，不是被冤枉的感觉，而是儿子那种死缠烂打的行为让她有种无助的感觉，觉得问题没法解决了。抓住核心的触发点之后，治疗师带领来访者继续探索，她的这种感觉过去和谁在一起时曾经有过？来访者很快就想到，小时候对爸爸就是这样的感觉。接着治疗就可以针对未竟事宜展开了。

在美国心理学会录制的艾略特的系统式唤起展开示范录像中，来访者想探索的是，为什么她接到妈妈去世的电话之后却没有反应，没有感觉，还睡了一觉，自己是不是有什么不正常。治疗师引导她详细回顾从电话铃响那一刻开始她心中的感受，以及说了什么、做了什么，直至她睡觉醒来之间发生了什么，最后终于找到她其实也掉了眼泪，但是一个很强的自我打断立刻锁住了她的眼泪，让她自己后来都无法觉察曾经浮现的悲伤。如此强大的自我打断让来访者大部分时间都活在与情绪隔离的状态下，于是治疗师开始处理来访者的自我打断议题。系统式唤起展开通常是一个很好的探测器，能够帮助咨访双方找到更深的议题。

叙事压力

叙事压力的标记是外在事件引发了来访者的痛苦和脆弱的感觉，让他觉得需要倾诉。这时候治疗师需要开展的任务是创伤重述。该任务和重新创造意义的任务都源于艾略特等人在 20 世纪 90 年代的创伤研究。治疗的方法是帮助来访者重新叙述创伤事件，同时再次体验过程中的困难。治疗的核心是让来访者重临最艰难的时刻，看看那时候来访者的需要是什么，本该发生却没有发生的事是什么。

一般而言，创伤事件对于当事人来说，在当时是一种巨大的冲击，当事人会有很多情绪和记忆，且是混乱、冻结的，来访者心中的记忆是片段的、不完整的，缺乏连贯性。所以，让来访者重新叙述当时的情景非常重要，有时候甚至要不止一次地重新叙述，因为在重述的过程中，很多细节会浮现，来访者当时的感受、想法、需求可以重新被探索。来访者的多次重述可以把其创伤过程中的记忆空缺渐渐填补起来，让其在治疗师的陪伴下一起重访可怕的创伤记忆。一方面使来访者不再孤单，另一方面也为他提供了新的视角，可以帮助他更客观地看待此事。通常来访者心中充斥着自责，甚至有意回避想起此事。

治疗师要做的是通过展开叙事与共情性鼓励，发现并肯定来访者的长处。在这个过程中，治疗同盟特别重要，进行创伤叙事的来访者犹如一只受惊的小动物，非常脆弱，缓慢地移动，轻声地说话，伴随着治疗师的肯定往前走。在这个过程中，治疗师需要在故事中停留一会儿，重复故事的部分内容，等待是否会浮现出什么新的信息。这是一个陪伴来访者再度体验的过程。

在创伤重述的过程中，治疗师需要注意以下几点。

第一，观察并探索。治疗师持续观察并探索来访者在重述故事时心里的矛盾之处（模糊不清的情绪与想法）、情绪的调节及安全议题。治疗师可以通过以下问句核对来访者的状态："你心里现在的体验是什么？""这样可以吗？会不会太多了？"

格林伯格曾督导的一个案例中的来访者在童年时经历过性侵创伤。治疗师在倾听来访者重述当时场景的过程中，一直在纠结到底要问到什么程度才不会造成二次创伤，所以基本上就是共情性跟随来访者，回溯她小学放学回家路上被一位不认识的"老师"侵犯的经历。来访者详细描述那个老师脱了她的裤子，她很害怕又不舒服，就告诉老师，不要这样。督导的时候，格林伯格的指导意见是，治疗师可以再问一句："那个男子到底做了什么？"因为受伤的孩子对于当时的记忆是混乱而模糊的，治疗师如果不问，来访者也不会说，治疗师问了，来访者告诉了治疗师，她自己也就清楚了。果然，当治疗师问出这个问题时，才知道来访者是被猥亵，而不是被性侵。这两者的区别很重要。来访者还说，等她回到家，母亲发现她晚归，问起经过，母亲很紧张地问她："你有没有被强奸？"来访者很委屈地告诉治疗师："我根本不懂什么叫强奸，就说没有。然后妈妈就不管我了。"在童年被侵犯的案例中，来访者对没有尽到教育和保护职责的母亲通常都会有伤心和愤怒的情绪，然后才是对加害者的害怕和愤怒。一般来说，先让来访者针对没有尽到保护责任的母亲开展空椅工作，让这个未竟事宜完结，然后再开展针对加害者的工作。在开展针对加害者的空椅工作时，不要让来访者坐到对面的椅子上，来访者先要表达的是"不是我的错"和指向对方的愤怒情绪，然后再触及将来如何保护自己，设立界限。一次性的创伤与持续性的创伤是不一样的。一次性的创伤比较容易处理，长期的性侵或暴力等持续性创伤的处理办法请参考《复杂性创伤的情绪聚焦疗法》。

第二，拓展叙事。来访者的创伤记忆通常是支离破碎的，如果来访者表示自己已经讲完了，或者不知道如何继续讲下去，那治疗师可以用下面的问句重新开启叙事的探索过程："我听到当时你在那里，然后……"或者"我还在刚才那一部分……"

第三，关注反应。治疗师最需要关注的是来访者的情绪和体验。来访者是在讲述故事，但治疗师要帮助来访者在叙述的过程中重新感受当时被冻结的痛苦情绪和体验，帮助来访者展开事件发生时自己内在的体验。治疗师要重点询问故事的关键时刻和关键元素。例如，"这件事发生的过程中，对你来说最艰难的部分是什么？""最糟糕的部分是什么？""哪部分不断地让你回想起来，忘不掉？""你能带我回到那部分吗？"

第四，扩大反应。我们经常说："发生了什么不是最重要的，个体如何看待此事、如何回应才是最重要的。"所以，重述创伤之后，来访者对创伤所赋予的意义，以及这件事对来访者个人的影响，是最需要被整理的。治疗师可以运用下面的问题帮助来访者思考创伤事件对其个人的意义，实现其对生命故事的叙事整合："你觉得这件事对于你这个人意味着什么呢？""这对你来说，是什么意义？""这整件事现在对你有什么意义？"

第五，处理反应。梳理完事件之后，治疗师可以问来访者："和我分享这些，是什么样的感觉？"让来访者再一次回到现实，并体验有人倾听、陪伴与共情时自己的感受。这是一种元处理，这样做可以让来访者跳出来看自己刚才的经历，加深其体验。在创伤重述的过程中，来访者在治疗师的陪伴下重访过去的痛苦经历，这本身对来访者而言就是一种矫正性的情感体验。这也是在治疗的最后来访者与治疗师连接、与现实连接、跳出来看自己的过程。

最后要强调的一点是，在创伤重述的过程中，要给来访者足够的时间，让其故事的具体细节能够浮现。一般而言，在一次治疗中大概要有 30 分钟左右进行创伤重述。下面是艾略特修订的创伤重述任务模型的六个步骤。

介绍创伤叙事

来访者提到创伤或过去困难的经验，这就是开展任务的标记。治疗师倾听并反应该标记，然后提出可以开展创伤重述的任务，并解释该任务的原理。在过程中，治疗师要留意识别和探索来访者不情愿的、矛盾的感觉，让来访者清晰地觉察到不是自己的错，接着与来访者一起评估，来访者是否愿意尝试该任务以及如何开展，然后鼓励来访者开始讲述故事。

进入创伤叙事

来访者一般会从外在的视角描述创伤过程，并简要地介绍事件的性质和内容。治疗师则要鼓励来访者在想象中再次进入当时的情境，犹如进入电影情节一般。在叙述的过程中，治疗师与来访者一起探索故事外在的细节与来访者内在的细致反应，并且共情性认可来访者的情绪，保持共情性跟随来访者，不要打断故事的叙述。当来访者卡住时，治疗师要提供聚焦点，帮助来访者继续说下去。

创伤叙事的深度体验

这部分是工作的重点。此时来访者已经触及自己最痛的创伤，能够从更深层、更内在的视角再次体验创伤。治疗师运用叙事拓展的方法引导来访者进行更详细的复述和更深入的再次体验，并面质来访者记忆中的内在体验和外在情景，肯定来访者当下重新体验到的情绪，用共情性唤起和适时的总结回应来访者。

下面是一个创伤重述的案例，来访者经历了一次车祸，年轻同事不幸身亡，身为主管的他为此非常自责。在一开始的创伤重述中，来访者有严重的自责，以至于无法面对死者的父母。在叙事过程中，治疗师发现主管起初的用意是善良的，同事本来要坐火车出差，后来发现主管带着客户也要去同一座城市，于是要求搭个顺风车，主管同意了。谁知第二天高速公路上发生了车祸，坐在后座的主管与客户没事，而坐在副驾驶位子上的年轻同事却因撞到头而身亡。在一次次的创伤重述中，治疗师和来访者一起发现，事发后主管如何尽心尽力地救助那位同事，如何一直陪他说话，送他去医院，直到医生宣布抢救无效。来访者重新看见自己在整个事件的过程中如何尽心尽力地陪同事走完了最后一程，通知并陪伴、照顾他的父母。在重述过程中，伴随着治疗师的共情性标明和共情性肯定，上述细节慢慢地浮现，一定程度上缓解了主管的自责和内疚的感受。虽然整件事非常令人遗憾和难过，让主管恨不得自己从未做这件好事，未让年轻同事搭顺风车。但是，如果真的重来一遍，自己好像也还是不会拒绝给同事提供搭车的方便。一次一次地重访这些故事情节，看看是否有什么地方可以改进的，换个做法是不是就可以挽回这一条年轻的生命，看看自己有什么具体的亏欠……这些都需要梳理与澄清。而这位主管需要在安全的环境下再次面对整个过程，才能给自己一个公平、客观的评定。

在创伤重述过程中，治疗师要留意来访者的安全感，特别是分享性侵之类的创伤性秘密时，因为这会唤起来访者很强烈的情绪，治疗师需要适时地帮助来访者进行情绪调节，避免来访者出现过度换气或被情绪淹没的情况。必要时，治疗师要暂停任务，帮助来访者调节情绪或处理呼吸。除此之外，治疗师尽量不要打断来访者的叙述，并鼓励其重返故事的重要时刻或最痛苦的部分。一般而言，来访者都有逃避痛苦的倾向，但治疗师要引导他跟随痛苦这个指南针，趋近痛苦、表达痛苦并转化痛苦，从而最终离开这种痛苦。这也是 EFT 的指导原则。

探索创伤的意义和影响

来访者体验过后，治疗要进入让他整合认知与意义的阶段。EFT 是一种"自下而上"的治疗过程，所以它虽然强调认知与叙事的整合，但是要在来访者体验过后再开展这项工作。先让来访者自己识别创伤的后果及其意义，治疗师则鼓励来访者探索因创伤带来的丧失，帮助来访者寻找那些在新体验中浮现的新视角及其中所蕴含的新含义。治疗师倾听、询问并反映创伤的新视角和新含义，倾听、询问并反映故事的要点或来访者学到的经验教训。

评估核心价值和信念

在整合阶段，治疗师要帮助来访者反思和探索对自我、他人及其对世界、对人生的核心信念和价值观，帮助他拓宽视角，理清这次特定的创伤经历与他的整体价值观、核心信念之间的关系。

理解和接纳创伤

最后，治疗师引导来访者反思对创伤的整体经验及其在重述中得到的疗愈的感觉，询问他讲述故事时有什么感觉，浮现出了什么新的理解，让他自己表达对创伤、自我、他人、世界和人生产生的新的理解和接纳，治疗师再回应和总结来访者对创伤的理解和接纳。

在叙述工作的最后阶段，治疗师可以和来访者进行讨论，从起初重要的意义，如"我害死了那个年轻人"，进入叙事最困难的部分，如"发生车祸，年轻人受重伤了"；接触关键的情绪基模，如"坏事发生了，都是我的错"……在来访者重述的过程中，其情绪基模得以展开，并且在其中加入新的观点和积极的元素，让来访者看见自己的善意，明白意外事件"不是我的错"。

帮助来访者重新体验"不是我的错"是重访创伤工作中很重要的一种体验。对意义和影响的探索不能开展得太早，要等到第四个阶段再进行讨论。因为来访者必须先对整个事件有了完整的感觉，然后才能回答这个问题。如果创伤叙事过程与这个模型不完全吻合，那也没关系，因为模型只是参考，治疗师跟随来访者、陪伴来访者一起重访过去才是最重要的。

意义抗争

人生不如意事十之八九。当来访者遇到一些事件，让其平常笃信的信念受到挑战时，来访者会被愤愤不平的怒气或痛苦的感受所缠绕。例如，一个老实、善良的好人却遇到孩子患不治之症这样的事；一个年轻有为、努力上进的员工却看到偷奸耍滑、溜须拍马的同事得到升迁……这些事件挑战了他们平时视为珍宝的信念，如善有善报、辛勤耕种必有收获等。通常，这会让来访者处于一种模糊或混乱的情绪唤起状态中，来访者展现全面的痛苦感，这便是意义抗争的标记。在共情性探索与分辨来访者情绪的过程中，治疗师进入来访者受到挑战的信念及该信念坍塌的冲突与抗议中。

来访者通常处于挫败、愤怒的痛苦情绪中，他们的叙事中有抗议的成分。第一，不相信："我不敢相信发生了这件事！"第二，有一种不现实的感觉："这不是真的！""这种事情不会发生的！""这个感觉太不真实了！"第三，有一种错误的感觉："不应该是这样的。""太离谱了，这不公平！"

整体而言，治疗师要运用共情性探索处理来访者的意义抗争问题。治疗师先共情性反映来访者自己所珍视、所看重的核心信念及与生活经验不协调的事件的内容；然后用唤起反映（用意象、比喻、标签化）来形容生活事件与信念之间的关系；同时也可以用共情性猜测尝试了解来访者核心信念的本质；最重要的是用探索性的问题探索形成这些信念的生活事件，以及来访者一直持守该核心信念的原因。有一位来访者一直认为自己不能过得太好，否则就会有厄运降临。这是他一直笃信不疑的信念，该信念给他目前的生活带来许多困难，因为他不敢轻松自如地生活，也不敢真实地活着。治疗师经探索发现，来访者童年时经历过几次巧合事件。每当他在学校表现优异，得到老师表扬，喜滋滋地回家想与父母分享时，刚好都遇到母亲受伤或者家里出事。那个内疚的小孩就把自己的好运与家人的厄运联系在了一起，产生了一个笃定的信念：我的好运会给家人带来厄运，所以我千万不能过得太好，否则家人会很危险。该创伤事件所形成的错误信念背后是来访者深深的恐惧——失去家人的恐惧。

具体而言，针对意义抗争的标记，治疗师需开展重新创造意义的任务，该任务包含三个阶段。

说明阶段

这是澄清与识别标记的阶段。在该阶段，来访者充满困惑与不信任，因为生活事件引发了其强烈的情绪，其一向珍视的核心信念受到挑战。治疗师一方面要对来访者珍视的信念加以探索，并用语言、意象或符号将之表达出来；另一方面要对来访者的情绪予以共情，确认标记，提出任务，帮助来访者详细叙述生活事件。治疗师可以更深入地探索："这种痛苦和什么有关？""什么原因导致你这么痛？""对你来说，是什么受到了威胁？"

生活中有许多不公平的经历会触发我们的痛苦，很多原生家庭的信念也会捆绑我们，给我们造成痛苦。有一位女性从小就梦想自己要有一段好婚姻，夫妻双方一生一世、永不分离。所以在婚姻中，无论丈夫做了什么伤害家庭、伤害她的事情，她都维系着自己的婚姻，同时也感受着强烈的痛苦。对男性来说，"不可以失败""再努力一点，就可以克服困难了"这些成长过程中励志的信念，经常在成年人的世界中给他们带来痛苦，让他们陷入死胡同，难以走出来。在临床上，很多焦虑障碍患者便是被不合时宜的信念绑架。

探索阶段

在这个阶段，治疗师要帮助来访者呈现其核心痛苦，深化其相关的核心信念；然后，引导其对自己的反应进行反思，即为什么自己是这种感觉；接着寻找该信念来自哪里，与其过去的生活或经历有何相关，并提出假设。最重要的是评估这个被珍视的核心信念的可持续性，比较过去的情况（起源）与现在的情况的不同之处，促使来访者对核心信念的持续价值进行探索。有些在过去很重要、很有益处的想法如今已经不适用了，但是我们依然习惯性地如此反应，这就是僵化的思维和习惯。

在焦虑障碍的临床案例中，不乏这样的来访者，他们从小就珍视的信念是："不要浪费时间，要全力以赴。""只要再努力一点，就可以克服困难。"这些信念帮助他们在学习的过程中、在工作的初期阶段过五关斩六将，成为常胜将军，以至于他们对这些信念深信不疑。但是，随着职位的升迁、责任的加重，这些信念让他们疲于奔命，甚至焦虑得失眠。他们如今面对的困难已经不是靠个人再努力一点就能够克服的了。担负家庭、事业、孩子、父母等责任时，全力以赴的信念让他们即使 24 小时连轴转也难以应对。这些被焦虑困扰的痛苦的来访者除了服药之外，还需要探索这些核心信念的来源，以便实现转化。

来访者核心信念的来源大都指向童年。有些来访者的信念来自对父母言语行为的观察，因为履行这些信念会得到父母、师长、亲友的表扬，于是这些信念就被强化了，使其变得更加不可动摇。也有些来访者的信念源自成长过程中的创伤事件。例如，有一位小时候经历了父母离异的女孩在外婆家长大，她一直盼望回到母亲的身边。等到母亲再婚，她回到母亲身边的时候，却发现母亲很不会照顾自己，她感觉这个新家让她很没有安全感（也许第一次父母离婚的创伤未曾处理，女孩已经失去了对家的安全感）。所以，小小年纪的她就下定决心，自己一定要好好努力，不能浪费时间，一定要成功，不但要保障自己的生活，也要保障母亲未来的生活。结果她几乎从不与人交流，因为觉得大部分人都在浪费时间。她后来果然事业成功，但是，在她结婚生子后，她开始感到"不要浪费时间"的痛苦。生活经验与理性思维已经告诉她，有些人际来往并不是浪费时间，她不希望自己的孩子未来也像自己一样辛苦。可是，这个"不要浪费时间"的焦虑声音却绑架了她，让她无法自由，不能接受常人的家庭生活，轻松享受天伦之乐。

在临床治疗中，有些男性焦虑障碍患者谈到"再努力一点，就可以克服困难了"的信念。这是他们从小到大的成功秘诀，但是等到职位升迁、责任加重的时候，完成工作、克服困难已经不能单靠一己之力了，而是需要团队的分工与合作。当团队成员不够努力，不如来访者那么负责时，来访者就陷入焦虑之中，因为事情无法按照自己原先的设想推进，而进度落后或无法如期完成对他来说简直就是灭顶之灾，是他所无法承受的。这样的来访者在自己给自己施加压力及别人无法提供支持的环境下，通常都处于崩溃的边缘，需要靠服药来稳定情绪。

修正阶段

如果来访者的某个核心信念已经不适用了，治疗师可以引导他表达改变该信念的愿望，并尝试修正或删除该核心信念。治疗师可以这样问："这样想会把你带到什么地方？""我心里希望有什么不一样的感觉？""我可以做出什么改变？""我希望有什么不一样的想法？"

改变的过程涉及对核心信念来源的反思：它或许源自来访者生活中的经验，或许是他对自我与他人的关系的复制或反叛。例如，有些人不自觉地复制了母亲"受气包"的模式，认为生气是不好的，一定要委曲求全，尽力讨好身边的人；也有人因为看不惯母亲是个"受气包"而决定自己要反其道而行，做一个强势的人，千万不要跟母亲一样。此外，信念往往不是单一的，而是多个相互交织的信念共同形成的。其中有些是可以改变的，如"我不需要一直委曲求全"；另一些可能是难以改变的核心信念，通常与"我是谁"有关的信念比较难以改变，如"我不能错"。这样的信念也与过去的情绪基模有关，治疗师要帮助来访者探索和评估不同的信念。

解决问题的方法是信念本身的微调或松动、软化，让来访者不再受过去情绪基模的辖制，而变化的方式可以有许多，例如，信念从过去事情"是"什么样变成事情"应该"是什么样；或者缩小信念的范围，只对某些人、在某些情况下适用；或者强化信念，成为核心价值观；或者改变生活事件的意义，创造新的意义；或者使行为与信念一致，减少冲突与痛苦……总而言之，通过三阶段的探索之后，来访者明白自己的信念是什么，来源于何处，再决定是否继续按照这个信念过未来的日子。

临床中，持有"绝对不可失败"或者"再努力一点，就可以克服困难了"等信念的焦虑障碍患者在明白信念的来源之后，大都能够改变信念，肯定自己已经做得很好了，不需要再过小时候那样的生活。但是有时候，来访者的信念根深蒂固，例如，坚持"活着不可浪费时间"的来访者就未必能够轻易改变，因为那个信念已经深深地刻在来访者生活的方方面面，并且让他获益良多。这样的来访者也许很难完全改变这个核心信念。而在难以实现转化的时候，治疗师也要尊重来访者的选择。

针对重新梳理标记的任务属于 EFT 中的辅助任务，梳理这些任务的目标是在过程中找到影响来访者的核心痛苦及其相关冲突，而核心议题是自我与自我关系中的自我冲突或自我与重要他人关系中的未竟事宜。例如，通过系统式唤起展开，来访者发现自己与婆婆的不愉快源于自己与母亲的未竟事宜，与儿子的冲突竟然源于自己与父亲的未竟事宜，车祸的创伤主要是自己责备自己，而意义抗争追踪下去也是自己与自己的冲突。所以，在 EFT 的培训与督导中，椅子工作是最重要的内容，针对自我冲突的双椅工作、针对未竟事宜的空椅工作与重新梳理的标记等都需要治疗师在时刻追踪的过程中灵活运用才能解决问题。

第十章
EFT 的个案概念化

在 EFT 中，个案概念化是督导过程中的"重要语言"，能够帮助治疗师找到治疗工作中的卡点与问题。这些概念与 EFT 的操作模型息息相关。格林伯格与艾略特都曾从不同的角度提出帮助学员进行个案概念化的方案。两种方案都能够帮助治疗师与督导师对来访者进行更深入全面的理解和讨论，但也都相对复杂。之后，提姆拉克在《如何转化情绪痛苦》（*Transforming Emotional Pain in Psychotherapy*）一书中也提出了简易版的个案概念化地图。本章将分别介绍这三种 EFT 个案概念化的方案。

MENSIT

格林伯格与弟子高德曼在《EFT 的个案概念化》（*Case Formulation in Emotion-Focused Therapy: Co-Creating Clinical Maps for Change*）一书中提出了理解来访者的 MENSIT 模型，即标记、情绪、需求、继发情绪、自我打断、主题六个词在英文中首字母的缩写。由于 EFT 的工作进程是由标记引导任务的，所以治疗师看见了什么标记很重要。能够识别标记（Marker），才知道要开展什么任务。EFT 是针对来访者的情绪工作的，并且认为针对某些情绪开展工作是无效的，所以跟随来访者的核心痛苦情绪（Emotions）非常重要。探索情绪的目的是为了帮助来访者探索其过去未被满足的需求（Need），这是 EFT 转化情绪的关键点。但是，来访者一开始呈现的几乎都是表面的继发情绪

（Secondary emotion），治疗师能够分辨继发情绪且不停留于此是很重要的能力。另外，自我打断（Interrupt）经常是阻碍来访者深入情绪的原因，在 EFT 中必须开展针对性的工作。最后，在与来访者会谈三四次之后，治疗师对来访者应该有全面的理解，至少知道来访者的核心痛苦是什么。根据该核心议题，治疗师能够用一句话概括来访者的主诉问题、核心痛苦及两者之间的关系，这是治疗的主题（Theme）。

识别标记

前面详细描述了 EFT 的 13 个标记，格林伯认为，其中有 6 个比较重要，分别是脆弱性标记、有问题的反应、不清晰的感受、自我批评、自我打断及未竟事宜。大部分来访者都有自我批评和未竟事宜这两个核心标记。根据来访者的情况，治疗师有时候需要开展聚焦、清理空间或其他任务，在创伤来访者的治疗过程中，治疗师则需要开展创伤重述或其他与叙事相关的任务。除了共情之外，识别标记是 EFT 治疗师的第二个重要的能力。

识别核心情绪

在督导过程中，格林伯格经常会问："来访者的核心痛苦是什么？"EFT 治疗师有如中医把脉，跟随来访者的痛苦情绪，识别令来访者最痛苦的是什么，该痛苦来源于何处。通常而言，来访者经常被触发的核心痛苦情绪就是其原发非适应性情绪，找到该痛点及相应的情绪是 EFT 治疗中很重要的一点，先要抵达痛处，才能离开痛处。治疗师找到来访者的痛点，找到该痛点的根源，区分该痛苦情绪到底是继发的还是原发的，也就找到了疗愈的路径。不论来访者每一次带来的是什么议题，治疗师都会发现，来访者被激发的情绪是相似的。而这种核心情绪又能够带我们进入最初的情绪基模和原始事件。EFT 的治疗途径给人感觉好像是跳跃式的，它通过核心痛苦把看似不相干的事件连接在一起。举例而言，有一位母亲因为与儿子的关系不好前来求助，表面上看起来是亲子问题，当治疗师用空椅工作唤起母亲对儿子的感觉时，发现母亲的感觉是无助、无望与委屈。根据这些情绪往下探索，发现另外一个让她感觉无助、无望和委屈的人是她的丈夫。探索她与丈夫的关系时，发现丈夫对她非常不好，几乎到了情绪虐待的地步，但是她为什么能够坚持这么多年呢？再探索下去，发现她的童年非常孤独，母亲偏爱弟弟，她一直都要做听话的乖孩子、学校的好学生，才能得到父母和老师的表扬。从小她就担心，如果自己学习不好或不听话，母亲可能就不要她了，这个害怕被抛弃的恐惧是她最深的痛苦。结婚以后，终于有了一个属于她的人，她终于有了归属感，所以不论丈夫如何批评或要求她，她都会尽力满足，就像小时候尽力满足母亲的要求一样。原来在婚姻里她最深的恐惧也是："如果丈夫不满意，那就代表我不够好，我还需要再努力，免得被抛弃。"治疗进展到这个阶段，来访者也发现，她面对儿子、丈夫的感受与小时候面对母亲的感受是一样的，都是因为害怕关系的断裂而无底线地忍受，结果反而纵容了对方，让对方更不把自己当回事。她的无助、无望和委屈都是表面的继发情绪，而真正核心的痛苦是孤单与害怕被抛弃。为了避免该核心痛苦，她忍受了常人不能忍受的错待。因为核心痛苦是来访者尽力回避的痛，唯有在治疗中把它暴露出来，摊开在阳光下，来访者才能发现自己一直以来的需求，找到需求之后才知道如何化解，才能帮助童年的自己表达情绪、接触需求、转化情绪。

识别需求

在识别需求的阶段，很重要的一点是找到来访者童年被错误对待时内心深处的需求。这里指的是每一个人天生就有的存在性需求，如安全感、被保护、被爱、被理解、被接纳、被尊重等，而不是外在的、行动层面上的需求。在治疗开始阶段，来访者自己也不知道自己的需求是什么，好在当情绪基模被唤起的时候，每种情绪背后都隐藏着真实的需求和行动倾向。例如，恐惧的时候需要安全感、被保护，行动倾向是战斗、逃跑或僵住；悲伤的时候需要被安慰、被安抚，行动倾向是寻求拥抱；愤怒的时候需要被认可并设立界限，行动倾向是推开侵犯者，保持距离，保证安全，维护自己的空间与界限。这些都是治疗师需要了解的基本需求和行动倾向。

继发情绪

关于情绪的词汇有五百多个，大部分都是形容继发情绪的，而关于负向情绪的词汇又比关于正向情绪的多。治疗师先要了解最基础的六个基本情绪（即喜、怒、哀、惧、羞耻、厌恶），有能力分辨来访者所说的情绪属于这六大基本情绪的哪一类，才能够帮助来访者继续走下去。例如，焦虑与担心属于害怕（惧）一类，抑郁属于悲伤（哀）一类，失望属于愤怒（怒）一类，想躲起来、不想见人属于羞愧（羞耻）一类；恶心、想吐属于厌恶一类。一般来说，无助、无望是来访者经常提及的情绪，治疗师要知道这是继发情绪，要继续探索无助、无望情绪背后到底是孤单还是害怕。委屈也是中国人经常表达的情绪，这是一个复合性情绪，是伤心加愤怒，需要拆解。嫉妒也是复合性情绪，包含了对自己的羞愧和对别人比自己好的愤怒。熟悉继发情绪背后的基本情绪，知道常见的情绪如何拆解，对处理未竟事宜非常重要。治疗师把人际关系中的复杂纠结的情绪一个个梳理、摊开，对来访者而言便非常有帮助。

识别打断

在对来访者的情绪开展工作的过程中，治疗师最大的挫败感往往源于来访者对情绪不敏感，或者其经常性的自我打断，来访者的情绪无法流动，治疗工作很难深入。而这恰恰是 EFT 的强项，治疗师学会如何处理来访者不自觉的自我打断，即帮助其发现打断，带领其绕过打断，让其进入更深层的情绪，更真诚地进行自我表达。这正是 EFT 的治疗快速有效的原因之一。而在学习的过程中，治疗师觉察自己也有自我打断，修通自己的自我打断，也是绝对必要的自我成长方向之一。

识别主题

格林伯格在某一次的培训中曾说，每个人都有核心议题，有的已经被处理，有的还没有完全被处理。治疗师必须了解自己的核心议题是什么，在与来访者开展工作中遇到自己的情绪被唤起时，需要判断是个人议题被触动了，还是与来访者的调谐共振。EFT 把来访者前来求助的种种"症状"总结为人生三大议题：第一，自己与自己的关系议题；第二，自我与重要他人的关系议题；第三，存在性议题。

》 自己与自己的关系议题

大部分人只关注外在的人、事、物带给自己的压力、痛苦和喜悦，不大能觉察自己与自己的关系。所以在 EFT 的治疗过程中，我们帮助来访者看到他如何让自己焦虑、抑郁，如何恐吓自己、批评自己、打断自己，帮助他区分并体验这些内在过程，往往会让他进行深入的自我觉察，获得新视角，升起改变的愿望。

自己与自己的关系议题包括自我批评、自我恐吓、自我打断、自我安抚、自我矛盾（两个对立的声音，无法做决定），以及想做却做不到的冲突，以上议题都可以用动机式访谈处理。

》 自己与重要他人的关系议题

EFT 在处理人际关系议题上的效果超越其他流派，其中运用最普遍的就是与重要他人关系中的未竟事宜，针对未竟事宜的空椅工作专门处理自我与过去重要他人的议题。在督导中常见的错误是，治疗师错用针对未竟事宜的空椅工作处理当前的人际关系议题。未竟事宜处理的是来访者记忆中未解决的情绪，并不在乎重要他人在现实生活中是否改变。我们要改变的是受伤的来访者对那个重要他人的记忆，而不是改变现实中的重要他人。但是如果处理的是来访者当下的人际关系议题，治疗师就需要关注互动双方的感受和需求，而非一方的单向表达。

》 存在性议题

存在性议题指的是超越依恋关系与自我身份认同，关乎生活受困、丧失及死亡的问题。例如，被困在痛苦的关系中不知如何选择等受困议题，或者有人因车祸失去了双腿、因癌症失去了乳房等丧失性议题，或者"我是谁""人生有什么意义""我活着有什么目的"这类生命议题，这些都是存在性议题，都牵涉到选择，有时甚至涉及道德。遇到存在性议题时，不要停留在哲学性的思辨与讨论层面，而要渐渐靠近问题背后来访者对自我和对关系的感受与经历，让存在性议题转化成自我议题或关系议题。有一位抑郁障碍的来访者想探讨人活着究竟有何意义，治疗深入下去却发现，她的抑郁症状的触发点是父亲的去世，之后，她开始质疑生命的意义，所以，其实是因丧父之痛未曾处理，沉重的悲伤让她觉得生命没有意义。另一位来访者有自杀倾向，觉得人活着真的没有任何意义，但探讨下去发现，她从小活在孤单与恐惧之中，从来不敢以真面目示人，表面上是好孩子、好学生，老师家长都喜欢她，内心里她却觉得自己一直在演戏，演得好累，快要演不下去了，希望能够快点落幕，自己就可以下场了。这是一个没有安全依恋关系的孩子，自我的部分也有很多分裂与冲突，加强其依恋中的安全感、整合自我才是 EFT 治疗工作的重点。许多问题的核心都会回到自我冲突与未竟事宜，这是为什么 EFT 培训如此强调与这两个标记对应的核心任务的原因。

格林伯格关于 EFT 个案概念化的操作流程，请参考《EFT 的个案概念化》一书，其中提出了三阶段 14 步骤的框架。EFT 对于个案概念化的理解有几个特点。第一，安全的治疗同盟是唤起来访者情绪的前提，即治疗师与来访者之间是否已经建立了安全的、可信任的治疗环境。第二，治疗师对来访者的理解在其时刻追踪来访者情绪的过程中逐渐展开。治疗师对来访者的情绪与整个人的状态全神贯注，时刻追踪其情绪，这是 EFT 的治疗模式。第三，EFT 的治疗目标是对过程做出诊断，对来访者的议题进行概念化，而不像传统的治疗方法那样依据症状做出诊断并制订治疗计划。第四，个案概念化的过程是由治疗师与来访者共同建构的。治疗进到第四次或第五次时，治疗师必须把自己对来访者的个案概念化与他分享，看看他是否同意。如果来访者同意了，表示咨访之间建立了共同的目标，治疗的方向指向来访者的核心痛苦议题。每次的治疗不论触发点为何，都会指向同一个核心意义，治疗师要探索该源头并对其进行转化。在治疗中浮现多个标记时，治疗师也可以用个案概念化作为引导，判断对不同标记开展工作的权重。

什么是个案概念化？就是治疗师时常问自己一系列问题，根据对这些问题的答案，帮助自己理解来访者，并决定下一步需要做什么。

三阶段双轨道

格林伯格与高德曼的个案概念化在治疗的三个阶段各有侧重，同时也会关注来访者和咨询师这两个不同的轨道，即双轨道并行。三个阶段不同的侧重点具体如下。

》 第一阶段：倾听来访者展开叙事，并观察来访者处理情绪的模式

治疗师要问自己的第一个问题是：来访者的主诉是什么？在开始接受治疗时，来访者通常会讲故事，在听来访者讲故事的过程中，治疗师关注的不仅是故事的内容，更重要的是要评估来访者接触情绪与处理情绪的模式。例如，他能觉察自己的情绪吗？他能标明并表达自己的情绪吗？来访者的表里是否一致？他能接纳自己的情绪，做自己情绪的主人吗？他需要治疗师帮助调节情绪吗？他需要治疗师帮助他更深入地分辨自己的情绪吗？这些都属于关注过程胜于关注内容的技巧，也是学习过程中比较难以掌握的部分。大部分治疗师都习惯于关注内容，EFT 的治疗师则需要扩展自己的观察能力与觉察能力，从理性关注内容的习惯中跳出来，开始更多地关注过程，观察来访者整个人的状态，关注他每时每刻状态的变化。这是不容易培养的能力，但是每个治疗师都可以逐渐学习，成为一个更敏锐的、关注来访者情绪和身体反应的治疗师。

如果来访者的主诉问题是焦虑，治疗师要问自己的第二个问题是：焦虑症状背后的故事是什么？

听故事的时候，治疗师除了观察来访者处理情绪的模式，还要关注故事内容本身呈现的依恋关系议题和自我冲突的议题。例如，来访者提到自己从小就很重视父母说的话，即使是父母闲谈的内容，他都能听进去并把它们当作自己努力的标准。父母说隔壁家小明的行为不好，他就暗下决心，自己绝对不要跟

小明一样。努力达到父母的要求，做一个完美的孩子，是来访者从小给自己设立的目标。听到这里，治疗师就可以猜到，来访者的自我与自我的关系可能存在自我批评或焦虑分裂，而在与父母的关系中，他也许没有得到父母足够的肯定，以至于要不断用讨好的行为来得到父母的关注。

在上述的假设前提下，治疗师要问自己的第三个问题是：来访者故事中最揪心的痛点是什么？来访者的痛苦是为 EFT 的治疗师指明前进方向的指南针。如果来访者说，最痛的就是感觉父母从来就没对自己满意过，不管自己表现多好，他们永远都在说别人家的孩子如何如何好。好像来访者永远都达不到父母随时改变的标杆，有了好成绩还要有好行为，有了好事业还要有好家庭，有了智商还要有情商。自己有一种永远无法达标的挫败感。

治疗师问自己的第四个问题是：来访者的情绪唤起程度如何？声音质感如何？情绪调节能力如何？治疗师根据评估治疗有效性的 7 个原则观察来访者的情绪处理模式，以决定要继续唤起来访者的情绪还是要调节其情绪。

》第二阶段：与来访者共同建立治疗焦点，识别其核心情绪

治疗师用 MENSIT 模型触及来访者故事中呈现的主要情绪基模，即其核心痛苦情绪，这就是治疗的焦点，同时还要识别标记并开展任务。治疗师首先要问自己：标记（M）是什么？标记是开展任务的指引。例如，前面这位来访者显然需要就自己对自己要求很高的自我批评开展工作，或者就自己吓唬自己的焦虑分裂开展工作。因为来访者目前呈现的是焦虑的状态，治疗师也许会从焦虑的自我分裂开始，探索来访者内在是如何进行自我对话的。从来访者的自我分裂中治疗师也许就会看到来访者与父母之间未竟事宜的标记。在这个过程中，治疗师要问自己：来访者的核心痛苦情绪（E）是什么？对这位来访者而言，他似乎一直未得到父母的认可、一直觉得自己还不够好，这是他的核心痛苦，是种羞愧的情绪，构成自我身份认同的一部分："我还不够好，所以父母没有肯定我，我一定要继续努力才能得到他们的认可。"接下来治疗师要问自己：来访者的需求（N）是什么？那个羞愧背后的需求是什么？似乎是自尊和

被认可的需要。那来访者的继发情绪（S）是什么呢？焦虑是其最主要的继发情绪，因为目前的客观情势让他无法再依靠一己之力达到令自己满意和放心的状态了。但其焦虑的根源是害怕，害怕如果自己失败了，就会令父母失望。而如果自己令父母失望，就好像自己这一辈子都活得没有意义了，因为他从小就是为了满足父母的期望而活的。治疗师接下来问自己：来访者有没有自我打断（I）的迹象？对这位来访者而言，在针对未竟事宜工作的过程中，对父母表达自己的不满是非常困难的，因此可能出现自我打断的标记，需要治疗师帮助其绕过或处理自我打断。最后，治疗师问自己：来访者的核心议题是什么？来访者概念化的主题（T）是什么？在思考主题的时候，治疗师要问自己：来访者的主诉与情绪基模或主题之间有什么关系？概念化的叙事大概就是这样的：不能处理目前的工作让你非常焦虑（主诉），你对自己的责备和恐吓让你更加焦虑，而这种责备和恐吓的声音似乎与你童年一直得不到父母肯定的痛苦相关。我需要帮助你表达童年的需求未被满足而引发的痛苦和愤怒，才能修复这个伤口。

》第三阶段：关注过程的标记，产生新的意义

治疗师跟随过程中浮现的标记和任务，把完成任务之后来访者收获的新视角和新观点与原来的主诉问题和个案概念化的主题联系起来。假设来访者在处理自己的焦虑分裂时发现自己恐吓自己的关键是："如果我不好，父母就不会喜欢我，我就没有价值。"后来在针对与父母的未竟事宜开展工作的过程中，来访者开始表达对父母认可自己的渴望，对没有得到父母肯定的失望，甚至对父母指桑骂槐的愤怒。最后，来访者发现，父母如果知道他们的闲聊会对孩子造成这么大的压力，他们会诚恳地向孩子道歉，父母对他表达，他们爱他胜过他的成就，希望他健康胜过一切。这样的对话会给来访者带来安慰，让他松绑。当针对与父母的未竟事宜工作之后，来访者再进行自我对话时，其自我会比较有力量，能够安抚其焦虑的自我，告诉自己，其实自己已经够好了，休息一下也没关系，不需要这么辛苦，这么累了！得到自我安抚，焦虑的自我也会

平静下来。这个过程就是治疗师带领来访者从主诉问题走到自我冲突，再走到未竟事宜，然后在重要关系转化后，再回到自我关系，最后回到主诉问题。那个造成来访者焦虑的核心痛苦（我不够好，所以父母不认可我）已经得到了转化，恐吓的自我被松动，焦虑的症状随之得以缓解。来访者对待事业和生活的态度也会有所松动。当然，冰冻三尺，非一日之寒。椅子工作的体验性对话会给来访者带来新的感受与观点，让其视角更丰富，内在更有弹性，僵化的自我关系发生松动，这些都是改变的迹象。而 EFT 最令人震撼的是通过关注来访者的未被满足的需求、唤起其原发适应性情绪并为其带来转化，让其在某一次治疗中因新的体验转化了核心痛苦情绪而带来症状的突然改善。

》双轨道

双轨道指的是来访者的叙事轨道与治疗师关注情绪的轨道平行发生，来访者关注的是内容与叙事，治疗师关注的则是来访者讲述内容时的情绪与过程，这两个不同的轨道同步进行。治疗师要具有时刻追踪来访者情绪的能力，还要具有一边听故事、一边关注治疗过程的能力。

五维个案概念化模型

EFT 的国际培训师都有丰富的教学和研究经验，所以 EFT 的理论与培训师的教学模式也处于不断更新变化中。同样是关于 MENSIT，经过不同的排序、组合之后，艾略特在 2019 年提出的个案概念化模型得到了学员一致的好评。因为该版个案概念化模型的操作性很强，并涵盖了与来访者有关的 EFT 的重点。在预备接受督导的过程中，艾略特建议学员思考下列问题：（1）主要的治疗重点——来访者为何前来寻求治疗；（2）关键的任务标记；（3）来访者的主要情绪基模；（4）来访者的情绪处理模式；（5）来访者的性格特点——人际与自我的内在风格。

治疗重点

治疗重点涉及来访者前来寻求帮助的主诉是什么，这是治疗师需要一直放在心里的问题。而督导通常聚焦于某一次咨询，那就要考虑在本次治疗中来访者的主诉是什么；与其前来求助的主诉有何关系？个案概念化的作用就在于能够理解本次治疗议题与来访者的核心议题有何关系，在咨询四五次之后，治疗师需要能够清晰来访者的核心议题及其核心痛苦情绪是如何影响其当下的生活的。来访者在每次治疗中的议题都能找到与其核心痛苦的关系，如此一来，来访者的原发非适应情绪与事件就越来越清晰，其需要转化的情绪与需求也越来越清晰。

通过咨询，治疗师还要明白来访者有哪些未竟事宜需要处理，艾略特称之为"被中断的生命议题"。这是一份潜在的工作清单，其优先顺序要根据来访者的主要议题与核心痛苦而定。

关键的任务标记

在倾听来访者故事的过程中，治疗师会发现很多可以工作的标记，需要加以整理并做到心里有数。治疗师在接受督导时也要清楚标明，本次会谈中呈现了什么标记，特别需要接受督导的是什么任务。EFT 的治疗师就像一位好医生，知道来访者的症状是什么、痛在何处、需要经过什么样的治疗、做什么手术才能疗愈。督导的过程就是核实这些想法与熟练操作这些技术的过程。

主要情绪基模

情绪基模的探索包括下列几个方面。

1.确定有问题的情绪：从来访者的谈话中观察到的、目前困扰来访者的痛苦情绪有哪些。

2.分析来访者情绪反应的类型：继发反应性情绪、原发非适应性情绪、原发适应性情绪。

3.情绪基模的元素：把此次咨询中呈现的主要情绪基模的各个元素都找出

来，包括感知的和情境的、身体内在的感觉与外在的表达、体验到的情绪、事件的象征意义、内在需求与外在行动倾向。

来访者的情绪处理模式

来访者的情绪处理模式指的是其投入情感体验或脱离情感体验的方式。我们感兴趣的是来访者经常使用和擅长的模式是什么？回避的又是什么？艾略特根据情绪基模的元素与工作的三阶段进行评估。来访者的每一个情绪基模元素都有一个起初的状态，即治疗师开始与之工作时的状态，也有一个已经转化改变的历程，见表 1 的例子。

表 1　来访者的情绪处理模式

情绪基模要素	受限制的 / 失调的	如何工作	改变的历程
感知的 / 情境的	外在化	专注于外在	重新认知（改变认知）
身体的 / 表达的	躯体化	聚焦身体	轻松释放
体验到的情绪	失调的	聚焦感受	接受情绪变化
事件的象征意义	抽象 / 纯粹概念的	象征的意义	意义认知
动机的 / 行为的	冲动的 / 付诸行动的	积极表达	行动计划

来访者情绪基模起初的状态可能是受限制的或失调的，例如，感知外在化；感受躯体化；情绪失调包括情感淹没，或者麻木解离；事件的象征意义是抽象的或纯粹概念性的；动机可能是冲动的，行为可能是付诸行动的。治疗师开始与之工作的状态可以是专注于外在、聚焦身体、聚焦感受、聚焦于帮助来访者积极表达其反思与象征的意义。最后出现的改变历程包括体感的放松、情绪体验上的转化、认知上的自我反思（包括有新的意义、新的观点），行为上按行动计划推进。

性格特点——人际与自我的内在风格

这部分内容涉及来访者如何看待自己，如何看待他人与自己的关系。自己与自己的关系可以用社会行为结构分析的 SASB 内摄模型（见图 1）分辨，分为自我责备（批评）、自我保护（焦虑）、自我肯定（自我安抚）、自我忽略（虐待）。自我与他人的关系也可用这个模型说明，具体又可细分为两个部分，即他人如何对待我、我如何对待他人，可能是责备的、攻击的、控制的、忽略的，也可能是解放的、肯定的、疼爱的、保护的。

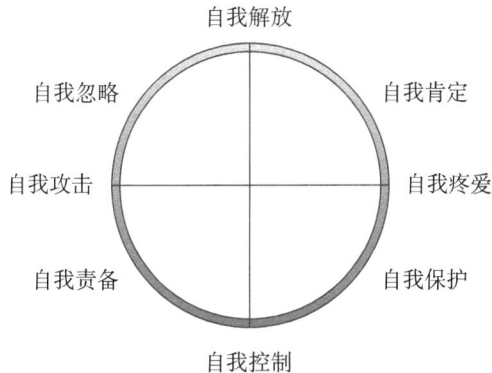

图 1　自我对待的 SASB 内摄模型

转化情绪痛苦的流程

艾略特的五维个案概念化模型与格林伯格的 MENSIT 模型在 EFT 中都很常用，但都比较复杂。第二代 EFT 治疗师提姆拉克在 2017 年提出了转化情绪痛苦的流程图，该图更加方便实用（见图 2）。

如果用见树与见林的概念区分这三个概念化模型，那么格林伯格与艾略特都是试图不放过任何一棵重要的树，以至于我们鸟瞰这片树林时感觉有点杂乱，难以记住重点，而提姆拉克提出的这张流程图不着眼于一树一木，而是提供了一张观看 EFT 树林的清晰鸟瞰图。

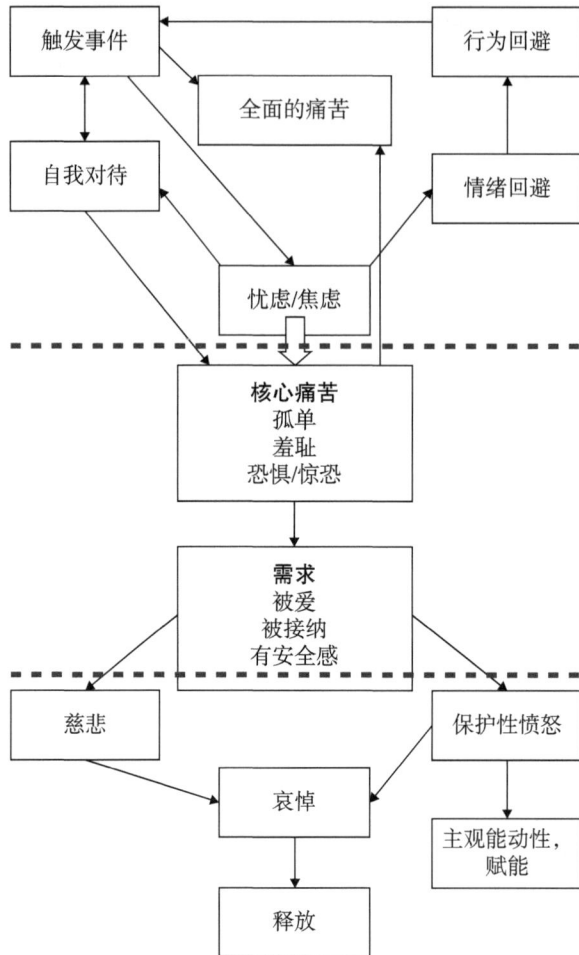

图 2　转化情绪痛苦的流程图

　　笔者将提姆拉克的这张图分为三个阶段。在第一阶段，治疗师需要知道以下几点：第一，来访者来访的原因是什么，其全面的、笼统的痛苦是什么；第二，触发事件是什么；第三，来访者自己对此事的自我评价（自责、焦虑、打断）是什么；第四，来访者是否有情绪淹没或情绪阻隔的问题？如果有这样的问题，治疗师必须先进行情绪调节或处理自我打断，否则无法进入第二阶段。

　　治疗师能够回答第一阶段的所有问题，就可以进入第二阶段。督导师会问的是类似以下这样的问题。第一，来访者的核心痛苦情绪是什么？与什么事件

（一般来说是童年与重要他人的未竟事宜）有关？第二，来访者未满足的需求是什么？与何人（可能是自己，也可能是他人）有关？第二阶段的治疗重点在于带领来访者回到伤痛之处的情绪基模，唤起其情绪并对之加以区分和表达，即让来访者觉察到自己过去没有被满足的需求并向重要他人表达。这是情绪唤起与深化的第二阶段。

第三阶段是对来访者的核心痛苦情绪进行转化。对面椅子上的人是否会软化，从而促使双方达成和解；来访者的保护性愤怒是否需要被唤起，以增强其自我能动性和主体性。这些都是转化和问题解决阶段需要考虑的问题。

转化情绪痛苦的流程图让我们对来访者形成整体的认知。治疗师知道治疗过程走到了哪里，目前进行到了第几阶段，再走多少路程就可以抵达终点，这些对治疗师规划治疗方案与整理案例报告很有帮助。

总而言之，三种 EFT 个案概念化模型各有千秋，但共同的重点是先帮助来访者找到其核心痛苦情绪。治疗师要跟随来访者情绪痛苦的指南针，理解在来访者的故事中什么是最深刻、最痛苦、最鲜活并重复出现的情绪。个案概念化的过程是治疗师了解来访者情况的主轴，治疗师要与来访者就个案概念化进行沟通并达成共识。拥有个案概念化的地图，当在一次治疗中看到多个标记同时出现时，治疗师就能够知道与来访者的核心痛苦议题最相关的标记是什么，知道应该挑选哪一个标记工作是最有效的。在开始的会谈中，治疗师不要急着开始工作，要花时间理解来访者，与来访者一起探索、绘制、构建其生命中核心痛苦议题的概念化地图。并非所有的标记都指向来访者的核心痛苦，几个同时出现的标记有轻重缓急之分，与核心议题的距离也有亲疏远近之别。格林伯格说，如果治疗到了第五次，来访者还不知道治疗正在针对什么问题进行工作，治疗就会没有焦点。EFT 是短程有效的治疗方法，治疗师按照个案概念化的地图，跟随标记的指引，选择重要的标记开展工作，目标是找到来访者的核心痛苦，理解其当时未被满足的需求，并唤起其原发适应性情绪，对其核心痛苦进行转化。而来访者可能在某一次治疗中出现一种转化性的突发改善，这种情况在抑郁障碍的研究中已经得到证实。

第三部分

EFT 之进阶技能与应用

第十一章
EFT 的进阶技能

　　格林伯格创立 EFT 的时代背景是人本主义的兴起和普及，当时的治疗师都很擅长共情，但是关于如何处理情绪和如何助人却基本没有具体的流程。格林伯格在体验过程与情绪处理过程中提出可以通过细致的"技巧"帮助治疗师进行学习，因此 EFT 是对"建立关系"和"干预技巧"二者并重的学派，强调共情性跟随与共情性引导的干预并重。而在治疗师参加 EFT 培训，学会识别标记与针对任务开展工作的技巧之后，却发现如何与来访者建立安全的关系、如何深度地共情是更具挑战性的基本功。因此在督导过程中，格林伯格一再强调，技巧无法治愈来访者，椅子工作容易唤起情绪，帮助来访者打开内心、呈现脆弱，这是"技术"。而在使用这个技术的过程中，治疗师与来访者同在，倾听、共情、肯定、接纳来访者的情绪，陪伴来访者进入最深、最暗的痛苦之处，这一层"关系"才是疗愈真正的力量来源。所以，进阶的技能更多关乎的是治疗师觉察情绪的能力、深化情绪的技巧、分辨来访者非语言信息的能力，如声音的质感、体验情绪与情绪唤起的程度等。建立关系与共情性调谐的能力是可以习得的，也与治疗师本人修通的程度息息相关。

治疗师对情绪的觉察能力

　　共情是 EFT 治疗师的基本功，也是治疗过程中最重要的、由始至终陪伴和支持来访者的能力。EFT 的高级共情培训有一个练习，专门针对治疗师该如何提升自己的共情能力。

练习以五人小组的形式进行。一位组员扮演来访者，其余四位组员各自扮演一个角色：A 组员扮演治疗师，坐在来访者对面，主要任务是观察来访者的面部表情和肢体语言；B 组员与来访者背对背坐着，其任务是用耳朵仔细倾听来访者说故事的语音、语调、语速的变化和声音的质感；C 组员坐在 A 组员的旁边，仔细倾听来访者叙述的内容，判断是否有引人特别注意的字句用法、重复的模式或者令人心生触动的地方；D 组员坐在来访者的旁边，在听故事的过程中用身体感受，自己的身体有什么体会与反应。来访者说一件让自己有情绪的事情，然后每一位观察者给来访者反馈，分享他们所观察到的和感受到的。一轮做完之后，大家交换角色继续进行下一轮练习。

这个练习虽然要用很多时间，但是也会取得很好的效果。学员们开始觉察，原来倾听、观察与体会可以是这样多通道的，当专注使用某一个通道的时候，可以接收到很多信息，但是平时我们几乎关闭了自己的大部分通道，只留了关注来访者的叙事内容这个通道。这个练习可以帮助治疗师打开接收信息的多重通道，开始学着用"全人"去倾听来访者，增加自我觉察，了解自己的强项和弱项。"全人"的倾听、"全人"的调谐共情是 EFT 治疗师努力成长的目标。

如何深化情绪

新手 EFT 治疗师最常问的问题是：如何深化来访者的情绪，从其说故事的表面进入其内在的深层痛苦？深化情绪这个词有两层意思。一层意思是，在 EFT 的治疗理论中，治疗师如何带领来访者从表面的继发情绪进入原发非适应性情绪，然后寻根溯源，找到过去促使该原发非适应性情绪形成的事件，帮助来访者接触到当初的情景记忆，唤起其情绪，接触其需求，用原发适应性情绪转化其原有的体验。从继发情绪往下探索到原发非适应性情绪，再往下探索到需求和原发适应性情绪，这是 EFT 理论中深化情绪的过程。另外一层意思是技术层面的，当来访者非常理性或充满防御时，治疗师如何引导他接近情绪、触及情绪，进而一步步靠近更深层的痛苦。

下面提供的几条建议既是 EFT 的微技术，也是治疗风格的一部分。共情是 EFT 最重要的基本功，是贯穿治疗始终的技术，也是治疗师真诚、温暖态度的体现，甚至是其人格的一部分。在一次督导中，学员抱怨来访者的情绪很难被唤起，只是不停地说故事，治疗师很难见缝插针，非常挫败。格林伯格说了一段话，让人印象深刻。他先共情说："真的很难，我看见你的挫败之情跃然纸上（充满在逐字稿上）。"接着又说："不过，当我们遇到困难的来访者的时候，首先要对来访者有深深的接纳，当治疗进行得不顺利时，我们要问'我做错了什么，让来访者不肯打开、不肯跟随'，而不是指责来访不配合、问题大。"

共情技术的运用

共情性倾听与理解是所有治疗学派都强调的。EFT 在共情方面更加主动积极。在督导中，我们了解到，学员经常问来访者："你有什么感觉？"这是一个探索性的问句。来访者也许回答："我觉得很难过。"

一般治疗师会共情说："嗯，很难过。"这样的回答无法带领来访者深化情感。因为难过是一个泛泛的情绪词汇，并不精准，治疗师可以按照所听到的故事情节进行思考：在这样的情况下，如果是我，会有什么情绪？然后使用共情性猜测帮助来访者的情绪走得更深。示例如下。

C：奶奶走了以后，我感觉不到有人支持了，什么事都要一个人撑着……

T：感觉不到有人支持，好像是一种孤单的感觉，是吗？（共情性猜测）

C：嗯，孤单，很失落吧！

T：失去最爱我的奶奶，感觉不到有人支持了，感觉很失落、很悲伤，是吗？（继续猜测，抵达核心痛苦情绪）

来访者通常只会说事件，而不会表达情绪。治疗师根据来访者提供的内容猜测其相应的情绪（没有人支持等同于孤单），反映给来访者，根据来访者的反馈判断自己的猜测是否正确。治疗师猜错了也没关系，来访者会给出一个更准确的词汇。当来访者只提到失落而不表达悲伤时，治疗师根据自己对丧失理论的理解，知道失落对应的情绪是悲伤，孤单对应的情绪也是悲伤，所以就用共情性猜测的方式把来访者带到这个事件中最核心的痛苦：孤单与悲伤。失去爱自己的奶奶，觉得失落、悲伤是正常的，但是从此就没有人支持了，觉得孤单，这是更核心的感受，是长期的痛苦，而非单单与丧失奶奶相关。所以，我们可以看见，奶奶的去世唤起了来访者的悲伤情绪，更唤起了来访者长久以来觉得没人支持、什么都得靠自己的那种悲伤与孤单。如果继续往下探索，治疗师就会探索来访者的这种长期以来感受到的悲伤与孤单是从什么时候开始的？这样就能让探索更深入下去了。

在情境或意义的共情之后，EFT 的共情总是聚焦于情绪、放大情绪，而不停留在意义或情境上，示例如下。

T1：妈妈对婚姻的否定让你感觉非常<u>不安全</u>，感觉自己要被抛弃了，他们要去做他们的事情了，没有人管你了，你觉得自己是<u>没有价值的</u>。（意义的反映）

T2：就是说她对婚姻的否定让你感觉非常不安全，感觉自己要被抛弃了，他们要去做他们的事情了，没有人管你了，你觉得自己是没有价值的。当时，你会觉得<u>孤单、害怕</u>吧？

T1 是学员汇报的案例的片段，T2 是格林伯格对学员的督导，强调在意义反映之后要加上共情性猜测，扩大情绪的部分。

T3：生下来就好像没人管你了。（反映情境事实，没有反映感受）

T4：生下来就好像没人管你了。这一定让你一直有<u>不被爱、没人要</u>的感觉吧！

T3 是治疗师对情境事实的反映，T4 是在反映情境事实之后治疗师猜测来访者的感受，这样的共情可以比较快地带领来访者聚焦情绪，继续深入，而不是仅仅停留在意义或情境的层面。下面的示例也是如此。

T5：他们把错误的过去都忘掉，你也是他们忘掉的一个对象？（反映意义，没有反映感受）

T6：他们抛弃了你。

T7：他们抛弃了你，让你有<u>不被爱、没有价值</u>的感觉。

一般新手 EFT 治疗师喜欢直接问感受，格林伯格建议治疗师先猜一下，在这种情况下，来访者可能是什么感觉。在下面的例子中，T9 的回应比 T8 的更好，这是学员在督导中经常被提醒的、如何关注情绪的关键点。

T8：当你说到这里，感受一下你的内心体验是……

T9：当你说到这里，感受一下你的内心体验是……我想你一定觉得很<u>孤单</u>，是吗？（共情性猜测）

治疗师多运用共情性猜测，可以帮助来访者很快接触内心的情绪。格林伯格建议在每一次治疗的开始尽量多做共情性猜测，帮助来访者深化情绪。他还给了一个总原则，就是在每一次治疗中，最好有 50% 的共情和 50% 的探索。不要一直问问题进行探索，也不要一直共情而没有引导，要平衡共情与探索的比重。

另外一个原则是，在治疗的开始，尽量不要使用椅子工作，而是先用共情建立关系、深化情绪。等到开始进行椅子工作之后，也有一个原则，在每一次治疗的前 10 ~ 15 分钟，尽量不要使用椅子。治疗师永远都是共情先行，让来访者的情绪得以被唤起、探索与深化，不要在理智层面上开展椅子工作。

回到童年创伤事件，唤起具体记忆情节

深化情绪之后，治疗师要询问来访者的需求，但是治疗师常犯的错误是，才抵达核心情绪，紧接着就询问来访者的需求，而没有让来访者在核心情绪里继续沉浸一会儿，以便可以对其情绪有更多的唤起。示例如下。

C1：我觉得很悲伤。

T1：这个时候需要妈妈什么？

更好的回应如下。

T2：那个悲伤像什么呢？或者……

T3：回到 7 岁的小男孩，体会一下那个悲伤，对你来说，那个感受好像什么呢？

这也是扩展情绪、深化情绪的方向，让来访者进入悲伤情绪并进行体验，因为治疗师要让来访者更多地体验情绪、表达情绪。此时，如果来访者记起具体情节，则可以帮助治疗师了解那种悲伤情绪与什么相关，以便其更好地展开情绪基模。治疗师在来访者深入体验核心情绪之后，再询问其需求。

椅子工作

双椅工作和空椅工作是 EFT 治疗中的核心技术，是用来唤起情绪和转化情绪的路径，统称为椅子工作。运用椅子工作唤起来访者的情绪，是 EFT 深化情绪的重要技巧之一。

自我与自我对话的双椅工作，可以帮助来访者区分批评者与自我或者焦虑者与自我，用外化与区分帮助来访者体验自己是如何对待自己的，在听到内心的声音后，来访者自己通过语言、声音、表情、手势将其表达出来，在这样的体验中，来访者会有身体反应与情感触动。

在开展空椅工作的时候，治疗师要留意，如果来访者一想到对面椅子上坐着的那个人就有了强烈的情绪反应，那可能就不适合开展空椅工作。例如，创伤来访者，尤其是经历严重创伤者；或者来访者对那个重要他人有很深的恐惧；或者来访者的自我很脆弱时，治疗师要谨慎开展空椅工作。有时候，治疗师心中有椅子就可以了，不一定要用到真实的椅子，可以用想象中的椅子调节来访者情绪唤起的程度。

邀请来访者进入体验

在开展椅子工作的过程中，要想象现场有三个人，必须促进并保持来访者与椅子上"所坐之人"的对话，不要让来访者一直对治疗师说话，这是很重要的一个原则。而椅子工作有个简单的三部曲，就是关注内在、给予共情、邀请表达。关注内在指的是邀请来访者聚焦身体，体验情绪，然后再邀请他面向椅子表达情绪。随着治疗的进行，治疗师要判断，此刻应该让来访者多做聚焦，还是多关注自己的内在感受，或者多些表达。一般的原则是，如果来访者的情绪唤起程度不够，则治疗师先用聚焦的方法让来访者关注自己的内在；如果来访者的情绪已经有一定程度的唤起，那治疗师邀请来访者表达会为其带来更深刻的体验。

》 关注内在（微聚焦）

来访者喜欢讲外在的事件与故事，很少会自动进入内在体验和情绪，所以治疗师刻意地邀请来访者关注自己的内在是很重要的。示例如下。

C3：对我的否定就意味着我没有价值，对，就像找东西拼命抓住的感觉。

T3：没价值。

C4：对，没价值，包括没有归宿的感觉。

T4：对你的否定让你感觉自己没有价值，也让你没有归宿感，这种感觉难以忍受。

治疗师一直在做共情性理解与共情性反映，但是当来访者的叙事出现"此处应当有情绪"的关键点的时候（如自我价值或人际关系的失败），治疗师可以主动询问："当你这样说的时候，内心是什么感觉？"这是引导来访者关注自己的内在、唤起其情绪的方法之一。如果来访者很难进入自己的内在，治疗师可以尝试让来访者聚焦身体的感觉，这会让来访者有比较深的体验。

》 邀请表达

如果治疗师通过共情性反映的技巧回应来访者的情绪，则容易变成来访者与治疗师对话，而不是双椅对话。所以在共情性反映之后，治疗师要主动邀请来访者面向另一把椅子表达，使双椅对话继续进行。切忌让治疗过程变成来访者与治疗师的对话。示例如下。

T5：听起来这是很让人难过、很痛的感觉，你能把这个感觉告诉妈妈吗？

C6：可以。妈妈，当你向我哭诉的时候，我很担心，也很害怕，觉得非常无助，我觉得你一直在后悔步入这个婚姻，我觉得这是对我的一种否定。

T7：对你的否定？（此时治疗师不自觉地进入了与来访者直接的对话）

C8：对，我觉得很悲哀，很伤心，我觉得这是一个很让人伤心的故事。（此时来访者开始对治疗师说话了，不再对妈妈说话）

关于 T7，比较好的回应示范如下。

T7：对你的否定？告诉妈妈。（共情性理解，引导来访者面向空椅子表达）

示例如下。

C：害怕的是他们在那个错误的婚姻里分开之后会去……会去找新的人吧。（流眼泪）

T：是，害怕极了，没人在乎自己，他们可以去寻找他们的幸福。

治疗师必须要引导双椅对话，所以更好的回应示范如下。

T：是，害怕极了，没人在乎自己，他们可以去寻找他们的幸福。告诉他们你的感受。

治疗师有意识地邀请来访者与另一把椅子上的对象对话，让椅子工作停留在对话的体验中，而不是来访者对治疗师说故事。这是治疗师作为促进者很重要的一个作用。此外，治疗师需要注意的是，当来访者的情绪进入深处，开始探索需求时，需要帮助来访者聚焦于他此时此事针对空椅子上的此人有什么需求，而不是花时间探索来访者的所有需求或者其他一般性的需求，把另一把椅子上的人晾在一边。这样做会让对话的温度降低，让来访者又回到其与治疗师说话的叙事状态。所以，治疗师聚焦于椅子对话，让来访者的冲突加剧、体验增温，真正唤起其情绪，才是椅子工作的重点。

在针对未竟事宜开展的空椅工作中，如果来访者一直停留在叙事层面，而没有情绪反应，有两种方法可以强化情绪。以来访者谈到出生后感觉妈妈不要自己了为例。

1. 让妈妈直接扮演负面角色，表达负面信息。

坐到妈妈的椅子上，扮演她说了什么或者做了什么，让来访者感受到妈妈不想要这个孩子。通常，这种直接的表达会唤起来访者很强烈的情绪，治疗师也可以听到妈妈的语气、看见妈妈的表情，或是不耐烦的，或是厌恶的、轻蔑的。这些非语言信息只有在来访者扮演妈妈的时候才会显示出来。

2. 让来访者进入情景记忆，回到 7 岁小男孩的时候，重现当时的情境，探索是什么经验让来访者觉得妈妈不要自己了。

让来访者回到小男孩的记忆，进入小男孩的脆弱，也可以深化其情绪，让小男孩表达当初一直没有表达的心情，这个过程本身就具有疗愈性。很多纠结许久、未经表达、未经梳理的情绪在此过程中得到了整理，小男孩终于与自己真实的感受、想法和需求接触了。看到小男孩的脆弱、听到孩子的心声之后，也许妈妈会软化下来。这个过程就是一个触底的过程，治疗师陪来访者回到原始的情绪基模，在其中加入新的元素，从而让来访者的情绪基模发生转化。

促进对话的进行

来访者通常不大习惯面对着一张空椅子讲话，所以他们很容易转向治疗师，对着治疗师说话。因此治疗师要特别觉察自己与来访者对话的时间，尽量促进两把椅子之间彼此的互动与对话，不要打断椅子工作，不要吸引来访者跟自己说话。在网络咨询过程中开展椅子工作时要特别注意一点，让来访者搬把椅子放在自己的对面，同时让两把椅子面对面。这样，椅子对话才会变成体验者与对面的椅子说话，而非对着治疗师讲话。当来访者频频转过头来对着治疗师说话的时候，治疗师可以引导他转回去，对着椅子上的那个人说话。

另外，治疗师要注意的是，不要用观察和解释的语气，带着来访者跳出来看自己在做什么。这是体验工作结束之后做的事情。下面两个示例呈现了治疗师常犯的错误。

T75：想起来还是会觉得很不舒服。你觉得是什么？你眼泪出来了？

C75：我才那么小，为什么你们不教我呢？你们就不能温暖一点儿吗？你们这样说我，又有什么帮助？（来访者投入在双椅对话中）

T76a：好像挺为那个小女孩打抱不平的？（这是观察历程的语气，是错误的）

T76b：我好希望你们能教教我，能对我温暖一点儿，不要这样指责我。（用"我"语言继续深化需求，化指责为需求。）

T75 的"想起来还是会觉得很不舒服"是站在来访者的立场用"我"语言表达的，这是对的。接下来治疗师引导来访者对着空椅说话："你想对她说什么呢？" C75 来访者做得很好，T76b 治疗师继续共情，用"我"语言替来访者表达，把来访者的抱怨变成需求："我好希望你们能教教我，能对我温暖一点儿，不要这样指责我。"这样可以帮助来访者更流畅地继续说下去，与治疗师之间的话好像接龙一样，无缝衔接。但是 T76a 治疗师用的是观察者的语气，没有站在来访者的位子上，反而把来访者带离对话的过程，跳出对话看自己，这是治疗师常犯的错误，特别是习惯于提供解释的治疗师。

治疗师常犯的另一个错误是，在问到来访者需求的时候，花很多时间跟来访者讨论他的需求，以至于对话的过程开始"降温"，变成来访者与治疗师的讨论。治疗师要注意的是，此处询问的不是来访者的一般普遍性的需求，而是针对目前与来访者对话的这个人，他需要从对方那里得到什么？治疗师一方面用这个问题聚焦需要的范围，另一方面要引导来访者直接对着椅子表达，不要对治疗师说。如果来访者习惯了对治疗师说，治疗师听完之后，可以引导来访者："告诉他你的需要！"

扮演负面角色深化情绪

来访者习惯于谈论情绪和说故事，但是治疗师要着眼于如何增加来访者的体验。这是两件不同的事情。在下面的空椅工作案例中，当来访者说到大姨对自己经常皱眉时，治疗师可以直接问来访者的感觉（T7a），这样做也可以增强其体验（T7b）。

T5：所以如果大姨坐在这边的话，你看得到大姨吗？想象她坐在这边。

C6：我看得到，就是我小时候的那个大姨。她脸上什么表情？就是皱着眉头。

T7a：皱着眉头，你看着她的表情心里面什么感觉？（直接问感觉，有时候唤起程度不够）

如果想要加强唤起的程度，可以像以下示例这样做。

T7b：请你换位子，坐在大姨的椅子上。大姨经常对小婷婷皱眉头，你告诉小婷婷，你皱着眉头在传达什么信息？

T7b 带出来的体验会比 T7a 深刻，来访者不再只是谈论看到大姨皱眉头有什么感觉，而是能够体验到那种冲击力，这是我们要唤起的真实体验。

针对自我批评开展的双椅工作也是如此。下面是一个针对自我批评的双椅工作案例片段。

T34：嗯，所以领导要求你的时候，你不要随便拒绝，你一定要保护你自己。

C34：然后你要提要求的时候，人家尽量也要答应你，这就是对你的认可，如果别人不答应你，可能对你就是否认。

T35：哦，是的。

C35：对，像这样的一个心理状态。

T36：嗯，被否认，否认了一切你就会怎么样？

C36：你就会难受。

T37：就会很没面子？

C37：对，你就会很没面子，很没用。

T38a：哦，显得很没用。

治疗师的共情显得很无力，来访者的情绪似乎很难唤起。这时候，也可以用同样的技巧。

T38b：请你坐过来，现在你是批评的声音，让他难受、让他显得没用，你对他说些什么？

对于情感比较难以唤起的来访者，让他扮演负面的角色可以激发其情绪，是 EFT 常用的技巧。

善用语音语调，留些空间让情绪升起

治疗师在治疗过程中常常像来访者的一面镜子，在共情性调谐中反映来访者的情绪状态。除了语言之外，治疗师的眼神、面部表情、身体前倾等都传达出其对来访者的关注，这些都会对来访者产生影响。而治疗师缓慢的语速更能够影响来访者的神经系统，让其放松下来，开始有空间和时间关注自己的身体和内在，让情绪慢慢呈现。所以，治疗师刻意地放慢语速、放轻语调，营造舒适的氛围，也是技术之一。脑神经科学关于迷走神经的研究也证实，治疗师缓慢的语气可以调节来访者的迷走神经，而治疗师善意的眼光、舒缓的声音可以增加来访者大脑中的催产素，减缓其压力，提高其信任感。

个案概念化引导下的标记选择与核心情绪唤起

新手 EFT 治疗师经常遇到的问题是，做椅子工作时一直浮于表面，不知如何才能深入下去，触及来访者的核心痛苦。格林伯格的指导意见是要回到个案概念化，从当前议题回到童年议题，将来访者目前的症状与核心痛苦和需求

联系起来。

　　举例而言，36 岁的 W 女士因抑郁情绪和人际关系议题前来求助，经过三次咨询后，治疗师发现 W 女士的核心痛苦是对父亲的恐惧以及因父亲的责骂而带来的低自尊与羞耻感。抑郁是这些内在冲突所呈现的症状。格林伯格在督导中强调让来访者回到童年与父亲进行面质对话的重要性。而在空椅对话的过程中，如果让来访者一直待在抑郁、无助的位子上，她只会越来越沮丧，所以治疗师需要创造机会让她扮演当年严厉的父亲，激起她的怒气，让她为自己说话，表达自己的需求。只有当来访者经历过为自己站起来的体验之后，她才会体验到自我能动性的力量。这就是另一把椅子的功效。所以格林伯格特别强调，治疗师要以个案概念化为地图引导来访者，不要陷入症状与诊断的迷雾中。治疗师找到来访者的核心痛苦，现场进行对话体验，唤起情绪，表达需求，让来访者再一次体验到长期以来的痛苦，才是解决问题的方法。在这个案例中，对爸爸害怕的痛苦经验、不被爸爸认可的愤怒和悲伤一直压在来访者心里，让她很抑郁。

　　来访者在治疗过程中可能呈现多个标记，如自我批评、焦虑分裂、自我打断等，学员经常提问的问题是：当多重标记呈现时，我们如何选择要跟随哪一个标记？答案是以个案概念化指引方向。如果来访者的核心情绪是羞愧，治疗师可以选择自我批评；如果其核心情绪是恐惧，可以选择焦虑分裂；如果来访者当前面临的问题是情绪阻隔或行为回避，则可以选择自我打断。

　　格林伯格认为，在同来访者进行了三四次会谈之后，治疗师对来访者应当有一定程度的了解，包括其核心痛苦、原发非适应情绪和主要议题。治疗师根据个案概念化的内容决定选择跟随哪一个标记，开展哪一个任务，最终，不论来访者每次会谈带来的议题是什么，总会走到其核心痛苦或核心议题。万流归宗，所有的痛苦都不断指向同一个核心议题。这是情绪聚焦疗法所相信的，需要被转化的情绪基模总是一直造成类似的困扰与痛苦，让来访者一再陷入那种熟悉的原发非适应性情绪中。

　　举例而言，一位 30 岁的女性来访者曾经惊恐发作，之后便一直担心自己再次惊恐发作，并发展为广场恐惧障碍，她的求助目标是消除焦虑，让工作与人际关系恢复正常。治疗师谈到来访者的核心痛苦是死亡焦虑，以及被评论、被指责的羞愧，还有"你不可以生气"的自我打断。在咨询过程中，治疗师感觉来访者的这三个标记经常交替出现，让自己不知如何跟随，也不知该聚焦哪一个标记来开展任务。

C28：其实我非常生气，但是……我不知道为什么，每次都是虽然我很生气了，我的反应却截然相反。她说"不吃算了"，结果我就去吃了。我很难过，但是我不知道我为什么会这样。在她们面前我很软弱，去做她们想让我做的事情，其实……我应该把她们大骂一顿才对啊……我很生气。（这里呈现了自我打断的标记）

T28：哦，是什么让你不能去大骂她们？哪怕在心里骂她们，似乎你都做不到？

C29：哦，本身就是你错了，你有什么好生气的呢？（自我批评标记）

T29：是你的错，所以你不能生气。

C30：还有就是，你也不敢跟别人发生冲突，你也不敢生气啊。（不敢是害怕，这里出现了焦虑分裂的标记）

T30a：是，你也不敢，你是个胆小鬼，是这样吗？（这是跟随自我批评的标记）

T30b：你是怎么让自己不敢的？如果你生气了，会有什么后果？（这是跟随焦虑分裂的标记）

治疗师往哪里带，来访者就会往哪里跟。在不确定的时候，治疗师只需紧紧跟随来访者当下呈现的标记，来访者的重要议题一定会呈现。重要议题即使一次被错过了也没关系，它还会再出现的。如果治疗师清楚来访者的核心议题，则可以选择共情后再聚焦，一方面共情来访者当下的反应，另一方面引导其回到与核心议题相关的标记。如果治疗师无法做出决定，也可以询问来访者："我听到你不敢生气背后的心情，一部分是觉得这是自己的错，不应该生气，另一部分是害怕后果无法承担，哪一部分更让你不敢生气？"其实，当治疗师这样说的时候，方向已经出来了，但凡提到"应该"如何，都是比较表面的、理性的判断，属于表层的分裂，而提到不敢的时候，隐含的是害怕、焦虑，属于深层的分裂。

EFT 治疗师熟练掌握如何对情绪开展工作之后，唤起来访者的情绪虽然不再困难，但还是会有卡住的现象。在督导过程中，格林伯格特别关注，当来访者哭的时候，这一次治疗是不是"有效的"治疗，对于来访者的预后有没有帮助。分辨一次治疗中来访者的情绪处理是否有效，我们要关注的是：来访者是不是自己情绪的主人？其情绪是否被过度唤起到淹没的状态？来访者能否区分不同的情绪（如愤怒与悲伤）？是否接纳自己的情绪？是否表里一致？

治疗有效与否的临床判断依据是，来访者是否卡在自己的情绪里而难以发生变化？他们觉得自己是情绪的受害者吗？当他们感受到情绪的时候，能否为自己的情绪赋予意义呢？如果来访者哭得很伤心，治疗师共情其伤心，然后来访者进入无助与绝望，那么这就不是一个"有效的"方向。治疗师应该尝试唤起来访者的愤怒，因为愤怒会给人带来力量，然后再引导来访者表达悲伤。来访者掉眼泪可能表达的是愤怒情绪和悲伤情绪。如果来访者表达的是愤怒，其声音的质地是抗议的；如果来访者表达的是悲伤，则通常与丧失议题有关。愤怒又分为原发性愤怒和继发性愤怒，当来访者抱怨时，愤怒和悲伤都是原发的，两者都需要得以表达。

当来访者卡在情绪中无法前进时，治疗师不要继续共情性跟随，而是要退后一步，关注来访者的情绪的意义。此时，治疗师需要组织一下情境、感受和意义，从概念化的角度对来访者予以说明。例如，"从小到大，你需要的时候，从来没有人跟你在一起，你总是那么孤单。嫂嫂的事件真的激发了你从小到大的痛苦，唤起了你内在最深的痛。"这样，治疗师便帮助来访者将其现实问题与其核心痛苦相连接，而其核心痛苦是在不同的情境中经常被触及和唤起的。我们工作的对象是来访者内在的自我组织，而非表面上的与生活中其他人的关系。来访者内心的孤独感才是核心，谈论他人做了些什么冒犯了自己不是工作的焦点，处理来访者内在的孤独感才是有效的工作方向。

最后还有一个提醒，在针对来访者的自我分裂开展工作时，我们不希望批评者对体验者带有太多的情绪，我们要的是批评者的评价，而非情绪化的表达。当来访者有很深的自我责备时，不要让他们坐到批评者的椅子上说："我恨你！"或者"你去死吧！你不值得活着！"这是毁灭性的、有毒的批评，是情绪化的表达，会给来访者带来伤害。我们要的批评是更深层次的，探索来访者为什么有这么多的自责，自责的内容（评价部分）是什么，而不是情绪的宣泄。不让来访者遭受二度创伤是治疗师需遵循的很重要的原则。

表层分裂与深层分裂

自我分裂与未竟事宜是 EFT 的两大核心标记，与其对应的任务和流程条理分明，学起来也很清晰，在实际运用时却有一些需要掌握的诀窍。以下用两个示例展现多层分裂的做法。

来访者 A 与男友相恋多年，分分合合很多次。如今她年龄渐长，家人又催婚，自己很想决定就嫁他吧！但是心中又有另外一个声音，担心自己未来无法幸福，所以希望在治疗师的帮助下探讨自己内在的冲突。

治疗师一开始想通过双椅对话让来访者更清楚自己内在的冲突，所以一把椅子谈到自己想嫁的理由："他对你很好，交往这么久了，应该有个结果了。"另一把椅子谈到自己不想嫁的理由："我们经常起冲突，还有现实问题，结婚后两地分居，异地婚姻不大好。"这样的对话叫作"做决定的分裂"，只是表面的、理性的思辨，完全没有触及来访者的情绪到底害怕什么、担心什么。针对深层分裂工作是引导来访者探索那个害怕结婚、不许她结婚的声音在说什么，害怕不结婚的声音又在说什么。总而言之，两把椅子都要进入情绪层面的探讨才足够深入。

所以，两把椅子的探索可以是，一把椅子表达自己想要结婚的原因，这里可能还是理性的，接着换椅子之后，就要开始用打断者的语气来表达。

T10：你是那个不希望她结婚的声音，告诉她，你不可以嫁给他，因为……

C11：因为他也许不是真的那么在乎你，他对所有人都好，不是只有对你一个人好。还有现实问题。（这个时候治疗师发现这个第一层的分裂只是表面的分裂，谈到的都是现实层面的问题，而非深层情绪问题，所以打算探索更深一层的分裂）

T11：听起来你真的是担心嫁给他不一定会幸福，是吗？（来访者点头）那么，我们可不可以听一听另外一个声音，就是那个不许你不嫁他的声音，在对你说什么。（这时候我们针对的是另一个深一点的分裂，如果刚才是椅子 A 与 B 的对话，现在我们要做的是椅子 B 与 C 的对话。让来访者换到椅子 C 上）告诉她（B），你一定要嫁他，如果不嫁的话，你担心有什么后果。

C12：你如果不嫁他，以后就再也碰不到像他这样对你好的人了，你将会孤老终身。嫁他还是比孤老终身好。（这个才是真正的内在冲突分裂，这个声音所担心的问题是更核心的内在体验，而非现实问题）

T12：不嫁他就可能会孤老终身，难怪你要劝她赶紧嫁。告诉她，你会嫁不出去，因为……

C13：因为你很丑，然后又……（来访者开始自我批评，这些声音听起来都是来自童年的声音，需要做一个未竟事宜，才能够清楚发生了什么）

继续探讨下去，C 这个声音又变为批评的声音，也许是来访者内化了他人的声音，也许来自其经历过的创伤，这时候来访者终于把她嫁与不嫁的内在冲突与过去的未竟事宜联系起来了，此时，治疗进入了一个新的阶段，即治疗不是处理来访者的现实问题，而是解决来访者心中未曾解决的创伤或内化的来自他人的声音。

来访者 B 已届中年，想转换跑道过轻松的生活，却一直陷在自责的情绪中出不来。一部分自己觉得自己前半生太辛苦，值得休息一下；另一部分自己却不肯放过自己，一直让他内疚，觉得这是种偷懒的行为，没用的人才会这样，所以自己不可以这样。来访者本人也希望探索一下自己的冲突。

治疗师一开始做的是用两把椅子的不同声音呈现来访者冲突的工作：一把椅子 A 说，你过去很认真、很辛苦，现在可以休息一下，缓一缓，然后找一个有意义又可以劳逸结合的事情，下半生可以不用那么辛苦了；另一把椅子 B 一开始表达了同意，觉得这样挺好，接着马上就说，但是这样你会偷懒、变没用，不可以。治疗师从中看到另一个分裂。A 是同意他休息然后劳逸结合地工作的声音；B 是体验者，很想休息，听到 A 这么说很高兴，但是同时又听到了 C 的声音；C 是批评者的声音。所以接下来要做的是 C 对 B 的批评，从表面的第一个分裂进入深层的第二个分裂。

T11：（对 C 说）你是那个不许他（B）休息、不许他偷懒的声音，你是怎么批评他的？

C12：你不可以偷懒，这样会变没用，你必须要做有意义的事情，并且一定要成功。

T12：做有意义的事情好像是你们两边都同意的。你一定要成功，告诉他，怎么样才算成功？

C13：成功就是有钱、有权、有名，不成功的话就是没用的人……我好像听到我妈妈的声音，她从小就是这样说的。不要偷懒，偷懒会变成没用的人，要成功……

T13：能够分辨那是妈妈的声音是很棒的觉察，那么现在的你对他（B）又有什么期望呢？

C14：现在的我觉得成不成功不重要了，你可以做一件有意义的事，又可以劳逸结合的话，我觉得很好。只是，心里那个声音还是很大，一直在说我偷懒、没用，让我很难受。

此时，来访者已经能够分辨那个批评的声音来自妈妈了，治疗师需要针对未竟事宜开展工作，让小男孩可以站起来拒绝妈妈的声音，发出自己的声音，然后再回来处理自己的内在冲突。

以上两个案例都表明，有时候治疗师起初看到的分裂并非来访者内在最痛苦的分裂，治疗需要从表层渐渐往下走，好像剥洋葱一样，一层层剥开，直到最核心的痛苦。而来访者最核心的痛苦通常是与其核心议题相关的未竟事宜，解决了未竟事宜之后再回来处理自我冲突就容易多了。

哀悼与放下

哀悼与放下是许多亲密关系议题中最后的阶段，不论是与父母的关系还是夫妻之间的关系，在到达哀悼与放下阶段之前要多次针对未竟事宜、自我批评、焦虑分裂、自我打断做工作。当来访者走到哀悼这一步时，仍然有一些必经的治疗过程。

处理哀悼的主题时，首先浮现的是悲伤。悲伤有两种，一种是因为感到孤单和被抛弃而引起的悲伤，另一种是因失落而哀悼的悲伤。

第一种悲伤通常带着怨气、伴着愤怒，此时治疗师需要继续唤起来访者的怒气和悲伤。一般而言，治疗师比较容易与来访者的悲伤情绪工作，而因为文化的原因，对于唤起来访者的愤怒，中国的治疗师和来访者在此时都感觉比较困难。示例如下。

C9：我觉得他把我拒于千里之外。

T9：是让你感觉被拒绝，然后有种被抛弃的感觉，对不对？

C10：对，被抛弃、被羞辱的感觉。（被抛弃是悲伤，被羞辱是愤怒，两种情绪都呈现了）

T10：把你的感觉告诉他。（空椅子上的丈夫）

C11：你那样拒绝我，让我感觉被抛弃、被羞辱，我在你眼里什么都不是。

T11：是的，你那样拒绝我，让我感觉被抛弃、被羞辱，好像一点儿价值都没有。

……

C21：我们过去感情那么好，就算现在感情不好了，我们离婚，为什么要做这样的事情羞辱我？（"为什么"表达了愤怒的质问）

T21：嗯，我们曾经拥有那么好的感情，你却这样对待我，让我很伤心。在我们这段关系里，你这样羞辱我，让我很生气。

在这一段对话里，很明显来访者对丈夫依然有抱怨、愤怒的情绪，也依然感到伤心。治疗师要让来访者针对伤心和愤怒情绪都做表达。在共情性反映时，特别想要唤起的情绪往往要放在后面。C21 的最后，来访者表达了愤怒的质问："为什么要做这样的事情羞辱我？"T21 的回应，反映了伤心，而最后的共情性反映要落在愤怒上，让来访者接着表达愤怒。这是来访者的第一种悲伤情绪，即混合着愤怒的悲伤：愤怒是因自己的需求没有得到满足，还被羞辱了；悲伤是因孤单和被抛弃的感觉。

来访者的第二种悲伤与其丧失有关，是种哀悼，此时，来访者想要放弃并且设立界限，从中我们会看到来访者触底反弹的力量。示例如下。

T24：那个伤害是……告诉他那个伤害像什么？

C25：那个伤害把我的自尊降到了极点，我真的是要一点一点捡起来。还有你破坏了我的信任，我对自己的信任，对别人的信任。还有我们的孩子，原来那么阳光的一个孩子，我觉得我心里亏欠他，现在我要离婚，我要独力带他这个青春期的孩子。

T25：所以你对我的伤害是你打碎了我的自尊，打破我对别人、对自己的信任，实际上是把我整个人打碎了。

C26：是。

T26：然后我要重新建立。你不光打碎了我，还伤害了儿子，实际上我的世界被打碎了，然后我还要很努力地把它们一点一点地建立起来，包括我自己和孩子。

此处，治疗师帮助来访者梳理她在婚姻中的丧失、内心受到的伤害与遭到的破坏，以及因这些伤害产生的悲痛（这是哀悼的悲伤），来访者表达之后会产生不想继续这样忍受伤害的力量。

C30：我再也不要这样的日子了，即便这样会痛，我也不要活在冷暴力里，让自己的尊严被践踏。我要带着孩子走出来，我说过，前面的路再难，我也不要活在冷暴力里，不要这样被羞辱。

T30：我不要活在被羞辱里，我不要活在冷暴力里，我要站立起来，哪怕我的心像被撕裂一样痛。

……

C38：是的，我感觉我跟你分开以后，我要释放我自己，后面有更宽广的道路在等着我，会很精彩，可能会有困难，但是也会很精彩。（这是在哀悼之后，来访者的力量开始呈现）

……

T39：所以我真正渴望的丈夫是什么样子的？

C39：（来访者描述她所渴望的丈夫……）

T40：你一点儿都没有满足我对好丈夫的需求，你不是我要的那个丈夫，我不要你了！

C30 开始呈现来访者触底之后的反弹，她不想继续活在尊严被践踏的羞辱里了，她要站起来，即使心痛，也不愿意再受虐。感觉自己值得被好好对待的自信与尊严在心里升起，这是 EFT 所说的自信的愤怒，也是一种保护自己、捍卫自己人权的健康力量。她甚至开始想象更宽广、更精彩、更丰富的未来，这就是哀悼并放下之后的新的开始，在来访者内心，新的力量、新的希望出现了。T39 治疗师继续探索来访者想要的丈夫是什么样的，在来访者描述之后，T40 治疗师引导来访者设立界限，做了一个共情性猜测，表达出丈夫并未满足自己的需求，也不是自己想要的丈夫，所以想要主动放下。来访者主动放下就不是被抛弃，也不是被拒绝，而是"我拒绝你"。这是一块试金石，如果来访者还有挣扎，她就无法这样说，也无法真正放下，那治疗师就需要继续探索她无法放下的原因。有时候来访者可能是心中有恐惧，放下之后一个人带着孩子面对未知的将来，心中依然没有信心和安全感；有时候可能是来访者对丈夫的愤怒及心中的悲伤情绪尚未完全得以处理，甚至心中对丈夫依旧有留恋，那治疗师就需要继续针对这些开展工作。如果来访者愿意，也可以这样说，她就真的放下了，站起来了，可以重新出发。来访者选择"我不要你了"是其力量与自信的表现，她清楚地划分了界限，计划开始自己的新生活。

本章所描述的进阶技能的示例大多来自格林伯格在督导中的实际案例，略做修改后收录于此，希望能够增进大家对 EFT 的理解。同时这些例子都是国内的真实案例，更加贴近治疗师日常工作中经常会遇到的案例。感谢所有允许笔者收录案例片段的来访者与治疗师。

第十二章

EFT 的应用与未来发展

根据 2019 年出版的《情绪聚焦治疗临床手册》(*Clinical Handbook of Emotion-Focused Therapy*)，EFT 在临床治疗中的应用十分广泛，包括抑郁障碍、广泛性焦虑障碍、社交焦虑障碍、复杂性人际创伤、人格障碍、进食障碍等。下面仅就在中国内地曾经开设过的工作坊内容略作介绍，具体应用场景包括：抑郁障碍、焦虑障碍、复杂性创伤、进食障碍、聚焦情绪的家长工作坊、聚焦情绪的伴侣治疗。

抑郁障碍

关于 EFT 运用于治疗抑郁障碍的研究主要有 2 次：1998 年约克大学招募了 34 位成人来访者，开展了运用 EFT 治疗抑郁障碍的研究；2006 年约克大学又招募了 38 位成人来访者，开展了运用 EFT 治疗抑郁障碍的研究，对参与研究的每一位来访者都有 16 ~ 20 次治疗录像分析。这两次研究让我们对抑郁障碍患者的内在自我与人际关系议题有了更详细的认识。

在自我身份认同方面，抑郁障碍患者呈现出四个方面的议题：（1）自我批评；（2）情感封闭；（3）绝望与无助；（4）缺乏方向。其中自我批评占比最高，有 75% 的抑郁障碍患者都存在自我批评的问题。

抑郁障碍患者的自我批评的内容包括：经常与人比较，继而感到绝望；感觉自己过度敏感；因情感需求太多而责备自己；自我否定，觉得自己"应该"

如何如何，"不应该"有某些情绪，因此不接受自己的情绪；有一种弥漫性地觉得自己不够好、没有价值的感觉。其自我批评的核心是"我不够好""我没有价值"，这也是抑郁障碍患者内在最主要的自我冲突。

抑郁障碍患者的情感封闭是出于自我保护而回避自己的情绪，或者让自己处于麻木的状态中。情感封闭是一种常见的自我保护机制，有时甚至连自我批评也可能是一种自我保护机制，即"我已经对自己如此苛刻了，别人就不能再说我什么了"。

抑郁障碍患者有很高的无助感和绝望感。通常他们来到治疗室的时候，就几乎处于被情绪压垮的状态了，像一个受害者，自己没有办法了，想要放弃，必须依赖别人的感觉活着。

抑郁障碍患者还缺乏方向，不但对自己是谁的身份认同感到困惑，对于事业和未来也缺乏方向，不知道自己想要什么、要做什么。

以上是抑郁障碍患者内在自我冲突时呈现的四种状态。

在人际关系方面，抑郁障碍患者在与他人相处中感到的议题也有四种：（1）被抛弃、被拒绝，这是最核心的感受；（2）感觉被孤立、被隔离；（3）指责别人；（4）丧失。

抑郁障碍患者与重要他人的关系中最普遍的问题是害怕被抛弃，表现形态主要有两种：一种是因为害怕被拒绝、被抛弃，所以特别会讨好或照顾他人；另一种是在被拒绝时产生强烈的自我批评，表面上看起来是自我批评，更深层次的感受则是害怕被抛弃：如果我好一点儿就不会被抛弃了，所以被拒绝一定是因为我不好。

抑郁障碍患者感觉孤单、与人疏离。他们觉得自己不属于任何群体，经常无法融入周围的圈子，总觉得自己是圈外人，常觉得被误会，没有人理解。另一方面，他们也常常指责别人，不想承担责任，抓住痛苦不放，觉得自己很可怜，有些还有受害者心态，对人心怀愤怒。

有一类抑郁障碍是因为丧失引起的：有些是过去未曾解决的丧失议题，有些是近期的丧失引发了过去的丧失议题，还有一些是童年未被满足的需求。这些都是人际关系方向可能存在的议题。

研究发现，自我批评是抑郁障碍患者最普遍的内在议题，而害怕被拒绝、被抛弃是他们人际关系中最重要的未竟事宜。因为害怕被拒绝，所以批评自己不够完美，告诉自己更完美一些也许就可以得到爱。对抑郁障碍患者而言，他们对自己苛刻、要求自己完美，虽然表面上呈现的是自我批评和对自我要求高，实际上内心深处担心的是，如果自己不完美就会被抛弃。所以，其核心议题其实是被爱的需要，以及"不完美就无法赢得所需要的爱"的恐惧。

由于对自我的严厉批评，来访者会有一种羞耻感。苛刻批评的自我结构、羞耻的自我结构与焦虑依赖的自我结构，三者深度交织，发展成抑郁症状。可以说，抑郁是一种关乎"自我"的情绪障碍。来访者有一种自我生命力丧失的感觉，没有能力组织自己、调动自己，缺乏弹性。某些事情的发生（如失业、失恋等）会触发来访者旧有的情绪基模，导致其无法恢复自我调整的能力，感觉自己无力、脆弱、自我价值丧失，以至于很小的挫败就会引发强烈的感觉，陷入脆弱的自我状态，感到绝望、无助、无能，没有安全感。所有的事情都变得困难，不顺利也会被放大了。面对重大的丧失或失败，抑郁情绪起初似乎是个体的一种适应性的反应，但是如果个体一直无法恢复心理弹性，一直处于低落的情绪中，那抑郁情绪就变成适应不良的反应了。

在与抑郁障碍患者工作的过程中，我们发现来访者经常陷入绝望与无助的感受中。绝望的感觉主要有两种：一种是对未来的徒劳无望感，另一种是不相信自己能应付未来的无力感。来访者会说自己感到绝望，一种失败、无用、被打倒、想要放弃的感觉。觉得自己无法再奋斗了，觉得自己注定要完蛋了，觉得自己无法拥有或达到自己想要的，想要后退，甚至有自杀的念头。而非语言的信息，如流泪、叹气等，也呈现出崩溃的、耗竭的生理状态。如何处理绝望并引导来访者走出来？格林伯格提出了处理绝望的模型，见图1。

负面认知和主体 → 原发性适应不良的害怕基模

绝望状态
·处境
·躯体上/情感上的反应
·负面认知

慢慢浮现的原发适应性情绪
悲伤、愤怒、痛苦

认知、情绪体验 → 允许、分辨、接纳情绪体验

说出需求和需要 → 耐挫的自我出现

对绝望感的继发情绪反应，如内疚的、自责

打断
（回避、抱怨、压垮了、头脑化、转移话题）

继发的对改变的害怕

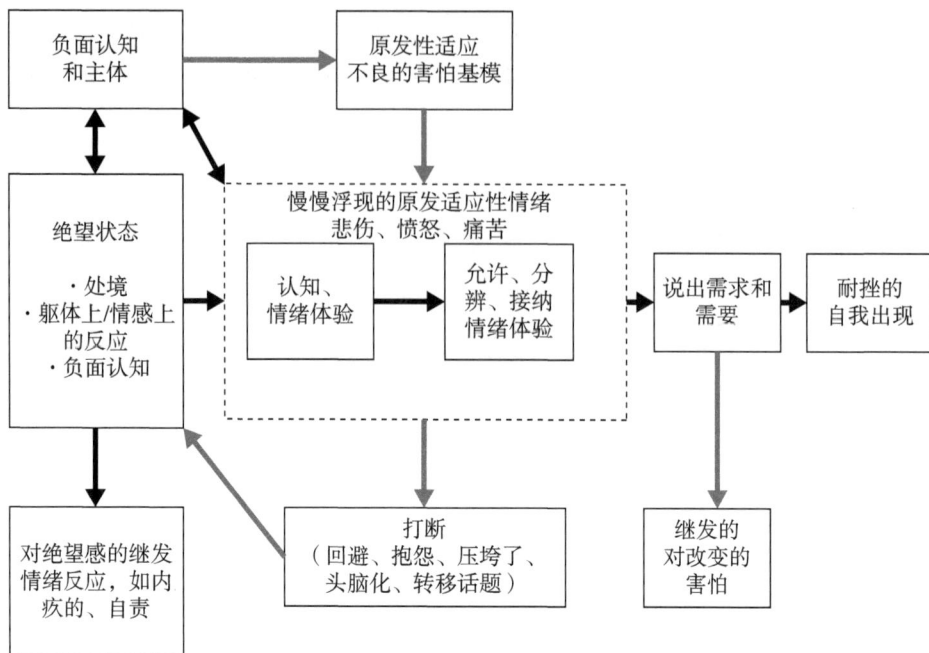

图 1　处理绝望的模型

图 1 中左边三个框描述的是来访者的状态，也就是标记。来访者对自己的认知是负面的：我做不到、不可能、没指望了。其躯体和情感都处于上述的绝望状态，而其情绪上呈现的则是对绝望的继发情绪反应，即内疚、自责。

EFT 把绝望感当作继发情绪来处理，所以治疗师不要否定来访者的绝望感，要先共情、认可其绝望感。绝望感的背后是其原发适应不良的害怕情绪基模，而这个害怕的情绪基模是由于过去的认知与情绪体验所造成的。由于那些情绪太痛苦了，来访者害怕触碰它们，因此选择了自动打断。来访者不明白自己为什么如此脆弱和害怕，让自己陷入一种无助、无望的情绪中。所以，治疗师在来访者的叙事中如果听到了更深层次的痛苦，如悲伤、愤怒或羞耻的痛苦，就要在共情性认可与共情性猜测中陪伴来访者渐渐深入，让过去的痛苦慢慢浮现并加以梳理。遇到来访者自我打断时，治疗师要帮助他绕过。等到核心的情绪基模被处理之后，来访者就可以触及自己的需要了，那个有力量、有弹性的自我就会出现。治疗师帮助来访者觉察到害怕背后的情绪体验，允许这些

体验存在并予以接纳，来访者才能走出绝望，进入深层的真实议题。

到了明白自我需求的阶段，来访者可能因为对改变的害怕而缩回去，害怕什么呢？来访者害怕进入痛苦的情绪出不来，害怕自己会失控，所以要实施自我打断。治疗师必须用共情性陪伴帮助来访者绕过打断，处理打断，慢慢处理浮现的原发非适应性情绪，慢慢等到耐挫折的自我出现。

焦虑障碍

除了抑郁障碍之外，EFT 在治疗焦虑障碍方面也成效显著。艾略特、沃森和提姆拉克在焦虑障碍的治疗方面都有研究。提姆拉克的研究体现在《转化广泛性焦虑》(*Transforming Generalized Anxiety: An Emotion-Focused Approach*)一书中，艾略特则在社交焦虑方面有所建树。

焦虑障碍指的是来访者因对目前人、事、物的恐惧或对未来人、事、物的担心而产生的持续性的焦虑情绪，而焦虑情绪又带来躯体反应，包括胸部与喉咙肌肉的紧缩及痛苦的情绪。症状方面表现为各种恐惧障碍、惊恐障碍、广泛性焦虑障碍、创伤后应激障碍、强迫思维、冲动行为等。早期的治疗方式都是针对表面的焦虑症状（继发情绪）展开的，让来访者对焦虑所引发的威胁增加控制感，或者进行各种形式的放松和暴露。对于隐藏在焦虑背后的脆弱情绪，来访者是不愿意感受和面对的，而 EFT 的目标则是要转化其焦虑背后长期存在的痛苦，通过触及其潜在的情绪基模将其脆弱转化为适应性的情绪。

EFT 在治疗焦虑障碍方面的关键概念，有以下几个。

焦虑的自我分裂

焦虑的自我分裂工作最重要的目标是帮助来访者觉察，焦虑或抑郁情绪并不是突然降临的，而是长期以来他们自己恐吓与威胁自己所导致的。这个任务可以让来访者感到自主的力量，明白原来主因并非来自外部，而是内在自我的冲突，既然是来自自己，那就比较容易改善了。

情绪的失调

在处理焦虑分裂的过程中，治疗师需要评估来访者的情绪调节能力。一般而言，来访者可能很容易被情绪淹没（调节不足），或者过度回避情绪（调节过度）。在治疗中，治疗师需要关注并帮助来访者恰当地调节情绪。

情绪基模的探索

找到了来访者的核心痛苦情绪之后，要继续探索与其相关的情绪基模的各个元素，包括当时的情境、身体的体验、当时的想法，以及行动倾向。以患社交恐惧障碍的来访者为例，他们所体验到的痛苦情绪是继发的焦虑和恐惧，探索下去是原发非适应性的羞耻感。当下看起来是家庭出了问题或事业出现危机，探索下去则是过去的依恋创伤，被虐待或被忽视，被霸凌或被羞辱。身体的体验方面表现为杏仁核过度唤起导致胸口和胃部不适，以及压力荷尔蒙淹没大脑皮质产生的晕眩感。认知方面可能认为自己是有缺陷的，而行动倾向方面则是自动识别他人不喜欢自己的眼神、动作，从负面角度诠释他人的举动，导致自己更加紧张，更加无所适从，最后干脆逃避社交场合，躲起来不再面对让自己焦虑的情境。

具体的情绪体验

针对不同类型的焦虑障碍患者，研究者找到了其背后的核心非适应性情绪。例如，恐惧症、PTSD、广泛性焦虑障碍等，这类焦虑是与不安全感和脆弱感相关的，强迫障碍的核心情绪是内疚或自我厌恶，惊恐发作则与失去控制导致的淹没性情绪有关，是自我警报的一种表现。

自我结构

在开展自我与自我对话的过程中，治疗师会发现，焦虑障碍患者的自我结构是多层次的。以社交焦虑障碍患者为例，治疗先从焦虑的自我开始，探索他是如何恐吓自己、让自己焦虑的；然后来访者会发现，这个焦虑的自我是个保护者，经常监控环境中潜在的危险，告诉自己应该做什么、不应该做什么，为的是避免自己被伤害；接着发现被恐吓的另一方这个脆弱自我，发现其核心非适应性情绪通常是恐惧、内疚、厌恶、羞愧等。但这只是表面的自我冲突，治疗需要让来访者进入更深层次的自我对话。那个焦虑的自我可能来自于早期的情绪伤害、创伤事件、长期被忽略或者一个内化的严厉的自我批评；深入下去可能会引发继发的愤怒，再探索下去可能是一种非适应性的恐惧情绪。

近期生活事件的角色

近期触发事件包括人、事、物的丧失，被拒绝，存在威胁事件，某些冲突导致情绪基模的唤起等。过去未解决的情绪加上近期生活事件，导致来访者的焦虑情绪剧增，让其有种被卡住的、抑郁的感觉。这可能就是焦虑发作的一个危机。

复杂性创伤 / 脆弱过程

在童年时，来访者长期生活在被其照顾者或其他重要亲人的暴力之中，遭受过家庭暴力或其他童年伤害很容易让来访者形成复杂性创伤。研究发现，童年在家里受到暴力创伤的严重性大于成年后遭遇的一次性创伤，并且来访者在成长过程中受到重复性伤害的风险大大增加。在临床案例中，90% 的来访者都有童年受虐的经历，因此治疗师需要学习如何针对复杂性创伤开展工作。EFT在治疗复杂性创伤方面发展出了 EFT 创伤治疗（EFT for Trauma，EFTT），它建立在未竟事宜的理论之上，但并不用椅子工作。

EFTT 的主要研究者是格林伯格的学生桑德拉·帕维奥，她将 EFT 应用在有复杂性创伤的来访者身上，经过 20 多年的发展，该理论已经成为国际前沿的有实证研究基础的、处理复杂性童年创伤的治疗方法。

研究发现，困扰复杂性创伤来访者的是三个互相关联的因素：一是因童年暴露于创伤之下造成的恐惧和无力感；二是对依恋关系的负面体验造成的对自我及亲密他人的不健康的观点；三是习惯性地把逃避作为应对策略，难以进行情绪的梳理和整合。

复杂性创伤的症状包括 PTSD 的症状及焦虑、抑郁情绪等。来访者很容易被情绪淹没，或者过度压抑情绪，或者对情绪无感，可能出现非适应性行为，如药物滥用、自伤、自残等；在自尊、自我觉察、自信方面都能力不足；在人际关系上与人疏离、不信任他人，甚至呈现出人格上的缺陷。这些问题的核心是来访者被瓦解的情绪处理机制。

EFTT 治疗的一般原则有几点：首先，治疗师要提供安全的关系；其次，治疗师要关注来访者的情绪是否失调，是过度唤起还是过度抑制；再次，治疗师要接触来访者的创伤记忆并唤起其情绪、处理其情绪、转化其情绪；最后，治疗师要进行意义的重新建构，包括关乎自我的、关乎他人的、关乎那些创伤事件的意义。EFTT 建立了一个三阶段的模型，三阶段分别是安全感与情绪调节、暴露与修通、整合及与当下连接。

EFTT 的核心是处理未竟事宜，但与未竟事宜的标准工作过程不同。根据临床观察，格林伯格与帕维奥发现，对加害者开展空椅工作比较困难，因为来访者会体验到淹没性的恐惧、羞耻或逃避的情绪，所以 EFTT 对未竟事宜的标准工作流程做了一系列调整：（1）首先要提高来访者对自己情绪的调节能力；（2）要延长治疗的过程；（3）治疗必须分阶段进行，在个人处理困难情绪的能力没有提高之前，不要开始处理人际创伤的议题；（4）在与加害人的关系方面，有两种和解的可能性，一是来访者通过对他人有更多角度的认识，提高了自己的接纳或原谅的能力，二是让加害人能对自己的行为承担责任；（5）在工作过程中要多使用想象，包括在想象中与加害者对质，重返伤害情境，分辨并处理当时的情绪等。治疗工作的结果是来访者的自尊提高，自我赋能水平提高，能够与他人分离，成为自己，或者原谅对方，或者与对方划清界限。如果伤害是来自家人的，来访者通常会本能地逃避，如成年后远离家庭。但如果个体是独生子女，又很容易陷入孤独，内心渴望与父母建立融洽的关系与亲密的联结，那 EFTT 的工作能够帮助成年的来访者梳理童年的创伤，让其在治疗室里表达其恐惧、羞耻、愤怒情绪，之后产生回归家庭、与父母重建关系的意愿。有的来访者会渐渐发展多角度的观点，对父母产生理解和接纳，更重要的是提高对自己情绪的调节能力，发展出自主能力，知道自己要的是什么。

在对青少年厌学、逃学、辍学的治疗过程中，笔者发现，如今国内许多中学生拒学的问题可能与复杂性创伤和脆弱的人格结构有关。童年没有发展出安全依恋关系的孩子，在学校也难以发展出健康的人际关系，往往只能靠优异的成绩支撑其自我价值感。当学业压力增加或交友受挫时，孩子被情绪淹没，自己无法处理，人际关系上又孤单无助，于是产生全面崩塌的现象。有的孩子因为不想活了而被诊断为抑郁障碍，又因为服用抗抑郁障碍的药物治疗无效，改用双相障碍的药物以稳定情绪，于是这些孩子就被"确诊"为双相情感障碍——国家监控的六大重性精神疾病之一。哈佛大学医学院的布莱斯·阿奎尔（Blaise Aquirre）医生 2019 年在中国开展的针对青少年自伤与自杀的 DBT 培训上特别呼吁大家关注这种误诊现象，并指出双相情感障碍与边缘型人格障碍的异同。很多青少年被误诊为双相情感障碍只因为人格障碍是 18 岁之后才能做出诊断。阿奎尔医生说："边缘型人格障碍的发生其实是与童年和青少年时期的成长背景有关的，而误诊带来的治疗方向偏差会对青少年有很大的影响。"因此，他呼吁医生们关注这两个诊断的不同。我们诊断双相情感障碍一般依据情绪波动（或情绪不稳定）及冲动行为，但阿奎尔医生指出，这两种症状不是诊断的核心议题，双相情感障碍的核心病理现象是精神活动激活，如因为能量增加而睡眠需求降低、有目标的活动增加、说话的需求增加等，而边缘型人格障碍则无上述现象。此外还有以下几个区分点。

1. 自我毁灭性的自伤行为在双相情感障碍中很少见，在边缘型人格障碍中却很常见（50% ~ 80%）。

2. 双相情感障碍几乎 80% ~ 90% 来自基因遗传，而边缘型人格障碍大概只有 50% 的遗传可能性。

3. 边缘型人格障碍与性侵创伤的相关性高达 40% ~ 70%，而双相情感障碍与性创伤的相关性只有其一半（20% ~ 40%）。

4.关于情绪波动，边缘型人格障碍的主要特点是：

（1）情绪变化可以在一天之内忽高忽低，几小时就发生变化，而双相情感障碍的情绪变化是几周高、几周低，甚至几个月高、几个月低；

（2）情绪的基线是心情低落和空虚感，有时候是愤怒与焦虑；

（3）情绪反应与环境的变化、刺激高度相关；

（4）极高的非自杀性的自我伤害行为；

（5）显著的与情绪相关的行为模式。

笔者在临床中接触到的青少年来访者中有许多涉及童年复杂性创伤和脆弱的人格结构，运用 EFTT 建立安全关系并关注情绪的疏导与创伤的疗愈，可以取得很好的疗效。在这个过程中，如果家长能够配合治疗师，重建亲子亲密联结，那么孩子的疗愈之路就可以走得更顺利些。

EFTT 在后续的研究中结合了叙事治疗，发展出 EFTT 的叙事标记，包括空洞的叙事（没有情感）、没有故事的情绪及抽象的故事，这些都是情绪与经验失联的现象，是从叙事的观点帮助治疗师在倾听来访者叙述时能抓住重点。

EFT 与叙事疗法相结合，提供了一个用标记引导治疗过程的三阶段框架：开始阶段、中间阶段、结束阶段。此外，安格斯（Angus）提出了十个叙事标记，帮助治疗师倾听来访者所讲述故事的核心内容，并判断治疗是否有效。

》 开始阶段

在开始阶段，来访者还停留在表面的叙事。叙事形态通常不外乎四种：老掉牙的故事、空洞的故事、无言的情绪、表面肤浅的故事。老掉牙的故事是重复而没有新意的故事，讲的人和听的人都觉得无聊，有一种卡住了的感觉，存在着非适应性的情绪与信念。工作的方向是引导来访者进入内在的反思（这件事对你有什么意义）或体验（给你带来的身体或情绪感受是什么）。空洞的故事是有情节而无情绪的故事，代表来访者有逃避情绪的倾向。治疗师可以关注自我打断，或者多做共情性猜测，帮助来访者接触情绪。无言的情绪指的是来访者有情绪而自己不清楚，表示来访者情绪调节不良，通常与创伤有关，治疗中需要进行聚焦身体。表面肤浅的故事是指来访者的讲述停留在继发情绪层面，尚未触及核心问题，治疗中需要继续探索。

这些标记可以帮助治疗师判断来访者目前的问题是什么，治疗的焦点要放在何处。来访者的问题涉及情绪泛滥或过度压抑，并且有表里不一致的自我叙事，所以治疗师需要先帮助来访者进行情绪调节、针对自我打断开展工作或者探索其叙事表里不一致的原因。

在安格斯的十个叙事标记中，第一阶段通常讨论的是发生了什么，将来访者从外在叙事带入内在感受的技巧是先探索此事对来访者的意义，然后再问其情绪。治疗师由一个问题引导来访者进入内在，然后再深入到其感受层面。

》中间阶段

中间阶段的叙事标记有四个：反思性故事、体验性故事、萌发新芽的故事、冲突性情节。反思性故事代表来访者已经可以聚焦于自我，进入内在进行探索了。体验性故事代表来访者的情绪和体验被唤起，在体验过程中，来访者会接触到痛苦情绪，之后其内心会开始出现新的声音，也可能出现新的观点和感受，也可能带出新的意义。萌发新芽的故事指的是来访者的经验和视角扩展了，来访者对过去的人、事、物萌发了新的看法。冲突性情节指的是来访者出现新的反思，旧的故事不再合理了，但新的故事尚未形成，来访者处于冲突、挣扎的状态之中。如果来访者出现了冲突性标记，则表明可以开展双椅对话了。这时候来访者的自我反思的能力提高了，叙事一致性和情绪自我调节能力加强了，情绪的梳理就可以进入更有效的阶段了。

促使来访者从第一阶段进入第二阶段的关键技巧是：（1）引导来访者从独白进入对话；（2）倾听情绪，帮助来访者细分情绪，并探索该情绪与什么相关，是针对谁的，从表层情绪进入深层情绪进行探索；（3）从问题标记进入反思性或体验性的故事。

》结束阶段

结束阶段的叙事标记有两个：意外结果和发现之旅。

意外结果指的是来访者出现新的行为而导致外在环境开始改变。有一位来访者苦于父母经常性的批评，一直要迎合父母，希望得到父母的肯定，结果在工作上过度劳累而病倒了。来访者在身体修养期间开始接受心理治疗，在决定重新工作的时候她有两个职位选择：一个是让父母有面子的职位，但是她评估自己的身体还承受不了；一个是轻松的、可以让自己继续复原的职位，但是对父母来说却是没面子的职位。来访者在自我形象和别人的看法之间挣扎，最后她突破了过去的行为模式，选择了那个没有面子却能够给她多一点时间调整自己的工作，这是一个意外的结果。来访者后来自己也说，这只是一个暂时性的选择，并不等于"我就堕落了，自暴自弃了"。在这个过程中，来访者的心理弹性增加了，她就可以比较灵活地处理生活中不同阶段的不同任务了。

发现之旅指的是来访者对自我有了新的观点，开始重构关于自我的新故事，这是叙事治疗的新结果，也是 EFT 应用于叙事治疗的成果。来访者通过自我与自我、自我与他人的种种体验性对话之后，最终与自我达成和解，也能够原谅重要他人，或者对他人拥有新观点，因此重构了全新的自我叙事。

在结束阶段，来访者有许多改变的标记。例如，他们的情绪、信念或行为发生了变化，对自我有了新观点，感到有了希望，自我的主体性与能动性提高了，也愿意宽恕他人，他们的生命故事改写了。这些都是治疗进入结束阶段的标记。

进食障碍

进食障碍的问题

进食障碍被认为是复发率高、死亡率高、难以治愈的慢性疾病，经常让患者感到绝望，让照顾者感到挫败，让临床医生感到无力。

乔安妮·多尔汉蒂（Joanne Dohanty）、阿黛勒·拉法兰西（Adele Lafrance）和格林伯格将 EFT 的椅子工作与动机式访谈结合起来，治疗成人厌食障碍，取得很好的效果，其成果收录于《情绪聚焦治疗临床手册》(*Clinical Handbook of Emotion-Focused Therapy*) 一书中。

动机式访谈指的是，当谈到来访者没有动力改变的时候，治疗师不是说来访者"没有动力"，而是要尝试发掘他们对于哪一件事"更有动力"，来访者是两害相权取其轻，而非真的没有动力。对进食障碍的患者而言，不管他想要康复的动力有多大，一旦因为痛苦难以忍受导致避免痛苦的动力更强，那么进食的失调就会压倒想康复的念头。所以治疗师需要问的是：进食障碍对来访者产生了什么作用？带给他什么好处？

情绪与进食障碍的关系

进食障碍是患者用来回避痛苦感受的一种方式。患者通过进食障碍应对情绪：厌食障碍患者的体重轻到某种程度的时候，其身体会麻木，对情绪失去感觉，所以患者不会再感受到情绪的痛苦；清除型暴食障碍的患者通过暴饮暴食压抑情绪，再通过呕吐、泻药或锻炼清除暴食的后果；而非清除型暴食障碍则有安抚、安慰的作用。

在治疗中，随着体重的恢复、暴食症状的缓解、呕吐症状的消失，患者的情绪会再次涌现。随着作为来访者应对情绪方式的进食障碍的症状逐渐消失，来访者往往会觉得被情绪淹没。如果不能处理重现的情绪，进食障碍就有复发的风险。因此，治疗师用情绪聚焦疗法处理和克服来访者回避情绪的症状，并帮助他们学会调节情绪，不至于被情绪淹没。

EFT 用于进食障碍

来访者是害怕面对情绪的，但 EFT 要聚焦情绪，帮助来访者识别并疗愈其核心痛苦的议题。对于进食障碍患者而言，他们有一个共同的需要：增强想要改变的动机。多尔汉蒂和拉法兰西发现，运用 EFT 的技术可以调动来访者的能量，增强其动机。

动机式访谈有四个原则：（1）表达共情；（2）避免争论，跟随阻抗；

（3）支持自我效能感；（4）突出不一致性。而 EFT 的技术能够帮助治疗师实现动机式访谈的目标，增加来访者对改变的信心，增强其自我效能感，帮助其识别健康的需求，并找到可以满足需求的方式。

治疗师可以用椅子工作探索和发展来访者的主体性与自我功能，让来访者的说法从"我什么也感受不到"或"我就是不能感受"（这是一种受情绪控制的感觉，好像自己是受害者而非情绪的主人），变成"由于以下原因，我以下列方式阻止自己去感受，这就是它对我的影响"。这时候，来访者会觉得自己明白了自己的内在是怎么回事，并且具备了情感调节的能力。下面介绍如何用 EFT 进行动机式访谈的技巧，包括增强动机、提高自我效能感、突出不一致性。

》 使用 EFT 增强动机

治疗师经常运用 EFT 中的双椅对话与来访者就康复时产生的矛盾感开展工作。这个任务的标记是来访者对于康复有一种矛盾的感觉，一方面想要康复，另一方面又担心康复后的痛苦。治疗师引入双椅对话，让来访者的自我和"进食障碍的声音"进行对话。来访者在两边真实的冲突中探索、表达、反映，把头脑中熟悉的那个声音放在对面的椅子上，让心中的进食障碍的声音与自我进行对话。

当治疗师帮助来访者把进食障碍的声音放在椅子上的时候，会发生什么？这时候，进食障碍的声音被具象化为一个对象而不仅仅是来访者内心的一个声音。有的来访者甚至可以清楚地描述经常与自己对话的进食障碍的声音长什么样子。有一位患者在治疗中提到："这也许是我想象出来的，我的进食障碍是一个金发的小女孩，她戴着蝴蝶结发箍，穿着日式洋装。她告诉我，她是我最好的朋友，她永远都不会抛弃我。"当来访者可以关注进食障碍并扮演进食障碍的声音表达时，她就不再是无意识地服从那个声音，或者假装听不见，或者压抑那个声音，不许她说话了。坐在进食障碍的声音的椅子上，来访者可以更了解进食障碍的功能，感受进食障碍强大的能量，而不再仅仅是双方理性的利弊分析与讨论。而其自我也会因为感受到进食障碍的强大力量，在换回自我的位子之后，体验到有力量的自我被唤起的感觉，从而增强改变的动机。

》》自我效能感的提高

自我效能感就是自己觉得自己有能力完成某项任务的信心，而信心取决于自己是否预备好要做这件事、是否有意愿做这件事、是否有能力做这件事。进食障碍患者的自我效能感低，患者不是不愿意改变，也不是没预备好改变，而是觉得"没有能力"改变。而没有能力改变的关键是缺乏处理痛苦情绪的能力，因此害怕自己康复后面对痛苦无法承受。所以，治疗师特别需要提高来访者处理痛苦情绪的自我效能感，以此平衡他们矛盾的绝望感。

在情绪聚焦疗法中，自我效能感可以通过以下几点加以提高：（1）提高来访者对内在情绪体验的掌控感，从而提升其自我效能感；（2）通过治疗师的共情性调谐，让来访者经历处理情绪的过程，体验到自己能够关注情绪、唤起情绪、表达情绪、转化情绪，从而增加其自我效能感；（3）在自我经验的建构中，让来访者感到自己可以做自己的主人，也会提高其自我效能感。下面举例说明这个过程。

首先，让自我的椅子宣布："我没有能力做到这一点。"让来访者体验自我效能感低是什么感觉。

C1：我就是觉得我做不到，我永远也好不了！

T1：好，坐过来。（换位子到进食障碍那边）告诉她："你做不到的，你永远也好不了！"

C2：你做不到的，你永远也好不了。

T3：现在具体说说，你在告诉她什么？因为她太弱了所以做不到，还是她不知道要怎么做，还是……（治疗师开始探索这个恐吓的声音）

C3：你既虚弱又可怜。你只会做这一件事，你唯一擅长的事情就是不吃饭。没有它，你会迷失方向，而且你会失去你唯一拥有的。现在你很虚弱、很可怜，但至少你能够不吃东西。如果你好转了，情况会变得更糟。你的感受还是一样糟，然后你还会发胖！

在这个对话过程中，来访者对自己的主体有了新的认识，从"你做不到，永远好不了"转向"不要变好、不要康复、不要治愈进食障碍，如果你这样做了，坏事会发生"。这时候，我们让她回到体验者的椅子，在那里她可能会完全同意进食障碍的声音所说内容。当来访者说（C4）"她说得是对的"时，治疗师就说（T5）："她是对的，好的，那就算了，今晚继续不吃饭吧！"当治疗师与进食障碍站在同一边，支持进食障碍的时候，来访者反而有可能会说（C5）："这样不行的，我已经快没命了啊！"

这个回应带来一个新的开始，治疗师触及了来访者自我实现的潜力和心理弹性，而这是来访者自己打开的。这时候，治疗师可以继续引导（T6）："告诉她，这样不行的。"

C6：我知道你在试图保护我，不想让我有这种感觉。但是没有用，我想试着去感受它们，我需要试一下。我需要你帮助我试试看。

这时候的来访者已经增强了改变的内在动力，这是一开始没有的。这就是自我效能感的提高。

》突出不一致性

患进食障碍的来访者通常存在高度的不一致性，即一方面想要痊愈，另一方面又担心痊愈之后会痛苦。这两种动力之间的矛盾就是不一致性。

在缺乏自我效能感或者对改变没有信心的状态下，来访者很容易产生绝望的感觉。所以治疗师一定要在建立其自我效能感之后，再用椅子工作突出其不一致性。例如，来访者陈述自己"没有问题，不需要改变"，治疗师邀请来访者开展双椅工作，让一边的进食障碍的声音（A）告诉另一边的自我（B）："你没有问题，不需要改变。"然后回到（B）的椅子上，问她什么感觉，一开始，来访者可能会说："我同意她说的。"让我们看看下面的示例。

C3：这对我来说是有效的……我知道这可能只是我的合理化，但就像我

有两个生命一样。它们真的不会互相干扰。（这是不一致性的标记）

（换位子）

T4：是的，告诉她（B）……

C4（A）：是的，一切都很好，不要没事找事。

T5：对的，这是有效的，没有必要做出改变。（看到来访者脸上表情的变化，痛苦的标记）

（换位子）

T6：你能告诉她（A），刚刚发生了什么吗？

C6（B）：（开始哭）这不是真的……她在撒谎……你在撒谎。我不想这样生活下去。

T7：你能告诉她（A），你的眼泪在表达什么吗？

C7（B）：我只是不知道该怎么做……我不知道如何变得更好……我害怕！

T8：你害怕什么？

C8（B）：我害怕我做不到。我不知道……我想我更加害怕的是，如果我能做到的话，会发生什么！

根据治疗的进度，治疗师可以有不同的回应方式。如果来访者的情绪已经被唤起，治疗师可以询问来访者的需求。

T9a：告诉她你需要什么？

C9（B）：我需要你不要再用坏事来吓唬我，我需要你的支持，让我变得更好。

如果来访者的情绪唤起程度不够，治疗师想加强其情绪，则可以让其换位子继续扮演恐吓者。

T9b：坐过来，吓唬她，让她害怕……如果你康复了……告诉她会发生什么……

用 EFT 和动机式访谈的技巧治疗进食障碍的来访者，是多尔汉蒂和拉法兰西对 EFT 的贡献。在帮助进食障碍患者的过程中，两人发现：情绪问题是困扰进食障碍患者的原因之一，回避情绪或压抑情绪与患者的家庭氛围高度相关。所以，两人提出了"将家长培训成孩子的情绪教练"，作为辅助性的治疗手段。于是有了 EFT 应用于家庭治疗（或者称之为家长培训更为合适）的另一个应用——聚焦情绪家庭治疗。

聚焦情绪的家长工作坊

孩子出现了心理问题，家长应该怎么做？父母参与孩子心理治疗的方式一般有四种模式。

1. 治疗任务交给治疗师，来访者的父母完全不参与。治疗师必须保密，所以也不能跟来访者的父母交流。这个模式的问题是治疗师与孩子形成联盟，孩子喜欢治疗师就对自己的父母更加不满意。治疗也许有进展，但是孩子回到家中与父母一互动就又被打回原形，导致治疗进展非常缓慢。

2. 全家一起来，目标放在家庭功能的改变上，这就是所谓的家庭治疗。除了全家一起来之外，改变来访者父母的夫妻关系、其兄弟姐妹之间的手足关系也很重要。这个方法的目标是"根治"问题，但是实行起来非常不容易：一方面，全家人都要到场，这个很不容易做到；另一方面，孩子出了问题，却要求父母做婚姻治疗，而伴侣关系通常又不是短期内能够解决的，有的父母会没有耐心或者不肯配合。

3. 以父母为治疗对象，目标是处理父母的创伤，阻断代际创伤的传递。这个工程更加巨大，虽是一个可能治根的治疗计划，实施起来却耗时太长。

4. EFT 应用于亲子关系的工作模式是邀请来访者的父母投入治疗，治疗师联合来访者的父母一起帮助孩子。治疗的主要工作对象是来访者的父母，但是并非处理其父母的问题，而是治疗师培训其父母成为治疗师的助手。就像护士长培训家长后，让他们进入早产婴孩养护室，帮助护士护理自家孩子一样。孩子最爱的人是家长，最想与他们修复关系，得到他们的关注，父母也是最愿意帮助孩子的人，双方都不仅有动机且意愿很强烈，只是不知道该怎么做才有效。此时治疗师介入的目标是培训来访者的父母成为治疗师的助手，与孩子修复关系，并成为孩子情绪的教练。这是改变亲子关系，进而带来家庭环境变化的模式。

情绪聚焦家庭治疗源于进食障碍的治疗情境。莫兹利家庭治疗主要研究青少年的进食障碍，聚焦于赋能父母重新对孩子进行养育。接着，多尔汉蒂开始探索如何将 EFT 应用在有饮食障碍的成年人身上。最后，多尔汉蒂与拉法兰西结合莫兹利家庭治疗与 EFT 的元素合作设计了治疗进食障碍的新模型，即情绪聚焦家庭治疗。

情绪聚焦家庭治疗的四大原则是：（1）聚焦家庭，特别是亲子关系；（2）赋能来访者的父母，消除其父母的恐惧与自责情绪，并让其父母看到，孩子最想要的帮助者是父母而非治疗师；（3）聚焦于情绪，回避情绪、打断情绪是进食障碍患者常见的关键问题，家长需要学习情绪处理的有关技巧，帮助自己并帮助孩子；（4）训练患者家长的技术，主要是关于共情性认可的技巧，以及如何成为孩子的情绪教练、如何处理自己的焦虑或情绪打断的技术。进食障碍是除了自杀以外死亡率最高的心理疾病，并且治疗中来访者的阻抗甚大。家长受训以后，学到了实际的技术，并被赋能，可以更好地帮助他们的孩子。

情绪聚焦家庭治疗，由多尔汉蒂和拉法兰西一起研发和推广，从训练进食障碍的家长推广到训练其他心理议题孩子的家长，2015 年开始在世界各地进行培训。情绪聚焦家庭治疗的主要概念有四点：行为训练 / 康复训练、情绪教练、修复关系、处理卡点。

行为训练 / 康复训练

家长最关注的往往是孩子的行为如何矫正：患心理障碍的孩子如何在行为上恢复正常，如何让抑郁、厌学的孩子早日回校上课，如何让患厌食障碍的孩子好好吃饭。针对这些，家长需要配合的是，让孩子遵医嘱服药，有规律地参加心理治疗，进行必要的行为训练。但是，如果没有解决与孩子的情绪和关系相关的议题，甚至是家长自己的焦虑问题，行为训练就很难奏效。

情绪教练

出现心理障碍的孩子，有很多是天生比较敏感的小孩，他们的情绪接收度和感受性都比常人丰富很多。在其成长过程中，如果家庭环境不关注情绪，甚至回避情绪，孩子压抑的感受无处发泄，就很有可能发展出不健康的方式，以减轻内心的痛苦。这些不健康的方式包括饮食失调（过少或过多）、抑郁、焦虑、吸毒、自残、沉迷于网络游戏等。如果家长没有学会接纳、认可孩子的情绪，那么每周一小时的心理治疗工作会收效甚微；如果家长也学习了一些共情性技巧，成为治疗师的助手，一起帮助孩子，那成效将大大提高。当孩子出现问题的时候，家长有很强的动机和意愿，希望能够为孩子做一点什么或参与治疗。家长缺乏的只是治疗师的指导、鼓励和陪伴。情绪聚焦家庭治疗把焦点放在家长的身上，聚焦于将家长培训成治疗师的助手，让家长成为孩子心理上的主要照顾者。这在观念上是很大的一个改变。

修复关系

有时候家长有了意愿，但孩子不一定接受家长的参与。考虑到过去父母对孩子的不理解，或者因为父母的原因导致亲子关系中可能存在一些创伤，情绪聚焦家庭治疗强调家长应该先向孩子道歉，以便修复关系。关系修复之后，孩子与家长的沟通管道重新开启，家长参与治疗，成为孩子的情绪教练。

处理卡点

以上三个步骤环环相扣，步步深入，但是如果家长自己内在的焦虑或愤怒情绪过于泛滥，就没有能力完成上述任务，这时家长就被卡住了。因此，处理家长的情绪卡点成为治疗师此时的第一要务。治疗师只有先帮助家长觉察并解决自己的情绪卡点，后面的任务才可能顺利进行。

聚焦情绪的伴侣治疗

关于 EFT 在伴侣治疗上的应用，格林伯格与约翰逊在 1988 年就出版了第一本著作《情绪取向的伴侣治疗》（*Emotionally Focused Therapy for Couples*），此后格林伯格一直致力于 EFT 在个人治疗上的研究，直到 2008 年才与高德曼又推出了《EFT 伴侣治疗——情绪、爱与权力》（*Emotion-Focused Couples Therapy: The Dynamics of Emotion, Love, and Power*）一书。下面介绍的是 2008 年以后 EFT 伴侣治疗的核心概念。

情绪调节是支配伴侣互动的主要动力

人生而需要关系，需要与人产生联结，婴儿与母亲的依恋关系是婴儿调节情绪的主要途径。当我们拥有良好的关系的时候，我们会感到安全、平静、有价值，觉得自己活得有价值。相反，当我们的亲密关系出现问题时，我们会感到焦虑、不安、被否定。所以当我们与伴侣有联结，感觉自己被喜欢的时候，我们会觉得生活有目标，整个人充满了活力。而研究也发现，照顾伴侣的情绪能够调节双方的情感。

亲密关系是我们情绪生活的核心，而情绪又是我们亲密关系的核心。所以，关注亲密关系中的情绪互动是伴侣治疗的核心。事实上，在伴侣互动中，大多数沟通都是情绪沟通和非语言沟通。这些沟通方式传达出我想靠近你还是远离你，我想掌控你还是顺从你。在这样的微妙互动中，我们可以将情感描述为土壤，而在上面长出了伴侣之间的依恋关系和各自的身份认同。

寻求情感调节是人类生存的主要动机之一，人类的本能就是趋向寻求安全与舒适。我们寻求靠近某些人是因为他们让我们有某些感受，而这些感受能够帮助我们适应与生存。例如，我们需求依恋，因为这让我们感到舒适；我们寻求身份认同和得到肯定，因为这让我们觉得自己有价值。总而言之，我们寻求接近他人是为了调节自己的情感，让自己感受良好。

在人际互动中，面部表达的情绪非常影响人际沟通。我们的面部有许多块肌肉，会不自觉地泄漏很多我们心里对他人的感受。当我们看到别人的"脸色"时，我们的很多反应会被激起。对方的面孔是一本模糊不清的书，而我们的诠释则常常基于被唤起的过去的经验，所以在伴侣的互动中，面部表情如何被对方诠释、过去的经验如何影响当下的互动，这些都是需要治疗师关注、觉察和工作的地方。

伴侣互动循环的核心维度：依恋关系、身份认同、吸引力

在理解伴侣互动循环的维度上，EFT 关注三个方面：依恋关系的互动、身份认同及彼此之间的吸引力。

依恋关系涉及个人成长过程中对依恋的渴望和需求是否得到满足。鲍比的依恋理论始于 20 世纪 60 年代，辛迪·哈桑（Cindy Hazan）和菲利普·肖弗（Phillip Shaver）在 1987 年提出，成人恋爱关系中的情感纽带与婴儿和主要照顾者之间的情感纽带有一些共同的特征。安全的依恋关系让伴侣觉得彼此亲近、安全；不安全的依恋关系让伴侣觉得害怕、悲伤、愤怒，需要被安抚。在 EFT 伴侣治疗中，治疗师分辨"焦虑矛盾的追逐者与害怕被吞没的逃避者"是很重要的。EFT 治疗师在探索来访者的深层情绪之后，抵达其需求层面，最后要让伴侣双方都有选择的自由：可以选择与对方靠近，也可以选择保持距离；有不被对方的情绪淹没的自由，同时又不用害怕会被对方拒绝。对依恋关系的探索除了可以帮助伴侣双方理解目前的互动状态之外，还可以帮助伴侣双方看到自己童年的依恋风格与需求如何影响了恋爱、婚姻中的依恋需求。

在身份认同与权力较量这个维度上，治疗师需要辨识伴侣双方谁是掌控

方，谁是顺从方，辨识双方互动的影响及这种身份认同的来源。良好的身份认同会让人有自尊，并且具有自我能动性，能够为自己的决定和行为负责，个体会感到自豪并且能够共情对方；而糟糕的身份认同给人带来羞耻感，让人感到愤怒。在伴侣互动中，双方的自尊都需要被肯定、被确认。而治疗探索深入来访者的情绪后，咨访双方会发现来访者情绪背后的需求：被尊重、被看见、被认可的需求，希望能够自由地界定自己的身份认同，同时还能够有归属感。

吸引力指向的是伴侣起初因为什么走到一起。当我们直觉地喜欢对方时，我们享受彼此的陪伴，喜欢互相交流，有共同的兴趣爱好，彼此有吸引力。这个维度也非常重要。当我们喜欢对方的时候，会有很多积极的情感，包括对对方有兴趣，感觉喜悦、兴奋、温暖，感到爱与被爱。这种积极的情感对伴侣的情绪调节有很大的影响。

当核心依恋需求与身份认同需求被满足的时候，双方的关系就会进展得很顺利；但是当这两方面都得不到满足的时候，问题就发生了。

与互动循环有关的不同原发情绪与继发情绪分类

EFT 伴侣治疗涉及对个体内在与人际互动的整合。人际互动的模式由伴侣对彼此情绪的回应驱动，并逐渐固化为特定的模式。治疗目标在于重新建构彼此的情绪联结，通过改变双方的情绪体验，从而改变双方互动的模式。治疗初期双方都处于痛苦的状态，关系的转化与疗愈取决于伴侣各自是否可以打开心扉，表达各自内心深处的脆弱，表达与依恋需求和身份认同需求相关的情绪反应。改变情绪、改变互动是治疗的核心。

不幸的是，有问题的负向互动循环通常被继发情绪所掌控，这些复杂的继发情绪包括指责、轻蔑、愤怒……而它们又模糊了更重要的原发的、脆弱的、与依恋需求和身份认同需求相关的情绪和需要。因此治疗师能够区分继发情绪、原发非适应性情绪、原发适应性情绪是很重要的能力。面对来访者弥漫性的继发情绪，治疗师要能够认可、共情这些继发情绪并绕开它们，触及来访者的适应不良的原发情绪，接着帮助他们接触、表达原发适应性情绪。这就是治疗的过程。

举例而言，从依恋关系来看，治疗师需要区分伴侣双方谁是焦虑的追逐者，谁是疏离的逃避者；从身份认同与权力较量的角度来看，治疗师需要辨识伴侣双方谁是掌控者，谁是顺从者。追逐者最普遍的继发与原发情绪包括受伤、孤单、伤心、没人要、隔离的、被抛弃的、绝望的、失去联结的、被剥夺的、渴望的，而逃避者的情绪包括被拒绝、被淹没、麻木、僵住、害怕、被惊吓、没人需要的、没人渴望的、空虚的、筑墙的；掌控者的情绪包括愤怒、轻蔑、傲慢、正义、潜在的羞耻、潜在的害怕失控、不被看见，顺从者的情绪包括不够好、害怕失败、被论断的、被批评的、害怕、不确定、羞耻、未表达的愤怒。

在依恋关系方面，治疗师要促进伴侣之间的情绪调节。例如，训练他们面对面表达原发的、脆弱的情绪和需求；或者帮助他们解决自我打断，以触及情绪；或者帮助伴侣彼此用情感回应对方并满足对方的需求。在身份认同方面，治疗师要帮助个体调节其自我情绪。例如，帮助个体自我安抚，接触并运用内在资源，找到自己内在需要的肯定，而这在伴侣无法提供亲近与支持的时候特别有帮助。

EFT 伴侣治疗的干预方法：五阶段模型

高德曼与格林伯格提出的 EFT 伴侣治疗分为五个阶段。

》 阶段 1：肯定与建立同盟

第一阶段最重要的工作是共情伴侣双方并肯定他们的痛苦，建立治疗同盟，设立共同的治疗目标。另外，请伴侣双方把困扰他们的无法解决的冲突问题具体描绘出来。在这个过程中，治疗师可以评估这些问题如何反映在彼此靠近和联结的过程中，个人身份认同的核心议题如何影响了关系中的互动。

》 阶段 2：负向循环不再升高

第二阶段的主要任务针对的是伴侣之间情绪化的互动模式。治疗师首先外化问题，指出伴侣之间的问题在于双方间的负向互动循环模式，标明伴侣各自核心的敏感点和核心痛苦；接着，探索双方核心敏感点与痛苦的来源。治疗师要像一位有同理心、可以共情双方的侦探，试图破解形成负向互动循环的密码，一面标明双方的继发情绪和行为，一面共情性探索双方的深层感受，把双方的冲突通过双方的互动重新解释、重新定义。举例示范如下。

对伴侣 A 说：当 X（问题）发生时，你感觉 Y，然后你就做了 Z。

对伴侣 B 说：当你的伴侣做了 Z，你感觉 C，然后你就做了 D。

然后对双方同时反馈。

对伴侣 B 说：你越感受到 C，你就越多地做 D。

对伴侣 A 说：你越感受到 Y，你就越多地做 Z。

治疗师这样做的目的是帮助伴侣双方觉察他们的负向互动的循环模式，让他们在生活中能够看到该循环模式并使之停下来，不让该循环继续升高。

》》阶段 3：接触深层感受

在每一次治疗中，聚焦伴侣双方当下的经验，帮助他们发现与他们的脆弱相关的深层情绪，发现他们各自的依恋需求，了解彼此对身份认同的感受与需求。当伴侣双方向彼此打开心门，表达自己的脆弱与需求的时候，他们会变得更能够彼此交流，更能够表达情感，从而更加亲近。

》》阶段 4：重新建构互动循环

在第四阶段，治疗师帮助伴侣转向彼此，表达并回应对方的感受和需求，逐步形成彼此相处的新方法并加以演练。当伴侣这样做时，其关系就进入了正向的互动循环，伴侣可以一起面对他们的问题，共同寻找适合双方的价值观、信念和关系的答案。在这个阶段，最重要的是治疗师要随时关注演练过程，让他们聚焦在关乎关系的核心顾虑上，并阻止爆发式或破坏性的互动。

》》阶段 5：巩固与整合

在治疗师的帮助下，伴侣可以辨识他们的负向互动循环，了解事情是如何开始、如何被引爆的；能够辨识正向的互动循环、他们的感受，了解他们是如何进入这个循环的；也能够分辨负向和正向互动循环的差异，并告诉治疗师他们对伴侣的感受。治疗师要注意倾听伴侣进入正向互动循环的不同方法，并探索双方的情绪体验。治疗师也可以试验性地问他们："你们是怎么开始一个负向循环的？"或者"你们是如何开始一个正向循环的？"

宽恕与情感伤害的疗愈

情感伤害在伴侣治疗中是很常见的一个问题，通常起源于一方背叛了另一方。EFT 伴侣治疗的内容包括如何疗愈情感伤害、如何宽恕对方，以及如何修复关系。下面简述情感伤害的治疗步骤。

标明伤害及其影响。

标明互动循环及伴侣双方在循环中的位置，包括他们处理当前背叛问题的方式，以及关系出现问题的根源。

增进过错方对另一方的共情性表达，倾听对方的痛。

接触双方互动之下的深层的、未被辨识的感受。

重新定义问题，从深层感受、依恋关系和身份认同的需要这些角度重新看待问题。

促进过错方表达歉意、悔意。

增进关爱的互动，重新建立信任。

在促进宽恕与修复的过程中，研究者研发了两种不同的道歉信格式，不论是伴侣被你伤害了，还是你被伴侣伤害了，都可以借着这两封道歉信重新修复关系。研究表明，如果过错方能够承担造成情感伤害的责任，表达真心的羞愧与痛苦，受伤的伴侣能够表达自己的核心羞耻、原发性愤怒与受伤的感受，那么宽恕和修复发生的概率就比较大。最终，受伤的伴侣能够理解并接受道歉，双方就有机会转化情绪，重新建构他们的核心循环并形成一个新的生命叙事。但是，如果双方彼此计较谁更受伤，或者双方权力太不平衡，受伤方无法听取对方的观点，也无法理解和共情对方，无法表达原发性愤怒与受伤的感受，只是表达继发性的指责与轻蔑，而过错方推卸责任不觉得羞愧，那么宽恕和修复就很难发生了。

信任是维系关系的纽带，所以重建信任是非常重要的一环。治疗师会邀请伴侣双方在家里各自写下需要感受到什么才能重建信任，需要伴侣做什么才能重建信任，其目的是帮助来访者分辨自己的需要和感受，以及伴侣可以如何帮助自己。在这个过程中，非常重要的是，千万不要与伴侣讨论，而是把这个作业带到治疗室里，让治疗师引导双方表达各自的需要。

结语

过去 25 年，EFT 在治疗抑郁障碍、焦虑障碍、复杂性创伤、进食障碍、人格障碍等议题上成效显著。我们在临床中发现，不论来访者的心理障碍是什么，EFT 治疗师使用的任务都是类似的。EFT 治疗过程一般包括建立关系、体验聚焦、时刻关注追踪并处理情绪，用椅子工作处理自我冲突、未竟事宜、自我打断和自我安抚。只是针对不同的症状，任务的顺序有所不同。治疗抑郁障碍需先处理自我批评然后带入未竟事宜，核心情绪是羞耻与悲伤；治疗焦虑障碍需先处理焦虑分裂，然后进入自我批评、自我打断或未竟事宜；治疗广泛性焦虑障碍的工作重点是与不安全感相关的恐惧，治疗社交焦虑障碍则强调羞耻感；与创伤相关的核心情绪一般来说是恐惧，治疗师需要先建立咨访关系的安全感，然后帮助来访者学习调节情绪的技巧，如果来访者的情绪是隔离的，治疗师需要先帮助来访者处理自我打断，练习聚焦身体、接触情绪，然后再进入针对未竟事宜的工作，面对过去的痛苦；当来访者的愧疚感或自责很强烈的时候，针对自我批评或自我安抚开展工作都很有效。这些临床经验帮助 EFT 研究者与治疗师懂得如何带领来访者进入情绪深处，对情绪失调的群体开展有效的治疗。

EFT 是一个仍在不断发展中的学派，随着新的研究产生新的任务模型，它可以被应用在更多的心理议题和人群。近年来。EFT 关于情绪的心理教育与情绪教练技巧正逐渐被应用于企业团体与亲子关系问题的治疗中，出版了《EFT

临床治疗手册》，开展了如何与青少年的自我批评工作的团体治疗，正在研究中的还有对童年心理障碍以及自闭症儿童的治疗。

不论在临床治疗上或在学术研究上，EFT 对亚洲而言都是一块有待雕琢的璞玉。自我批评、焦虑分裂、自我打断、与重要他人心理问题上的未竟事宜，这些问题在亚裔群体中有很大的普遍性。华人文化更擅长用批评表达关注，所以 EFT 在华人中应用范围很广，特别是在关系议题上疗效卓著。但愿本书的出版能够成为国人与 EFT 的一个桥梁，帮助有兴趣的临床工作者学习 EFT。

附录一
格林伯格与抑郁障碍患者蒂昂的
第一次治疗——自我批评

格林伯格与蒂昂的治疗录像带逐字稿，视频请参阅美国心理学会出版的录像带。T 代表治疗师，C 代表来访者。

T1：我们会有两次的会谈，是吧？

C1：嗯，嗯。

T2：我开始时只听到一点点，也许你可以告诉我，你现在生活中发生了什么？然后我们可以一起看看你想如何使用这段时间，我们怎样最好地使用这段时间。也许你可以先谈谈你自己。

C2：嗯，我是个单亲妈妈，我有个 8 岁的儿子。5 年前，我经历了很惨的离婚过程。现在我打着两份工，然后，我儿子在参加橄榄球队，我还在州立大学念硕士。

T3：嗯，是的。你在告诉我，我意思是你在告诉我一些关于你的经历，对吗？你曾经结过婚，但是那段关系不大好。还是……

C3：是的。我曾经……19 岁的时候，我曾遇到过一次严重的车祸，在那次车祸中，我的朋友遇难了。从那以后，生活中我做了一些糟糕的决定，并且遇到了我后来所嫁的那个人。24 岁，我结婚了，他其实非常……在情绪和肢体上对我都非常虐待。

T4：原来如此。哦，哦。

C4：我感到情况不妙，就搬出去了，回到大学。

T5：你处理了这么多的状况，能够走出来是一件很重要的事情。对，是的，然后你开始重建一个新生活，去上大学。这就是你现在的情况。

C5：是的。

T6：嗯。那么现在你的生活中发生了什么呢？你觉得我们最好聚焦在哪一方面呢？我知道，要重提那些事情是很刺激情绪的，而且……

C6：呃……现在，我只是觉得，好像……我就是逼着自己爬起来，去工作。

T7：不断地逼自己，再逼自己，是，是……你可以做一下深呼吸，如果愿意的话，也许可以容许你的眼泪流出来……我看到你挣扎着不让它们流出来，但是……你的眼泪是很重要的。所以这是种挣扎，逼自己、再逼自己……

C7：是啊！这让我好累……我……我拿到了学士学位。

T8：如果你的眼泪会说话……你也允许它们说话，那它们会说什么呢？我觉得……

C8：没有希望。我觉得自己在挣扎，但是……

T9：就好像你不断逼自己，却看不到尽头……

C9：是啊！我就是这样觉得的，而且我能看到它就在我面前，但是我却始终无法尽快地过去。

T10：嗯哼，所以好像，你可以看见自己想去哪儿，但是觉得……好像速度不够快，是吗？

C10：是啊！

T11：然后，这会让你觉得有点混乱，所以总是想催逼自己，似乎觉得自己永远到不了那里，或者太难了！

C11：我觉得，这感觉好像，每当我觉得自己好像靠近了，接近自己盼望的那个东西了，却又开始觉得，和自己设想的感觉不一样。

T12：我了解。达到了目标也还是觉得不满意。感觉一点儿也不好，然后，就是觉得……好像永远不会有什么东西能真正让自己满足，还是……高兴，还是……

C12：对的！

T13：哦，好像很难找到内心的喜悦。

C13：非常难！

T14：嗯哼，你的意思是说，一切都令人失望！

C14：对。

T15：结果总是令人失望，这就是你每天每时应付的难题。你可不可以具体说一些让你失望的事呢？我明白这是一种整体的感觉……逼自己，可是抵达了目标时却又不满足。自己推动着、逼迫着自己，完成目标时却又不满意。然后就觉得，有什么用呢？

C15：对，正是这种感觉。

T16：是啊。

C16：嗯，我去年拿到学士学位，在 12 月……

T17：那是你的目标之一……

C17：是一个很大的目标……

T18：是，是。

C18：然后我做到了，但我竟然不太在乎，真的！

T19：现在又变得不算什么了，完成这个目标并没让我觉得我真的有了什么成就。

C19：对。

T20：我无法真的以此为乐。

C20：对。虽然我知道，这是挺了不起的，而且我应该很高兴，可是那个高兴就不在那儿。它……

T21：嗯，似乎这些成就并没有带给我真正需要的，我猜想……

C21：是的。

T22：是不是成就并不能满足我情感上的需求？似乎我需要的是另外一些东西？

C22：是这样的。

T23：嗯哼，那么最缺乏的是什么呢？

C23：我不知道。我尝试着做了很多思考，但我好像也搞不清楚这是什么。

T24：我理解。这似乎是一个谜团，好像，我以为这件事是好的，事实却并非如此。但是你说，你……你现在有交往的对象吗？

C24：嗯，有的。和一个人大约交往六个月了。

T25：是，是。情况怎么样呢？

C25：很棒啊！这是我开始能够信任的第一个人。

T26：嗯哼。

C26：但一直以来也很不容易，因为我发现，我实际上会试图把这个人从身边推开，他却没有离开。他还说，他知道我在干什么。

T27：嗯哼。

C27：所以，这是件好事情。

T28：这个人是真的可靠的，这让你很安心！

C28：是的。

T29：似乎，让你信任某个人，是很困难的。

C29：是。

T30：因此，你会试图把人推开……你是怎么把他们推开的？

C30：通过……在各种事情上争吵。

T31：嗯哼。

C31：闹分手，跟他说我正在考虑分手。还有，我太忙了，没法维持恋爱关系，我也不需要任何东西来干扰我的生活。还有就是，我现在想要成就什么什么事情……

T32：我懂了，听起来你的挣扎是，你有一个成就的目标，你想完成它；但是，似乎这段关系又阻碍你实现那个目标。可是，关系是……能够信任一个人是很好的。

C32：嗯哼。

T33：但是你似乎在挣扎……你是否在挣扎这一切如何能够整合在一起？

C33：不。我觉得，我其实已经过了那个阶段了。我觉得我意识到……这是个信任的问题。而我觉得，从来没有人为了我在那儿。在那段婚姻里，什么事情都是要我自己去做的。所以，在我头脑里，我必须自己去做所有的事情。

T34：我不能依靠任何人。

C34：是。

T35：是。

C35：但是我开始意识到不是那样的。

T36：嗯。所以我开始放下，放下那一堵保护的墙，对吗？但是，似乎我还是没法得到……我还是感觉生活不堪重负，事情还是不能给我带来喜悦或快乐。

C36：嗯，我开始觉得，我每天早上做饭，8点去上班，但我并不真的在乎我到底干了些什么。下班之后，我带儿子去参加橄榄球训练。训练之后，我回去洗碗、洗衣服……

T37：一切好像只是功能化的，完成任务的，但是我里面好像快要枯竭了，得不到滋润。

C37：是。

T38：是的。真的好难！作为一个单亲妈妈，你已经处理了所有的事情了。但是，似乎没能为自己做点什么。

C38：是。

T39：嗯哼，那么，自己需要什么呢？

C39：我需要快乐。

T40：是的。我需要……我也不知道是什么？我要给自己一点时间，而不是不断催促、逼迫自己。

C40：我需要给自己一点时间，我觉得我需要一个家。我现在住在一个公寓里面，也许，这里面很多都是围绕这个事实。我对于不得不把孩子从原来的房子里带走感到内疚。

T41：我明白，好像你觉得伤害了他，或者对他造成了某些影响。

C41：而且我让他失望了。

T42：嗯，我让他失望了，因为我把他连根拔起，搬离了家，所以心里面好痛，觉得内疚，好像我伤害了他。

C42：于是，我想把这些都还给他，我想把他以前有的生活还给他。我认为自己毕业了，找到了工作，我就可以负担得起给他那样的生活了。

T43：是啊！

C43：可是直到最近我才意识到，我做不到！我还是付不起，于是……

T44：感觉自己让他失望了。我不确定，你觉得把他连根拔起，是因为你回学校上课，还是你觉得内疚？

C44：我离开了我丈夫，我得偷偷从以前住的房子里溜走，因为他不肯搬，我只好去找个公寓来住。

T45：是。

C45：而且那时候，我也不能对我的儿子解释究竟发生了什么。

T46：我明白。是啊，是啊！是的，容许自己……是的……所以有好多的痛，关于那一段过去，好像一种断裂……好像你扰乱了他的人生。你是什么时候离开你的丈夫的？

C46：五年前。

T47：喔！从那时候开始的，是吗？你一直承受着那个没解决的痛苦……当时儿子三岁，是吧？

C47：对。他的三岁生日是在搬到公寓之后的第六天。

T48：对你来说，最糟的部分是什么呢？我是说，我看得出来那里还有很多的痛，是的……感觉最糟的是什么呢？

C48：我觉得，最糟的部分就是，我觉得自己选错了人。

T49：喔。

C49：当我回过头去看的时候，当时有很多迹象都在告诉我，这个人不对，不该在一起。可是直到结婚，我都没有阻止这些。我选择……

T50：勇往直前。

C50：管它呢，就顺着过去了。

T51：听起来你好像在谴责自己，当时为什么会没注意这些信号？好像你要为后来的这些痛苦负责，包括你的和你儿子的痛苦，它们都是因为跟你前夫的牵扯造成的。

C51：确实如此。

T52：所以，似乎你在谴责自己，是吗？好像在说你根本不该嫁给前夫之类的。

C52：有时我以为我已经看开了，可是显然我还没有。

T53：嗯哼，因为你依然为此非常痛苦。然后呢？现在发生了什么？当你这样责备自己的时候，是什么感觉？

C53：那个，让我觉得糟透了。

T54：是。

C54：然后我一直……

T55：好像我是一个……而你一直……

C55：我不停地试着告诉自己，那个时候我并不知道什么才是更好的。我不断试着原谅自己。

T56：是啊，是啊！

C56：可是，就是没有用！

T57：嗯哼。是的，原谅自己是很重要的。原谅自己，与自己和好是很重要的。但是，似乎做不到，对吗？基本上，你还是一直责备自己。

C57：是的。

T58：不知道有没有人告诉你，有时候我会用一种对话的方式开展工作：让一部分你跟另一部分你对话。不知道你是否愿意试一试？在这个过程中，我会帮助你。因为听起来，有一部分你一直在谴责自己，这让你很挣扎，让你很痛苦。你愿意试试看吗？

C58：好。

T59：好的。我建议……我们有一个对话……你坐在那边……然后，你可以想象你坐在这边……能不能看到一个形象或者一个画面？这是你谴责或者怪罪的那个自己，可以吗？而这个部分是那个不原谅、继续谴责的自己那个你，可以吗？我们要让这两部分自己对话。因为我猜想，这是你很多痛苦的来源。好，你都对她说些什么呢？好像说，你不应该嫁给他的，你早应该注意到那些信号的。我们来试试看，你真的把这些话说出来。

C59：你应该早点知道，不要和那个人搅在一起。一开始就不该跟他来往。因为有那么多迹象都表明，你一开始和他约会的时候，他就对你不好。

T60：嗯，告诉她那些迹象是什么？她应该注意到什么？

C60：你应该注意到那些事实：他老是迟到；他总是自己泡在酒吧里，把你一个人丢在家里；他还对你说谎；他第一次打你，你就应该……你就应该离开他，离他远远的……

T61：喔……

C61：但是你太蠢了，你没有走。

T62：是的，你太蠢了。再告诉她一遍，我就是觉得你那么……

C62：你太蠢了，因为当他第一次打你时，你没有离开他。你应该更有自尊的。

T63：呼吸，呼吸。让它出来，对的，里面有好多的东西，是的……听起来……你应该……你应该……告诉她你应该更有自尊的。

C63：你应该更有自尊的，而且你根本从来不该忍受那些。

T64：这就是你批评自己的方式，对吗？用很多的"你应该……""你应该……"。

C64：是的。

T65：请换位子，坐到这边来。听她这么说，你的心里面发生了什么？听她说"你太蠢了，你应该更有自尊的"，你心里的感觉是什么？

C65：我觉得，我好……好蠢。

T66：告诉她。告诉她，她给你什么感觉？

C66：你让我觉得自己好蠢，还一文不值。

T67：嗯哼，嗯哼。感觉糟透了，对吗？觉得自己一文不值。

C67：我觉得自己一文不值！当你告诉我这些时，我实在太受伤了。

T68：是，是。告诉她你的受伤，让她看到那个痛。

C68：这让我很痛，我不知道我怎么做才能补偿你。

T69：嗯，有一部分是，我想要弥补，我想要……但是实在太受伤了。我想，会不会连身体都感觉疼痛？那是什么样的感觉，心里面的那个痛？

C69：觉得太糟了！我觉得我只想蜷缩起来，拉一条毛毯盖在头上，然后就……

T70：藏起来，或者就消失掉，对吗？

C70：是。

T71：是，感觉糟透了，好像只想缩小，躲进地洞里去，或者消失、躲起来。因为，实在太痛了！

C71：对啊！

T72：告诉她，我只想缩成一团，然后……

C72：我只想缩成一团躲起来，我不知道能做什么，能让这些好一点。

T73：你需要从她那里得到什么呢？

C73：我需要你理解。

T74：嗯哼。

C74：我需要你能理解，就是那时候是我人生非常糟糕的一段经历，我刚刚有一位好友在一场车祸里过世了……

T75：是的。

C75：还有人，那时候在责怪我，因为车祸而怪我，可是根本不关我的事。因为我是在副驾的位子上，我觉得……

T76：嗯哼。

C76：对自己感觉好糟啊！

T77：当时我感觉糟透了！我需要抓住一些东西，是的，我需要你了解我当时处在创伤状态下，是吗？

C77：是啊，我想要你明白，我是在创伤里面。而当我遇见他的时候，他让我觉得好一点。

T78：是的。

C78：于是，我想要相信，所有的事情都会变好的。我总算得到了我需要的认可。

T79：是，是，是。所以我们理解你当时的需要了。当时你迫切地需要得到一点认可，一点支持。

C79：是的。

T80：是。我想要你理解，这是你里面的一个声音。

C80：是，我要你明白，并且不要再责怪我，因为那好痛。

T81：是，是，是。好，你愿意换过来吗？你想回答她什么呢？今天的你，从你的内在？你听到她的痛苦了吗？你想怎么回应呢？

C81：我不想让你觉得那么难受，我也不想让你觉得你得要蜷成一团躲起来。

T82：是，是。

C82：因为你不用。

T83：嗯哼，现在你对她的感觉怎么样？

C83：嗯，我觉得她不是故意做那些的，她只是那些境遇的受害者。

T84：是，是。有没有觉得有一点……有一点慈悲和同情？

C84：是，我理解。

T85：告诉她，我理解你。

C85：我明白你觉得自己很糟，我明白你是想要找到一个人来爱你，而那时候，你就觉得那个人就是生命中爱你的那个，而你感觉很糟糕，就是结果你却得到这样的对待。

T86：是，你对她有什么感觉呢？你此刻对她真实的感觉是什么？

C86：嗯，我爱她。

T87：嗯哼，你能告诉她，"我爱你"吗？我想，这是很重要的。

C87：我爱你。

T88：嗯哼。

C88：如果你觉得，你需要她来原谅你，那么我可以做到……我可以做到……

T89：喔，你能试试看吗？有时候这是一个过程，想原谅但是又……看看是否符合你的感觉？

C89：我觉得，我能原谅她。

T90：是。

C90：只要她不继续这样子了。

T91：嗯哼，好的。你可以告诉她，我可以原谅你。告诉她你的需要。

C91：好的。我可以原谅你，如果你不又把自己陷进同样的处境里。如果你能找到自己的自尊，我想，就是你需要自尊，你就可以看事情更清楚，而不是仅仅一厢情愿去看一个人最好的一面。

T92：嗯，我需要你……确定你会……把现实看得更清楚，是吗？不是单单看到好的方面。

C92：是啊！

T93：是，这样我会比较放心，是吗？

C93：是啊！

T94：还有什么呢？好像……做一个深呼吸，如果可以的话。好像我需要一些保证，你不会再犯同样的错误；你会看得更清楚，是吗？还有什么？

C94：我不知道。

T95：嗯哼，好的，现在你对她有什么感觉？

C95：我不生气了。

T96：嗯哼，好。可以坐过来这边吗？我们从这边看看，好像你的心里有两个声音，你对她说什么呢？首先，这是好久以前的事了。但是，当她对你说"我爱你"的时候，你能接受那个声音吗？

C96：可以，但我不……不太确定，不确定她是真心的。

T97：嗯哼。

C97：我想，如果我又犯了错的话，她会对我还是原来的看法。

T98：嗯，所以，你想要从她那里得到什么呢？她说，她要从你这里得到一些保证，说你基本上不会再让你自己犯同样的错误，对吗？但是…

C98：但是，我想，我要的是……她让我喘口气。

T99：嗯哼。

C99：因为我不完美，我也不觉得好像我需要完美，因为我只是个人。

T100：是啊，是。

C100：每个人都会做错事的。

T101：是啊，是，告诉她，对啊！

C101：好的，我要你给我点喘气的机会。因为我只是一个人，只要是人就会犯错，如果我犯错了，那只不过是时不时就会发生的事情。

T102：嗯，告诉她你怨恨什么？对她所做的你有什么怨恨的地方？或者对她有什么愤怒的地方？

C102：我对你感到愤怒，因为你只是干坐着看我，嘴巴告诉我，我本来该做什么。都是事后诸葛亮。

T103：对啊。

C103：当我一个人经受这一切的时候，我不觉得你和我在一起。

T104：所以我气的是，你只是坐在那儿评判我，但不是真的支持我。

C104：对。

T105：是啊，是，你可以要求她，让她知道你真正想要的吗？

C105：我要你停止……停止再对我做的每件事问来问去，别再搞得好像你很完美……

T106：嗯。

C106：也别指望我是完美的，因为我不是。我永远不会完美的。

T107：是，是，是。好的，你可以坐过来这边吗？现在我要你这么做，我们来看看，请你质疑她做所的一切，让她觉得她一点都不完美。因为这是你性格中的一部分。是，你就是这么对待自己的。我们来试试看，质疑她所做的一切，让她觉得她是一无是处的，或者什么的。你都做些什么？

C107：嗯，你不按时起床去上班，你早上老是急急忙忙的，有时候你还忘记把午餐钱让孩子带去学校。

T108：嗯哼。

C108：你上班迟到，结果被老板叫去谈话。我是说，你究竟在干吗？你很晚不睡觉，你跟朋友出去玩，你知道你还有个儿子在家里啊！你不需要给自己什么时间，当下你就是应该工作，然后才能有点成就。

T109：喔，这样……你的手势像这样，对吗？好像你应该循规蹈矩的……

C109：面对现实。这就是你的决定。你做了离开的决定，你自己造成了你现在的处境，那现在情况就是这样。你是不可能摆脱这个情况的，直到……我也……不知道什么时候。

T110：嗯哼，但是还是有一股驱动力，对吗？所以你只要……

C110：一直做，不断催逼自己。

T111：是，是。多做一点，完美一点，做好一点，早一点起床……

C111：给你的儿子做午餐，参加他所有的橄榄球比赛，在家里给他当家教老师、工作、去学校，就是这样。这些都是你应该做的。

T112：当你这样说的时候，你有什么感觉？这样说的感受是什么？好像你是有点不够格的，我觉得在你的声音里，我听到的是，这是你应该做的……

C112：而你没有达到我对你的期望。

T113：是，我期望你……期望什么？

C113：我期望你，完美！

T114：嗯，做一个完美的母亲、一个完美的学生，做个完美的员工。做吧，全要做到，对的，并且要确定你做得都很好，很恰当，或……

C114：是。

T115：是的。所以这就是你的驱动力……再多做一点，我认为这是你心里对自己的要求。

C115：我开始觉得好像我不想面对它。

T116：是，是。（来访者换位子）是的，告诉她，这就是……你看见了什么？

C116：几分钟前我刚刚试着告诉你了，我无法做到完美，我做不到。我越是努力，就越觉得糟糕。

T117：是啊，是。试着说，我做不到的。

C117：我不会做到完美的。我一定会犯错的，我一定有时候会忘记给儿子带午饭钱，然后，你的房子，我的房子，会有时候不干净的，因为我累了呀！

T118：是，告诉她你的疲累。

C118：我累了，而且我真的已经很努力地去做了。

T119：是，是。听起来的确如此。你承担了这么多，手上同时拿着这么多颗球，你需要她给你什么呢？

C119：我需要你理解，我没法做所有的事情，我也没法做到完美。我就是一个"人"，我也尽可能地努力了。

T120：是的。

C120：但是我需要一点自己的时间，我需要你理解这个。

T121：是。再说一遍。

C121：我需要一点自己的时间，我需要你理解我的不完美。

T122：是，我需要你让我喘口气，或者我需要你……

C122：我需要你让我喘口气。

T123：是，是。再说一遍，试着认真地再说一遍，这是你的需要，对吗？这是你的需要。

C123：我需要你让我喘口气。

T124：是。

C124：不要整天盯着我，也不要再试图让我完美，因为那是不可能的。这个，你真的需要明白。

T125：是，如果……似乎……假如你不让我喘口气的话，会怎么样？

C125：（笑）如果你不让我喘口气的话，我就会再多睡一个半小时，就不能准时起床上班，我就会迟到。

T126：好的，请换位子。现在发生了什么？让我喘口气，对吗？如果你进入内心的感受，你对此会有什么回应？

C126：我对这个的反应……就是我知道，我知道你没法完美。

T127：嗯。

C127：我并不想让你感觉这么糟，我不会再对你提这些要求了。

T128：嗯。

C128：因为我回想一下，你其实已经做得很不错了。

T129：再告诉她一次。

C129：当我仔细地回想时，就会觉得你做得已经很好了。

T130：是，是，是。

C130：而且我知道你背着很大的压力，实在不需要我再给你更多的压力了。你需要我理解你，所以我会试着多理解你一些，不再给你那么大的压力。

T131：是，我认为这是很重要的，对吗？你知道是什么样的焦虑让你把这么大的压力加在她身上吗？这个焦虑从哪里来的？是这个压力，还是要追求完美？这是从哪里来的？

C131：嗯，我想这源于我成长的过程。

T132：嗯，所以，不只如此，不仅仅是焦虑，而更像是什么人？你成长过程中的什么人带给你的？

C132：我妈妈。

T133：我们还有几分钟，你来扮演你的妈妈，好吗？她做了些什么或者说了些什么呢？她是你要追求完美的源头，或者……

C133：如果你一开始听了我的，你就绝不至于落得如此下场。

T134：是。

C134：问题就在于，为了你，我已经做了一切，你整个从小到大，如果我没有什么事情都替你做好，也许，你也不会是现在这个样子。

T135：是，所以你听到的是责骂式的否定，是吗？

C135：嗯。

T136：我想，这是那个声音的来源，是吗？再多说一点。假如你肯按照我说的去做的话……

C136：如果你按照我说的去做了，你就不会落得现在这样的处境。我一开始就试着告诉你不要嫁给他，现在，看看你，你成了什么？你在做什么？你拿了，你现在拿到大学学位了，那下一步呢？你下面要干什么？你在"房角石"工作开心吗？你对自己赚这点钱高兴吗？这些都是为了什么？你有了大学教育，应该赚更多钱才对。

T137：是啊，她这样……你是什么感觉？

C137：你做的什么都不对。所以你需要听我跟你讲，因为你不听我的话的时候，你就搞得一塌糊涂。现在，你需要听我的。

T138：是。

C138：没有理由……

T139：手势又来了，是啊，这一切，像是责骂、否定，对吗？好像你做什么都不对。

C139：你有什么理由会需要和朋友出去？去打保龄球……去搞那些有的没的。

T140：嗯。只要把事情做对……

C140：是。

T141：是，是。请你换位子，可以吗？你几乎……你吸了一口气，即使是当时？是的，你心里面发生了什么，此刻，当下？

C141：就在这里，现在，我不想听你跟我说我该做什么。

T142：对。告诉她这个。

C142：我不要……我不要听你告诉我该做什么。

T143：嗯。

C143：我带儿子带得很好。过去五年里我成就了很多事情，我挺为自己感到高兴的。

T144：是，再说一次，对，因为这是非常重要的。我已经做得很好了。

C144：我已经做得很好了。我把儿子照顾得很好，并且我很自豪，为我目前为止所得到的赞赏，所完成的成就。我不需要你站在我的立场，一直告诉我应该做什么。因为我是一个成年人，我也有能力自己做决定。

T145：是，是。当你这么说的时候，有什么感觉？

C145：我觉得很好，感觉有自信。

T146：是，是。

C146：因为，我知道我是……我知道我做的决定是明智的。

T147：是，是。你让自己更加向上了，是吗？这让你感到有自尊。

C147：是。

T148：是，是。再对她说一次，我是一个成年人，我觉得自己很棒。

C148：我是成年人，我觉得自己很棒，我觉得自己的成就也很棒。

T149：嗯。

C149：我为自己感到骄傲。

T150：对，对。你可以对我说吗？对我说，可以吗？

C150：我是一个成年人……

T151：是的。

C151：并且，为自己感到骄傲。

T152：嗯。

C152：对自己的成就也感觉很好。

T153：嗯。对，你是应该拥有这种感觉的。听起来你已经处理了很多事情，真的处理了很多事情，对吗？我理解这种压力，同时似乎那个声音，那个责骂、否定的声音，那个你一直与它斗争的声音……

C153：是。

T154：似乎那个低自尊的源头，就是那个声音，对吗？但现在你更，你几乎可以找回你的骄傲了，好像可以说，我以自己为荣，我做得很棒。这是很重要的一部分。

C154：是。

C150：我觉得很好，因为我意识到了很多。很多我的焦虑，是由于那些我一直告诉自己的东西。

T151：是，是，是。

C151：我也觉得，我离开这里以后，我会很努力地不再跟自己讲那些东西，而是，也许告诉自己一些鼓励的话。

T152：是，是，是。是的，我们不久还会再见面。我不知道这次到下次之间会发生什么事，但是，如果你听到那个声音，有所觉察是很重要的。你可以说，喔，我又在对自己做什么了？就可以从发现那个声音，进一步到对抗那个声音，好吗？很重要的是，你也要告诉自己，你是有价值的，你是好的，似乎这整件事都与你的妈妈有关，是吗？与你的整个成长过程有关。所以，这是一个与你心目中的妈妈持续对抗的过程，对吗？

C152：嗯。

T153：住在你心里面的妈妈，但这是很重要的一块，可以吗？现在我们要结束了，你可以进入内在，看看你现在的感受如何？是的，做一个呼吸，感受到自己坐在椅子上吗？

C153：我觉得放松好多。

T154：嗯。

C154：对自己放开了。

T155：嗯，是的。谢谢你与我分享这一切，那是一个很重要的挣扎，你愿意面对，那是很棒的。

C155：谢谢你。

T156：从长远来看，我认为会有帮助的。

C156：是。

T157：因为说出来就能帮助你看得更清楚，然后你可以回去做练习，好吗？

C157：嗯。

T158：可以不再这么做，或者能够为自己站起来。好的，再见了，很好。

C158：谢谢你！

T159：谢谢！

附录二

格林伯格与抑郁障碍患者蒂昂的
第二次治疗——与母亲的未竟事宜

在这个示范带制作的过程中，格林伯格与蒂昂在第二天的晚上进行了第二次的治疗。T代表治疗师，C代表来访者。

T1：今晚好吗？

C1：我很好。

T2：太好了。你今天过得怎么样？

C2：很奇妙，今天我很平静，今天一整天我都觉得很平静。

T3：是吗？好的。那好极了！我猜想你是在说，这是我们会谈的效果？

C3：是，昨晚我想明白了一些有关我自己的事。

T4：哦。

C4：帮助我从不同的角度看待事情，而且保持平静，整天都比较放松。

T5：一整天，是，对。没有鞭策、逼迫，是吗？

C5：是。

T6：这就是我们上次结束的地方。很开心听到这些，实在很棒。你知道这只是……显然的你得保住部分成果；而你也知道，那可不那么容易。不过，这确实为你提供了几种处理方法。

C6：对。

T7：那么你是否想过，要怎么使用今天的会谈时间？当然我不是说你非得……只是如果你有个关注点……（治疗师在每一次的开始都会询问来访者的

273

意见，想要如何使用今天的时间？）

C7：我真没想过我们到底要聚焦在哪个方面，我想得更多的是关于我们昨晚所谈的。

T8：是的，是的。有什么凸显出来？有什么……

C8：昨晚我有那么多的感受与情绪，我在想究竟都从哪儿来的？

T9：嗯。

C9：我理解到那多半来自于一个事实，当我努力想成为完美的人，而且摆出完美的样子时，我的感受很难出来……

T10：是，是，是。

C10：也很难讨论过去发生过的事。

T11：嗯。

C11：这是部分的原因。

T12：是，是，是。这就好像，当你对自己要求这么高，你不得不完美；而完美的意思又像是不要感受你的感受。（共情性理解）

C12：是，以及不去谈让你痛苦的事。

T13：我猜想，那就不完美了。

C13：是。

T14：你知道……是的，是的。所以你刚刚是说你几乎有个觉察，就是我有那么多情绪是因为我对自己要求这么高。（开始不着痕迹地转用"我"语言）

C14：是，那正是我要说的。而且……我想有些东西能够出来，对我是非常好的。昨晚我们谈的某些问题，是我从来说不出口的。这些东西都在我的头脑里，只是我从没说出来。

T15：就像摊开在日光之下。

C15：是。

T16：是的。而且那是……一旦说出来，对你就会有帮助。因为你可以开始有所行动，注视着它们。我想，光是说出来……

C16：对。

T17：真的是……之后你感到放松与平静，等等。嗯，那很棒，是的。

C17：我还注意到一件事……

T18：是的，是的。

C18：我注意到当我以我母亲的身份对自己说话的时候，我说的其实跟我对自己说的一模一样。（来访者的自我觉察，治疗师何等喜悦！）

T19：你自己，是的。

C19：我想是的。

T20：所以那似乎很重要，对吗？就像你母亲在你的头脑里，对吗？你已经内化了。（内化的母亲，连接上一次与这一次的治疗主题。）

C20：是的，我想我有点像拾起她留下的棒子，继续往前跑。

T21：是的，是的。

C21：所以她不再觉得需要她来告诉我，因为我已经自己照做了。

T22：嗯，嗯，是的。首先，我不确定你是否在说，我比她对自己更严格，还是说，"我接过她的工作，所以她就不用做了，因为我做的甚至比她还多"，诸如此类…（澄清的技巧）

C22：我认为两个都有。

T23：是的，是的。是的，是的。我想知道你跟母亲之间实际的情况，以及你的成长过程。（开始进入未竟事宜的叙事部分，回忆过去）

C23：关于我的家庭生活，我父母已经结婚37年了。

T23：嗯。

C23：我的童年非常快乐。我一直很幸福，直到我开始有自己的想法。

T24：嗯，当你开始不只做他们认可的，或者他们希望你做的……

C24：是的。

T25：后来呢……你那时几岁？发生了什么事？

C25：我想大概是八年级的时候吧。

T26：嗯，嗯。

C26：我开始想穿得像我的朋友们……

T27：是。

C27：跟着我的朋友到处去逛。那时我想放弃……当时在学的小提琴，我也在练体操及跳芭蕾、踢踏舞、爵士舞，这些我也想放弃。

T28：所以那些是你父母加给你的，或者……

C28：对的。

T29：像是给予，可是你想做自己的事……是的，是的。结果发生了什么？

C29：结果……我无法放弃那些事。

T30：原来如此，从那时开始，就是一个"你必须……"听他们的。

C30：对。

T31：是的。嗯。

C31：对。

T32：所以你确实继续做那些事了？

C32：是的，我继续了，而且……

T33：可是你的心里面……

C33：我不愿意，我恨这些。

T34：嗯哼。

C34：我记得……我记得那时我跟母亲有许多争论，她会称呼我"麻烦精"，而且……

T35：我了解，是的。

C35：我试着告诉她我的感受，而她会说，"不，那不是你的感受，这才是你的感受"。

T36：我明白。

C36：所以……

T37：所以她其实在定义你内在的世界，可对你来说，那是一种否定，是吗？有个真实的自己在那里挣扎，同时也失去了童年早期那种单纯的快乐，是吗？所以这关乎失去，我猜想，但我不确定。（共情性探索，治疗师总是用一种不确定的态度，以表示尊重来访者的感受。）

C37：是。

T38：当你开始再去感受那些，你的感觉是什么？最痛苦的部分是什么？

（聚焦情绪，跟随痛苦指南针）

C38：我想最痛苦的部分是，我不被允许成为我自己，或者说做我自己。我觉得我得成为某样的人，我妈妈才会爱我。

T39：嗯，嗯，是，是，是的。所以，这是你脑中一部分的母亲，不过我听到了痛苦。所以我建议，我们再做点什么，是的，进行一个对话。因为那里有这么多事，是吗？

C39：是。

T40：我理解你的感觉了，所以我建议这次我们请你妈妈进来，真的开始尝试处理其中的一些事，这样可以吗？（邀请进行空椅对话，先取得来访者的同意。）

C40：好，没问题。

T41：好的，好的。好，那么我们……请你想象你的母亲就在那里，好吗？如果请她进来，你能看到或感觉到她在那里吗？（建立连接）

C41：能。

T42：嗯，你的心里发生了什么？你感觉到了什么？（建立连接后的第一个问题）

C42：我觉得很悲伤。

T43：嗯，嗯。

C43：这是……（来访者通常会想要继续讲故事）

T44：你能告诉她你的悲伤吗？（情绪出现，主动引导来访者对空椅子表达情绪，而非跟着来访者走。）

C44：我觉得很悲伤，因为我想跟你有很好的关系。

T45：嗯，嗯。

C45：我想跟你做朋友，我想打电话给你，告诉你我这一天的情况，以及我生命中正在发生的事情，而不会被你评判或者告诉我该怎么做。

T46：嗯，嗯，所以对于得不到这个我很难过，而且我不喜欢被评价，是吗？

C46：是。

T47：你能告诉她你讨厌什么吗？（治疗师听到了来访者的愤怒情绪，主动引导来访者表达愤怒。）

C47：我讨厌你认为你总是对的，对生命中的每一件事你总是有最好的答案，而且你不许我有自己的想法，不许我有自己的感受，这让我非常生气。

T48：嗯，你感到生气吗？

C48：我……我觉得比起生气，更多的是悲伤。

T49：是啊。

C49：我如此生气让我很难过，我竟然会有那种感觉。

T50：嗯哼，是这种混合了生气与悲伤的复杂感觉，是吗？

C50：是的。

T51：也许我们可以先针对一种感觉来工作，然后再讨论另一种感觉。它们都很重要，是吧？我听到你说悲伤，对吗？告诉她你想念什么？因为那是你悲伤的根源，是不是？

C51：我想念……我想念你！我想念你抱着我，告诉我你爱我。

T52：嗯，嗯。

C52：我想念你告诉我，你以我为荣，我想念跟你在一起的时间，一起逛街，一起玩，就像我们过去一样。

T53：嗯，所以我想念这种亲密的、肯定的关系。

C53：对。

T54：是的，是的，是的，再次呼吸。（看到来访者情绪激动，治疗师提醒她呼吸，帮助她调节情绪，以免她的情绪被过度唤起。）你需要从她那里得到什么？

C53：我一直试着告诉她我对她的需要。

T54：是的。

C54：但我想，以她所在的人生阶段她是没办法做出改变的，我知道。我得改变自己对此事的看法。

T55：嗯哼。

C55：可是我似乎想不出怎么做？

T56：是，是，是。那么让我们试试看……我放不下试图让你改变，或者试图从你那里得到我需要的，试着告诉她。其实……因为我认为你，你在说，我听到你说我知道我从你那里得不到，我知道你不会改变。

C56：我知道我不会从你那里得到的，而且你不会改变，你不愿意改变，这使我伤心。

T57：嗯。

C57：因为我觉得如果你真的爱我，你会在我们的关系上更努力些。

T58：嗯，嗯。

C58：可是你不肯做。

T59：是，是。我建议你坐过来这里，现在你是你的妈妈。我要你现在是你的妈妈，她不愿改变，是个不回应人的妈妈。你要对她说什么？

C59：你是我非常特别的孩子。我爱你，你小的时候，我非常担心，因为你生病了，我努力照顾你、保护你，不让任何坏事发生在你身上。可是你就是不听我的，结果你人生遇到了困难，这都是因为你没听我的话。我看到你在犯错，我不同意你选的路。

T60：听起来她像是在说我觉得被你拒绝。我是说，我在她的声调里听到那个像是"你不听我的话，我要你……""你生病了，我照顾你"指的是什么？

C60：当时……我妈失去过一个孩子，那是在我出生的一年半前。

T61：哦，是的。

C61：我出生以后，有严重的气喘。

T62：哦，是的，是，是，是。

C62：所以……

T63：所以她很担心你，而且……

C63：是的。

T64：告诉她这些，好吗？告诉她我很担心，我真的……

C64：我很担心，也很害怕，我很怕会失去另一个孩子。

T65：嗯。

C65：我只是想要照顾你，你是我漂亮的女儿，我对你有如此多的希望。

可是我希望你做的，你什么都没做。

T66：所以我对你失望。

C66：我对你很失望。

T67：哦，还有什么？

C67：我觉得我无法原谅你，或者接纳你，因为……

T68：对，告诉她这个，我不接纳你，我不原谅你。

C68：我不接纳你，而且我不原谅你。

T69：我不原谅你什么？

C69：我不原谅你，因为你不肯做我希望你做的。

T70：告诉她你要她做什么？

C70：我要你成为全校最风云的女孩，成为"舞会皇后"。我要你长大后在芝加哥交响乐团拉小提琴，我要你嫁给一个有钱人，享尽人生的福。

T71：我要你完成我所有的梦想。（帮助来访者总结妈妈的需求和心愿）

C71：我要你活出我所有的梦想。

T72：嗯，换个位置，当你这么说时，你的心里发生了什么？你感觉如何？

C72：我觉得这不公平！她把这些期望加在我的身上。

T73：是的。

C73：有很长一段时间我试着活出她的期望，可是似乎都行不通。所以我干脆朝着相反的方向走。

T74：告诉她，好吗？

C74：我试着让你快乐，我也试着活出你所有的期望。有很长很长的一段时间，我试着让你以我为荣，可是对你而言，我似乎永远都不够好。所以我决定干脆朝反方向走，因为不管哪个方向，对我来说都没有差别，你从来没有对我这个人满意过。我无法取悦你，我从来都无法取悦你。

T75：嗯，我从来都无法完全取悦你。

C75：你会说这还不错，可是一转身你又告诉我，我得再做点别的，而我所求的只是你快乐、以我为荣，可是你不肯，就是不肯给我。

T76：这就像在你心里面留下一个大洞，是吗？

C76：是的。

T77：你可以告诉她你的心里发生了什么吗？

C77：你在我心里留下了一个洞，这很痛。

T78：嗯。我不断地试图让你，或者要你……告诉她你想要什么？

C78：我一直试着要你以我为荣，按照我的本来的样子来爱我。

T79：嗯，再说一次。我只是想要你按我本来的样子来爱我。

C79：我想要你按我本来的样子来爱我。

T80：嗯，再来一次。

C80：我想要你按我本来的样子来爱我。我告诉过她……

T81：嗯，嗯，换过来。那么当你告诉她这个，她说了什么？

C81：我爱你。

T81：嗯，可是这种态度是……传达出来的信息是什么？

C81：我不是真的那么爱你，我只是告诉你我爱你，因为这是你想听的，这也是我应该说的。

T82：嗯，可是我不赞同你，是那个不赞同的妈妈，对吗？你不是那个女儿……

C82：你不是我想要你成为的那个女儿，你也不是我认为我会得到的那个女儿。你一生做了很多事，甚至背叛家庭，我看不出现在你为什么要我爱你？既然 10 年、15 年前这对你并不重要，为何现在来小题大做？

T83：嗯，有点像……有点像我觉得被拒绝了。所以我拒绝你，那是……

C83：是的。

T84：基本上，就是我……我拒绝你，我不赞同你，是不是？

C84：是的，这就是我的感觉。

T85：好的。换过来。面对这个不赞同，你感觉如何？

C85：我觉得很羞耻，我们永远不可能有母女之间的亲密。我觉得很失望，因为你如此强调花时间在一起，一起去教会，全家一起去度假，我不明白，如果你对我的感觉是那样，为什么还非要我参与这一切？我认为其实……

我是对的。我觉得你企图把我拴在身边，是为了你可以提醒我，我的人生犯了怎样的错，所以可以恶待我。

T86：噢，感觉像是"你把我留在身边是为了欺负我"。

C86：是。

T87：嗯，那让你感觉是怎么样的？

C87：我不想被欺负。

T88：嗯，你告诉她，好吗？

C88：我不想，我不想被欺负。我不想在你周围让你如此待我。

T89：你气她什么？

C89：我生你的气，因为我一次又一次告诉你，我对事情的感觉是什么，而你全盘否定我的感觉，还告诉我，那不是我的感觉。而且还试图告诉我，我的感觉应该是什么。但你并不是我，你并不知道我的感觉，而这让我怀疑我对生命中每一件事的感觉。

T90：你开始感受到愤怒了，然后你会再次进入悲伤或者有所欠缺的状态，对吗？愤怒到哪里去了？怎么会……

C90：我不想对我妈妈生气，我觉得这样是不对的。

T92：你可以坐到这边来吗？阻止你自己愤怒。或者说你是如何把愤怒拿走的？有什么东西好像出现了，是吗？有个比较强大的你，然后，你对她说什么？现在这是你，别对妈妈生气，她是你的妈妈。

C92：你不可以生妈妈的气，她自己也不懂。她自己的成长过程也很辛苦，她已经尽她所能做到最好了。她对你有很多期望，并不代表她不爱你，那正说明她非常爱你。她……

T93：所以，你不可以生气。

C93：不行。你不可以生她的气，因为她真的很爱你。

T94：嗯哼，所以有点像"如果她爱你，你就不可以生气，即使你真的生气了"，我猜。

C94：是。

T95：是啊，你又流泪了。眼泪在说什么呢？

C95：是因为我不能对她生气。

T96：哦。

C96：我不能对她生气，而且假如……

T97：你不能，你不能生她的气。

C97：好的。你不能生她的气……

T98：因为……

C98：因为如果你对她生气，她只会让你觉得有罪恶感，所以生气没有用的。

T99：嗯，你知道吗？真正的生气，跟只是在你的心里面生她的气是不同的。我了解，对她以及全世界生气，会让事情变得复杂，可是听起来，觉得有权对她生气对你也一样困难，是吗？那有点像是罪恶感，对吗？是不是？你不准生气，因为她爱你，她已经尽力了。这都……你是怎么消灭怒气的？你在青春期的时候，最后还是逆反了，不是吗？

C99：是的，我的确逆反了。

T100：嗯，当时你生气吗？

C100：我想我那时是生气的，我想我当时试图引起她的注意，或者……

T101：我明白。

C101：换句话说，让她恼怒。

T102：嗯，嗯……换过来。所以生气的结果是什么？心里在说：你不可以生气。那对你像什么？我是说，你的确感到愤怒，对吗？刚才你说过。

C102：是的，我说过。

T103：有悲伤也有生气，可是怒气似乎消失了，是吗？

C103：因为生气没有好处。

T104：嗯，觉得有权生气，对你可能会有些好处。当然那样一来，像是你不被允许生气。现在对着椅子上的妈妈，告诉她你为什么生气？她不在这里，所以你知道的，你不用担心她的反应。让她知道你觉得你有权生气。

C104：我对你很生气，因为你想要透过我活出你的生命，那对我不公平。

T105：嗯。

C105：我渴望的和我需要的跟你的完全不同。每次当我试着告诉你这些时，你根本不听。你只是继续逼我、再逼我，然后你试着逼我做一些事。

T106：有点像"我觉得被扭曲得变形了"！

C106：我不觉得我属于那里。你不断强迫我处在不舒服的情况中，我不知如何是好。

T107：嗯，嗯。

C107：有好多东西至今我都还扛着，而我不知该怎么办？我知道我在生气，当我试图告诉你这些事，而你却开始辩解，告诉我这些事根本没发生过，事情并不是那样的。

T108：是啊，再多告诉她一点……你没有……听起来这是很糟糕的感觉。被迫去做一些与你不合的事。

C108：对，我不适合那些你要我做的各种事。

T109：我不断想得到你的认可，或者说我不断尝试去融入，可我真的很讨厌那样。

C109：是的。

T110：嗯，告诉她，你讨厌什么，或者对你来说最可怕的是什么？

C110：我讨厌拉小提琴，我讨厌你到处去告诉每一个人，我应该是首席小提琴手，我并不觉得我有那么好。

T111：嗯。

C111：当我没有得到首席之位时，你就对我发脾气，对我失望了。也许，我需要你抱着我，跟我说会没事的。

T112：嗯。

C112：而不是对我吼。

T113：对，再说一遍。我需要……

C113：我需要你拥抱我，对我说会没事的，而不是对我吼。

T114：嗯，嗯，那很痛，是吗？这就是那个痛，再多告诉她一点你多么痛。

C114：那真的很痛。这是一个主题，在我生命中一遍又一遍地发生。我试过的每一件事，如果我失败了，在当时我甚至不可以感到沮丧。因为你在忙着对我生气，对我失望。

T115：嗯，嗯，那就是真正让你痛苦的，是吗？

C115：是。

T116：你可以说说那个痛苦吗？那一定……

C116：哦，只是痛。而当我想哭，我希望有人能抱着我时，我知道我无法得到，所以我只好装作一点也不在乎的样子。

T117：是，是，你得装出很坚强，或者满不在乎的态度，是吗？

C117：是的。

T118：可是心里那个痛，还在痛？

C118：是的。

T119：我渴望你只要抱着我，说会没事的。

C119：我渴望你能抱着我，告诉我会没事的，我还是个值得爱的人。说点让我心安的话，让我觉得好过一点。

T120：嗯。

C120：可是每一次你都让我觉得我糟透了，就像我是个令人失望的家伙。而我最生气的就是，其实我根本就不想要……我起初根本就不想要的。

T121：我根本不想要……

C121：我根本不想要我做的任何一件事。

T122：所做的事，是的。

C122：我不要的，我不要做这些事，我是为你做的。

T123：嗯哼，嗯哼，我是为你做的。所以有点像是我双重的受伤，就像在卖身，我这么做是为了得到你的爱。当我没做到时，我感到很糟糕，可是我甚至不是为我自己做的。

C123：是。

T124：是，是的，再说一次，所以我生你的气，因为……

C124：我对你生气……

T125：你期望我成为的人不是我。

C125：是，我对你生气是因为你期望我成为的人不是我。我对你很生气，因为你强迫我进入这些情况中，然后告诉我，你对我很失望。

T126：是，是，再说一次，我很生气你强迫我，然后又对我失望。

C126：我对你生气，因为你强迫我做我不想做的事，然后，当我表现不如你的预期时，你又对我失望。

T127：对。现在，你感受到身体里的怒气吗？

C127：是。

T128：在哪里？你在哪里可以真正感受到？像什么？我是说，在你的这里（指着身体躯干部分）或者……

C128：哦，我不知道在哪里，我只是……

T129：哦。

C129：我觉得我配生气。

T130：是的，是的，而且这很重要，让那种怒气……那是种重要的怒气，这跟拼命地需要被认可是相反的，对吗？不过我认为你身体里面似乎没有空余的位置可以容纳你的怒气，让它成为使你内心强大起来的支柱。所以我们需要帮助它，好吗？再多说一点，我对你生气。我听到你说，我配……你告诉我"我配……"

C130：我确实配生气。

T131：嗯。

C131：可是……我猜我就是不喜欢生气。

T132：嗯。

C132：我宁可不要生气，直接对她表示原谅。

T133：我了解，可是为了能够原谅，你得先承认怒气，而且是真的生气。不是跟真实世界里的妈妈，而是跟你心里面那个她。刚才你曾经说"我跟你不一样"。哪里不一样？怒气支持这个不同，对吗？告诉她你与她的不同，或者你想做什么样的人。你不是她期望中的那个你……

C133：我跟你不同，因为我不觉得自己需要不停地告诉每一个人我有多聪明，我也不需要更正每一个人，指出他们的缺点。我跟你不一样，因为我能开玩笑，也能与不认识的人说话。我接受别人的观点，我……

T134：所以我不用处心积虑地证明我自己，或者成为某种形象。

C134：对，我不是一个形象。

T135：嗯。

C135：我是个活生生的人，有自己的缺点，也有自己的长处，我的一切都是我自己的样貌。我对自己真实，我不装成某个不是我的人。

T136：嗯。

C136：现在，我不再需要这样了，因为我是个成年人了。

T137：对，可当我还是个孩子的时候……

C137：可当我还是个孩子的时候，我觉得我得表现出某种样子或者成为某种样子，你才会爱我。我看着你在朋友面前演戏，那不是真实的你。

T138：嗯，嗯，你只是利用我，我好像一个……你好像什么？

C138：我好像一个……我好像一个芭比娃娃，或者一个木偶。

T139：是的。

C139：我其实认为我只是你在朋友面前炫耀的工具，因为你没有告诉我你认为我做得好的地方，你也从没有让我知道，你几时以我为荣。可是我听到你告诉你的朋友，或者我听到你在电话中告诉他们，我做得有多棒，事情有多了不起。可是你从未当面告诉过我。

T140：嗯，嗯，所以我气的是……

C140：我很生气，我只是……

T141：什么？

C141：我会不断从她的角度看事情。

T142：嗯，嗯。

C142：只要我一想到她那么做的原因，我就很难生气。

T143：那么告诉她，在我几乎变成你的时候，我就失去了自己。我失去了自己，因为我了解你。

C143：我失去了自己，因为我了解。我不想失去自己，我最近才刚刚找到自己。

T144：嗯，你知道的，我并不想把话强加给你，不过我认为这是你所说的。我好像融入她，我了解她的观点，然后我就失去了自己的观点，失去了自己的感受，失去成为跟她不一样的人的权利，是吗？

C144：虽然我对你生气，但我仍然把你看得比自己重要。可是我不想这样了，因为你并不把我看得比你自己重要。嗯，从来没有。我很生气，因为那不公平，我再也不要这样了。

T145：嗯，再说一次，我不要再这样了……我不要放弃自己。

C145：我不要放弃我自己，我再也不要那样做了。如果你不以我为荣，如果你做不了你选择要我做的事，那很抱歉，因为我得过我的生活，就像你得过你的生活一样。

T146：现在，当你这么说的时候，你感觉怎么样？

C146：我感到一阵轻松。

T147：嗯，嗯，因为这很重要，对吗？

C147：是的。

T148：可是要维持这种分离的观点很难，对不对？

C148：是的。

T149：告诉她，要放弃从她那里得到肯定或赏识的需要对你来说难在哪里？

C149：要放弃从你那里得到认可的需要对我很难，因为在我心底深处，我仍然在盼望着有一天我会得到你的认可。

T150：嗯。

C150：我想我已经开始明白，不管我怎么做，我都不会得到你的认可的。但愿你告诉朋友的你对我的一切想法，都是真的。我其实认为对你而言坐在那里，亲自告诉我应该很容易的。

T151：嗯，嗯，可是你的挣扎是放手。我是说，如果她给你认可当然很棒，可是……

C151：是的。

T152：要放手那些想要的很难，对吧？

C152：是的，要放手很难，还有那个希望。

T153：希望有一天我能从你那里得到，是不是？你认为……这个非常……我现在要描绘一幅戏剧性的图像，你认为是否即使到了母亲的坟墓前，你也还是会想得到她的认可？

C153：这个问题我以前想过。

T154：嗯。

C154：我认为我会的。

T155：你会的。

C155：我可能……是的。我想我会的。她即使入了坟墓，我还是会觉得需要她的认可，而我会觉得完全绝望。因为我努力了一辈子仍然没有得到。

T156：嗯。

C156：而我不要那种感觉。

T157：是啊！

C157：我真的认为她已经给了我她这个人所能给的一切。

T158：嗯。

C158：我只需要学会怎么面对得不到她的认可这个事实。

T159：嗯。

C159：我一直知道的。

T160：嗯，嗯。

C160：我内心某个部分其实一直是知道的。

T161：是，是，是的，可这就是让你挣扎的地方，对吗？

C161：对。

T162：是吗？所以我们来试试。告诉她……有多难，告诉她什么是你能放手的，什么是你无法放手的，或者说对你来说那是怎么样的？现在你觉得怎么样？

C162：我可以放下的是，在每个场合你总是试着让自己看起来像个最聪明的人。在我生命中，为了讨你欢喜，我花了好多年做些我不见得想做的事。这件事我也愿意放手，我可以放手的还有……

T163：你能在想得到她的认可这件事上放手吗？那是……

C163：我打算学习放手。

T164：是的，这很重要。告诉她，我打算努力……

C164：我打算努力，在需要你的认可这件事上，我要学习放手。因为这对我的生命是不健康的。

T165：嗯。

C165：而且我要继续做我自己，即使你企图告诉我该怎么做，我也要努力让你的话从左耳进，从右耳出。因为我知道你不会停止你的这些行为的。

T166：是的，是的。如果要你做一件在真实世界中可以做到的小事，让你在寻求她的认可这件事上可以稍稍放手，你会做什么？那会是什么样的？我所知有限，无法给你建议，你能想得出来吗？也许你可以想想如果你不……

C166：我不……

T167：你跟她来往吗？

C167：是，我跟她来往的……她在我儿子放学后帮我照顾他。

T168：嗯。

C168：以及上学前。

T169：是的，是的。那么你如果要选一件不需要寻求她的认可的小事，不寻求她的认可，你能做什么？

C169：星期天我起不来，无法去教会。

T170：嗯哼，我这么做是为了你的。

C170：我为了得到她的认可才这么做，可是同时我也是为了自己。不过有那么几次，我不见得想起床到教会去。

T171：是的。

C171：当我不想要的时候，当我很累的时候，当我上教会的前一晚工作到半夜的时候，我不想起床。我不知道我是否真能那么做？

T172：所以开始问自己你可以做什么，是件很重要的事，对吗？

C172：对。

T173：这引出了一个难题，因为我不知道我是不是真能那么做，因为我害怕……

C173：我害怕她会打电话给我，质问我，然后她会告诉我父亲，然后她会打电话给我姐姐谈论这件事，然后他们会打电话给我哥哥谈论这件事。每次我做了她不认可的事，事情就演变成这样。

T174：你对此有什么感觉？

C174：那曾经非常困扰我。

T175：是啊，现在呢？

C175：我不在乎了。

T176：嗯。

C176：不那么……在乎。

T177：那让我很生气，对吗？被这样控制。

C177：是的。

T178：这是否令你……

C178：过去这令我生气。

T179：嗯。

C179：可是我甚至感觉不到愤怒了，我只是……不在乎。

T180：有点像……嗯……

C180：过去当她生我姐姐的气时，她也做同样的事。

T181：是的。

C181：我就告诉她，我再也不想被牵扯进去了。

T182：是，是。我们需要结束了，而且我们也差不多……不过你知道这是困难的地方，对吗？恰恰困在一个最挣扎的地方，这也是你要继续学习的部分。就如你说的，你要学习做到不需要她的认可。在结束之前，你还想对她说什么？

C183：我爱你，我不需要在所做的每一件事上都得到你的认可，因为我已经是个成年人了。我也打算像个成年人一样，我不再需要凡事得到你的认可了。

T184：好的，现在你心里感觉怎么样？

C184：我觉得相当……相当好。

T185：嗯。

C185：对着一张空椅子说话，可能比真实情况容易得多吧，可是……

T186：是的，是的。

C186：我认为有些事我的确需要去学习。

T187：是的，你知道这是象征性的。这是在你心里面的工作，不是与她一起。不是要改变她，那不是真正的目标。这其实是在你心里面的放手。

C187：嗯。

T187：我是说，在真实世界中如果有她一起也会很好，可是不生气，或者不表达这一切，这其实是在你心里面的一个任务。要对这个需求放手，与之和解，也许原谅，或者……

C187：是的。

T188：是的，我希望你继续努力，这个对你是有用的。

C188：我想是的。

T189：是，对的，很好

C189：谢谢。

T190：好的，也谢谢你。